城市景观演变的热环境效应与调控机理

孙然好　陈利顶 等 著

科 学 出 版 社

北　京

内 容 简 介

城市景观规划设计是应对热岛效应的自然解决方案，理解热环境变化规律与科学机理是提高规划设计科学性和有效性的迫切需求。本书主要包括城市景观格局和热岛效应量化、人为热强度模型、景观热通量过程评估、热岛效应的多尺度影响因素，以及景观规划效果模拟技术等，既系统体现了景观生态学“格局-过程-功能”的研究框架，又为城市景观规划设计提供了科技支撑。

本书可作为高校和科研机构的生态学、地理学等科研人员和研究生的参考书籍，也可以为从事自然资源与生态环境、城市规划与管理等领域的专业技术人员提供参考。

审图号：GS 京(2023)2038 号

图书在版编目(CIP)数据

城市景观演变的热环境效应与调控机理／孙然好等著．—北京：科学出版社，2023.10

ISBN 978-7-03-075257-4

Ⅰ.①城… Ⅱ.①孙… Ⅲ.①城市景观-城市热岛效应-研究 Ⅳ.①TU-856 ②X16

中国国家版本馆 CIP 数据核字（2023）第 047472 号

责任编辑：刘 超／责任校对：郝甜甜

责任印制：赵 博／封面设计：无极书装

科学出版社 出版

北京东黄城根北街 16 号

邮政编码：100717

http://www.sciencep.com

北京中科印刷有限公司印刷

科学出版社发行 各地新华书店经销

*

2023 年 10 月第 一 版 开本：720×1000 1/16

2024 年 8 月第二次印刷 印张：15

字数：300 000

定价：170.00 元

（如有印装质量问题，我社负责调换）

前　　言

随着气候变化和城市化进程的不断推进，全球范围内城市热岛效应日益凸显，高温热浪事件频频发生，成为当今世界所面临的严峻气候问题之一。城市高温给能源供应和城市基础设施带来了显著压力，对人居环境和人类健康构成了巨大威胁。城市景观格局和热环境的变化对我们的生活产生了深远影响，因此，除了倡导采用绿色建筑材料和实施降温工程措施外，我们还需要寻求基于自然的解决方案。尤其是在有限的城市土地面积现实约束下，如何通过合理的景观类型和结构搭配来实现最大的生态效益备受关注，这也是提升城市韧性和可持续性的重要途径。为此，必须深入探究城市热环境变化的时空规律和科学机理。

城市景观规划的理论基础是景观格局对生态过程的影响，这也是景观生态学的核心研究内容。景观规划的历史可以追溯到古代，其目的是满足生产、生活、军事等物质需求，以及后来考虑美学、宗教等精神需求。如今，城市景观规划越来越注重社会、经济、自然复合生态系统的功能。通过优化城市的景观格局，增加绿化覆盖率，合理规划建筑和绿地配置，并提供良好的通风廊道，可以有效减轻热岛效应，提高人居环境热舒适性。

通过城市景观规划减缓热岛效应一直是国内外研究热点。当前研究，无论是对单一城市案例还是全球城市的比较，多集中在热岛范围和强度的规律揭示方面。然而，目前对景观格局如何影响热量过程的机理关系尚不清楚，城市景观规划仍然依赖经验和定性认识，理论到实践存在明显断层，景观规划的科学性和有效性仍需进一步提升。例如，我们尚不清楚不同景观类型在城市中的热量“源”和“汇”功能以及其转换规律是如何的，我们也需要了解城市人为热排放对热岛效应的贡献有多大。此外，我们对城市绿地和水体的降温能力的强度、范围和阈值等也认识不足。解答这些问题有助于确定“何时”、“何地”以及“何种方式”进行绿地和水体景观规划，以获得最大的生态效益。这些问题的答案也将有助于进一步实施气候友好区域、低碳社区和通风廊道等城市规划措施。

本书围绕城市热岛效应的监测方法、评价指标、模型技术等方面进行系统总结。首先，通过对连续多年的监测数据进行分析，量化了不同景观类型（如绿地、水体、道路、建筑等）在不同城市功能区（如文教区、商业区、公园区、居住区等）的热量“源”和“汇”功能，揭示了它们的季节差异，并探讨了不同功能区人为热排放的规律特征，从而揭示了城市热岛效应形成的关键影响因素。其次，分析了绿地和水体的面积、形状、连通性等景观格局特征对降温能力的影响，阐释了景观“格局-过程-功能”的级联关系，并评价了不同空间尺度下景观格局对降温效果的差异性，为城市景观格局优化提供了直接科学依据。最后，将传统社区尺度模型推广到整个城市尺度，通过参数率定、分割计算等方式明确了不同绿地格局优化情景的降温功能差异，为城市通风廊道建设提供了重要的模型手段和技术支持。

本书的研究工作是基于课题组多年来的研究成果进行的，得益于相关老师和研究生的辛勤努力，特别感谢闫明、王业宁、解伟、金铭鑫、魏琳沅、王阳、陈婷婷、庞新坤、景永才、李佳蕾、陈爱莲等的贡献。在本书中，我们努力将不同时间和空间尺度的研究进行集成，寻求普适性结论，并提炼出关键的技术解决方案。然而，由于作者水平和时间的限制，难免存在一些疏漏，敬请读者批评指正。

作　者

2023 年 5 月

目　录

第1章　城市热岛效应内涵与发展

1.1　城市热岛效应

1.1.1　热岛效应原因

在全球变暖的大背景下，城市热岛效应所导致的空气污染（Merbitz et al., 2012；Ryu et al., 2013）、能耗增加及热舒适度下降（Yang et al. 2014；Steeneveld et al., 2011）等问题日益凸显。城市热岛效应（urban heat island, UHI）是指城市温度高于附近乡村或郊区的现象（Oke, 1973），是城市气候最明显的特征，这个概念在1958年由Manley正式提出，即城市与郊区的温度之差。早在1818年，Howard在《伦敦的气候》中指出，由于城市景观替换了自然景观，使城市和农村的气候产生了明显的差异，形成了独具特点的城市小气候，城产生并保留更多的热量，使得城市地区较周边地区温度高（Clinton and Gong, 2013）。形成城市热岛效应的根本原因在于城市化进程改变了地表热量的收支平衡，使城市表面对热量的吸收能力远高于其散热能力（Rizwan et al., 2008），具体表现为：城市中植被的减少，导致由植物蒸腾作用带来的蒸发冷却减少（Taha, 1997），进而使城市的散热能力减弱；城市中密集的建筑物和道路，形成了不利于散热的空间结构，增强了城市的储热能力，使城市热岛效应加剧；城市建成区高密度覆盖的不透水面，其反射率、粗糙程度，与通常以裸地植被为主的未建成区有极大差异，使得城市吸收太阳辐射的能力强于其周边的未建成区（Arnfield, 2003）；此外，生产、建设、交通运输、新陈代谢等人类活动，会产生大量的人为热（Sailor and Lu, 2004），成为导致城市热岛效应的额外热源。综上所述，城市热岛效应的成因可以被简单概括为3个方面：即蒸发量减少，城市下垫面对太阳辐射的吸收增加，以及人为热排放（Oke, 1982）。据统计，目前全球大多数人口达到百万级的城市都伴随有不同强度的城市热岛效应，如上海

(7℃)[①]、纽约（5.4℃）、伦敦（8.4℃）、德里（8.3℃）、悉尼（4℃）等，一些建筑密集的大城市的城市热岛强度甚至超过12℃（如东京）。随着全球城市的扩张以及城市化水平的不断升高，城市热岛强度也不断增强。已有研究表明，快速城市化使各城市热岛强度上升了0.5～5℃不等。有预测显示，随着越来越多的人口涌入城市，至2050年全球城市人口将超过60亿，约占全球总人口的65%（United Nation，2018）。由此，未来将会有更多的城市人口受到更强的城市热岛效应影响，这使得城市热岛效应引起人们的广泛关注（郝明，2021）。

根据“Urban-heat-island”的文献检索结果，关于城市热岛效应的系统研究始于20世纪40年代，并在21世纪相关文献的数量开始逐年增多。在早期研究中，城市热岛效应被定义为城市与其周边郊区的气温之差，通常使用气象站点观测数据进行研究，如距离地表2m的百叶箱内气温，也被称为空气热岛效应（air urban heat island，AUHI）（寿亦萱和张大林，2012）。AUHI的研究通常涉及热岛效应的昼夜、季节变化，以及天气条件如何影响热岛强度等问题。随着卫星遥感数据被越来越多地应用于城市气候方面的研究，另一种城市热岛效应——地表热岛效应（surface urban heat island，SUHI）引起人们更为广泛的关注，其定义为城市与其外围郊区的地表温度之差（Zhou et al.，2018）。基于卫星遥感影像反演的地表温度，具有较好的空间连续性。目前，Landsat TM及MODIS、ASTER等卫星遥感影像均被广泛用于SUHI的研究。但由于卫星对某一区域的观测实质是传感器的某一瞬时视场，因此SUHI研究难以实现全天时观测。相关研究表明，在年尺度上AUHI与SUHI大致相似，但在昼夜和季节变化上可能存在一定差异（Cui and De Foy，2012）。

城市热岛的形成是一个复杂的过程，受到包括气候条件、人类活动等内外部因素的影响。如短期天气、土壤干燥及人为热排放变化等，会对城市热岛强度产生多方面影响。在低风无云的天气条件下，城市的热岛强度最强（Hoffmann and Schlünzen，2013）；在风速较低的天气下，热对流带离的热量较少，城市峡谷内吸收更多辐射，城市热岛效应增强，而云量会减弱城市的热岛强度，因为来自云层的长波辐射的增加对农村（郊区）地区的温度影响更大（Oke et al.，1991）。因此，如果气候变化导致风速减小和云量减少，城市热岛强度则随之增加，反之则可能减缓。有研究表明，土壤干燥程度的增加导致农村（郊区）地区的蒸散量下降，使城市地区与郊区地区的温差缩小，因此土壤的干燥一定程度上减弱了城市的热岛效应（Zhao et al.，2014）。气候变化对人为热排放的影响导致城市热岛效应减弱或增强，取决于冬季供暖的减少是否大于夏季制冷的增加（Oleson，

① 此数据为城市热岛强度，指城市中心区平均气温与周围郊区（乡村）平均气温的差值。

2012)，如果夏季制冷的增加大于冬季供暖的减少，则气候对人为热的影响导致热岛效应的增强，反之则减弱。

城市建设方面，城市规模的扩大会导致城市热岛强度在不同程度上的上升，几项基于 AUHI 的研究结果显示，城市化及城市扩张会导致热岛强度升高 0～5℃（Sachsen et al.，2013）。而基于 SUHI 的研究结果则显示，城市扩张导致城市热岛强度升高 0.5～2℃（Zhang and Huang，2014）。此外，在城市扩张中，城市内部新老城区之间也会出现热岛强度的高低差异，随着城市的发展，新城区的温度升高高于老城区，使得新城区温度高于老城区（Wang et al.，2016）。同时，良好的通风环境可以有效地减少城市的热积累，加快城市热量的散发速度，降低城市能耗并净化空气。已有研究开始关注风况对城市热环境的影响，并提出通过构建城市内部通风廊道来缓解热岛效应。

1.1.2 热岛效应危害

目前，世界上超过一半的人口（54.6%）生活在城市，到 2050 年，这一数字将达到65%（United Nation，2018）。2015 年，中国城市化率为 56.1%，超过世界平均水平。根据中华人民共和国国家统计局数据，到 21 世纪中叶，中国城市化率将提高到 70% 以上。城市成规模扩张会短时间内彻底改变土地的利用现状，从而对区域环境气候特征产生重大影响。城市热岛效应作为城市气候最典型的特征之一，对城市居民的健康造成直接与间接影响。21 世纪以来，被观测到的极端高温天气越来越频繁，并且持续时间有所增加（Lettenmaier et al.，2014）。研究普遍认为，极端高温天气是导致相关疾病的发病与死亡的主要原因（Johnson et al.，2012）。有记录显示，2003 年的欧洲热浪造成了超过 7 万人的死亡，2010 年的俄罗斯热浪夺去了 1.5 万人的生命（Dole et al.，2011）。

热岛效应导致城市夏季的极端高温天数增加，使城市居民更易于暴露在极端高温风险下，从而导致热相关死亡率上升（Wang et al.，2019），这是城市热岛效应对城市居民健康带来的最直接影响。除直接影响外，城市热岛效应还在许多方面对人类健康有着间接的不利影响。例如，城市热岛效应会导致城市空气污染物（如烟雾，臭氧）浓度的增加并难以扩散，从而导致空气质量下降。此外，通过影响城市水体中的多种生物化学过程，城市热岛效应也会导致水质下降（Erickson et al.，2013）。上述影响间接导致多种疾病的发病率增加。由此可见，城市热岛效应会对占世界人口一半以上的城市居民的生活和健康产生深远影响（Population，2014）。除了对城市居民的健康产生影响之外，城市热岛效应还会增加用于制冷的能源消耗（Sun and Augenbroe，2014）。此外，城市热岛效应还是导致全球变暖及许多不可预测的气候变化的重要因素（Parker，2010）。因此，充分研究城市热岛效应的时空差异与驱动因素，对实现城市可持续发展理念有重要指导意义。

1.1.3 热岛效应监测

城市热岛效应和热环境研究方法主要有三种。

1）基于气象观测和布点观测数据的统计分析，定量评估城市热岛效应现状及热岛强度。作为一种传统的研究方法，基于站点观测的气温数据，真实性高，连续性强、时间尺度广泛、具有可对比性，该方法已有多年研究历史。

2）使用卫星遥感技术揭示城市地表温度的时空格局和变化规律，也是一种广泛应用的方法。利用影像数据反演地表温度可获取大尺度地表温度的空间分布，可用于不同区域不同城市之间热岛效应对比。随着高分辨率卫星热红外遥感技术的不断发展，其在城市热岛效应和热环境研究中发挥的作用越来越重要。

3）近些年，由于常规观测方法的局限及计算机技术、数学模型的发展，越来越多的研究人员采用数值模拟方法，模拟不同时空尺度下热环境中能量转移的动态过程，或是预测热岛效应的发展趋势。例如 UCM、WRF、CFD 模型被广泛应用于城市热岛效应的预测和缓解。

1.1.3.1 气象监测数据应用于城市热环境研究

早期的城市热岛效应研究大多采用常规的气象观测法。根据不同的监测手段，可细分为以下 3 种：①基于气象站的统计资料，选取不同的温度指标，分析在一个时段内热岛效应的特征及变化情况（肖荣波等，2005），其优点是时间尺度较长、数据获取完整，缺点是空间分辨率不高；②基于定点观测数据的研究，通常指将便携温度接收器设置在城区典型位置进行观测和分析，优点是精度高、仪器布置灵活，缺点是研究区域尺度较小、受周边环境影响较大且不具有连续监测的能力（杨恒亮等，2016）；③基于移动样带数据的研究，与定点观测不同，这类研究将仪器安置在车辆等可移动载体上以检测城市区域的温度，其优点是方便获取多点数据，缺点是获取数据时间不同步、仪器灵敏度低、受周边环境影响较大（郭勇等，2006）。针对每种方法的优缺点，研究人员在实际应用中根据需求选取不同方法并适当改进。如对市区温度或郊区温度采用多个气象站的平均值，以减少误差，提高精度；基于不同尺度的时间序列的观测数据，系统分析城市热岛时空变化特征；通过相对城市中心的距离来划分城市站和郊区站，更加合理地选取城市和郊区代表站点，评估城市热岛效应强度。

目前，有学者利用上海46年的气象监测数据，揭示上海的城市热岛效应，并证实不同的景观类型导致不同的增温率，（鲍文杰，2010）；刘伟东等（2013）利用北京地区123个自动气象站数据分析气温的年际变化、日变化和日较差特征，指出北京城市热岛效应在冬季和夜间最强；通过布点观测，研究城市内部小区域景观的热环境特征及其对温湿度的调节作用（叶有华等，2008；张科平，1998）。

1.1.3.2 遥感技术应用于城市热环境研究

相较于气象站点监测方法，遥感技术则出现较晚，最早在1972年开始有人提出使用卫星遥感的红外波段反演地表温度（Rao，1972）。由于技术存在着诸多局限，以往的城市热岛研究方法在分析城市热岛的内部结构及空间布局等方面有所欠缺，现代的遥感技术与地理信息技术弥补了传统算法的不足。根据遥感传感器类型，可分为航空遥感数据、航天遥感数据和近地面数据三类（刘施含等，2019）。对于大尺度的研究一般选用NOAA/AVHRR数据，其空间分辨率为1.1km，过境周期短（Gallo et al.，1993），为了获取详细的热岛空间分布，许多学者会采用Landsat卫星的热红外波段TM6数据或ASTER数据来评估城市热岛的强弱（Kawashima et al.，2000）。航空遥感数据是通过将热传感器安装在飞机或其他飞行器上来进行飞行测定，该方法不受卫星过境时间的限制，当前主要运用的两种传感器是TVR和ATLAS。近地面热红外监测主要依靠塔式或者手持式传感器进行，精度高、范围小。国内外学者根据不同遥感数据的特点提出了许多反演温度的算法，包括大气校正法、单窗算法、劈窗算法和多通道算法等。

1）大气校正法又称辐射传输方程法，首先利用大气模拟程序，如ATCOR等，估算大气对地表热辐射的影响，并基于卫星传感器观测到的热辐射总量获得地表热辐射，再计算地表比辐射率，反演地表温度。该方法计算过程较复杂，需要实时大气数据，通过大气模拟所得结果常有较大误差，因此地表温度的反演精度不高（郑伟和曾志远，2004）。

2）单窗算法是基于卫星传感器上的热红外通道所带来的辐射来计算地表温度，实现该算法需要大气温度的垂直廓线数据和湿度数据，通过限定的大气模式计算大气透过率与大气辐射，使用大气辐射传输方程来计算出地表的辐射值，如果地表的辐射率已知，便能够计算出地表的温度。

3）劈窗算法也被称为分窗算法，此方法是以卫星观测到的热辐射数据为标准，通过大气所在两个波段上的吸收率差异来消除大气所造成的影响，然后再根据这两个波段的线性组合估算地表的实际温度。反演地表温度的诸多方法中，其得到了广泛运用，但此方法所制定的参数只能在局地上适用，不适合用于全球尺度范围，因此不能精确反映实际变化。如果大气水汽含量与地表比辐射率发生比较大的变化时，采用此种算法容易造成较大的偏差。由于陆面实况复杂多样，分窗算法对于反演陆面辐射率精度不够，而海水的辐射率具有恒定性，该方法对海面辐射率的反演精度较高。

4）多角度算法指大气在所处的水平方向上均匀的条件下，可通过相同的目标在不同的观测角度，研究大气对地表辐射吸收率的差异。多角度观测可以是不同卫星对同样的目标进行观测，也可以是相同的卫星在不同的角度下观测，采用此方法要优于分窗算法。除假设大气在水平方向的均匀的外，这种方法仍需要满足一个前提条件，即其中的一个观测角度需要经过一个很长的大气路径。此外，还需要获取地表比辐射率随着角度所发生的变化量（丁海勇等，2017）。

目前，通过热红外遥感对地表温度研究的方法，已获得了较大的进展，Gallo等（1993b）在遥感基础之上，对西雅图做了研究，指出归一化植被指数（normalized difference vegetation index，NDVI）与地表辐射温度呈负相关；Mackey等（2012）利用Landsat数据评估芝加哥城市规模对城市热岛效应强度的影响；罗小波和刘明皓（2011）利用MODIS数据反演地表温度，并深入分析热岛空间特征分布，并就归一化建筑指数（normalized difference barren index，NDBI）与NDVI对其影响做较细致的基础研究；黄初冬等（2011）通过AS-TER与Landsat TM/ETM数据揭示杭州城市用地功能性质与热岛效应的关系。

1.1.3.3 模式模型应用于城市热环境研究

随着计算机技术、物理和数学科学的发展，以热力学和动力学为理论基础的数值模拟方法逐步成熟，数值模拟系统的平台输出和可预报性成为关注的焦点。该方法可以获得较高空间分辨率的观测数据，弥补了传统方法在空间布点上的不足。该方法侧重于研究热岛现象和成因之间的物理本质，经历了从一维、二维到三维的发展过程，常见模型有人口模型、风速模型、大气模型、流体力学模型、街道高宽比与天空视角模型等，这些模型代表着研究城市热岛效应的不同领域、不同的技术路线。应用最广泛的是边界层数值模拟模型，该方法可以模拟复杂地形、人为热排放等因素的影响，比常规气象观测的研究范围更广。通过定量分析城市下垫面能量平衡与交换，以及温度场的基本特征，从而揭示其变化规律以及地表热量场的变化机制（周红妹等，2002）。天气研究和预报模式（weather research and forecasting model，WRF），在中尺度模拟中有普遍适用性和优越性，该方法在灾害研究中广泛应用。该模式可以反映城市热岛的形成过程，分析地-气之间的昼夜热量变化。而基于数值传热学和流体力学原理的CFD模型，其速度快、投资小、信息量大的特点，在对街区热环境进行模拟、预测及优化等方面应用广泛。通过实验模拟证明CFD模型适用于商业街区、大学校园和广场建筑热环境模拟（李磊等，2005）。此外，CFD模型模拟结果表明城市水体的形态分布及其周边建筑高度、布局对局地热环境有较大影响（宋晓程等，2011）。也有一些学者基于实地测量和遥感影像得到“市区”和“郊区”的温度数据后，使用TAS模型模拟不同条件下的环境状况，研究证实绿色景观有利于周围建筑景观降温、节能（Wong et al.，2007）。多种模型模拟城市热环境动态变化，揭示热量分布与功能区类型有关，公园绿地有明显降温作用。

1.1.3.4　不同方法的优缺点

气象观测资料定位准确、时序较长，但是由于点位较少，导致空间连续性差。以航天遥感技术为支撑的研究方法是一种间接方法，优点是快速、便捷，可以观测到大范围内城市热岛及热环境的空间分布特征。通过热红外反演地表温度的理论基础是地表热量平衡，因此引起地表温度变化的因素不仅仅是太阳辐射和大气辐射，还有大气湍流和地表性质。也就是说，获得具有时间、空间代表性的真实地表温度比较困难，而且为单一时段的地表温度反演。但是，这种方法难以将研究对象精确到城市内的景观格局、景观配置，难以准确获取不同景观的温湿度特征。数值模拟技术可以模拟地-气之间复杂的热力交换过程，定量分析城市景观能量交换与温度场的时间变化规律。这种方法需要输入大量参数，而且计算量比较大。模型模拟方法使景观热环境的变化过程更生动鲜明，但是模型受初值和边界条件、参数化方案的不确定性等因素影响。目前，只有少数模型被用于不同经纬度、不同类型的城市热环境研究中。与传统气象资料分析方法相比，小气候梯度监测具有更灵活、更真实、更连续的特征，相较于大量航天遥感监测，该方针对性强、研究成本低，相较于数值模拟方法，其使用范围更广泛、灵活，数据更准确。

1.2　城市人为热排放对热岛效应的影响

1.2.1　城市人为热排放的时空动态

城市热环境是城市生态环境状况的重要指标之一，城市热环境不仅与城市人居环境质量和居民健康状况息息相关，同时还对城市水文系统、生物多样性及可持续发展产生着重要影响。随着城市人口急剧增加，除了对能源消耗的日益剧烈，能源消耗的热排放也对区域环境产生了极大的影响。联合国政府间气候变化专门委员会（Intergovernmental Panel on Climate Change，IPCC）第五次评报告中称“如果不采取明确行动，未来人为温室气体继续排放将导致全球变暖超过4℃”，其中47%直接来自能源供应部门、30%来自工业、11%来自交通业、3%来自建筑业。人类活动不仅使全球气候环境发生巨大变化，更给局部地区带来极大影响（McCarthy et al.，2010）。人类活动因能源消费直接产生的排热量已逐渐成为引起各类生态环境、社会问题的重要因素，目前受到越来越多的学者关注（Crutzen，2004），已有研究表明2009年全球人为热通量为0.028W/m^2，2030年的排热强度可达0.30W/m^2，其对全球变暖的贡献已经超过了CO_2，而2100年情景模拟全球年均增温幅度可达0.4～0.9K，比温室气体的气候强迫更甚。人为热排放已成为城市热岛效应的重要因素之一（孙然好等，2017）。

城市人为热通量（anthropogenic heat flux，AHF）是由人类生产生活等各种活动产生的一部分热量，通常会直接以感热和潜热的形式排放到大气中，之前由于人为热的排放对城市热环境贡献较小，在研究城市热岛时常常忽略不计（蒋维楣和陈燕，2007）。随着经济的发展和城市化进程的加快，城市能源消耗的不断增加，人类向近地表大气释放的能量，改变了地表能量平衡，导致了城市热环境的变化，以及城市极端温度事件的频率，并造成城市区域的温度升高1℃以上（Liu et al.，2021）；能耗增加必然导致人类向大气中排放更多的热量，进而加剧城市热岛强度，三者之间的恶性循环，使得人为热排放对热岛效应的影响越来越大（Kondo and Kikegawa，2003）。

人为热排放大致包括以下几个来源：工业热源（如生产活动产生的废热）、交通热源（如车辆尾气排放的废热）、居民生活热源及人体自身新陈代谢产生的热量。随着城市化建设速度加快，人类每年向大气中排放的人为热日益增长，根据BP公司发布的能源消费情况，2035年全球一次能源消费将增加41%且持续增长，尤其是中国和印度等发展中国家①。但关于全球气候变化的研究及控制的政策多集中于温室气体如CO_2、CH_4的排放，而能源消耗直接排热尚未得到足够重视。

1.2.2 人为热监测和模拟方法

城市热岛效应对城市人居环境和居民健康的影响不可忽视，为更好地研究城市热岛效应，国内外研究人员对不同尺度、空间分辨率和时间跨度下的人为热进行估算研究，形成了“人类生产生活、各种活动产生的热量以显热和潜热的形式

① 参见2013年、2014年《BP世界能源统计年鉴》。

向大气中排放且不考虑滞后性”的前提假设。人为热的估算方法主要有以下三类：能源清单法、数值模拟法和地表能量平衡方程法（王业宁等，2016a，2016b）。

1）能源清单法，假设人类活动产生的热量以显热形式排入大气，使周边气温升高。具体计算方法为：先根据统计数据的能源消耗量，和其与人为热排放之间的关系，经过转换公式得到不同部门的人为排热量，然后汇总不同部门的人为排热量，得到总人为热释放量（王业宁等，2017）。能源清单法根据统计数据的来源又可以划分为自上而下和自下而上两种：自上而下法计算人为热是根据城市或某区域的总能源消耗，根据换算得到各人为热源的排放量，再利用不同的空间法则分配至研究区内；自下而上法计算得到的人为热的一般精度较高，根据研究区内可获得的最小空间尺度的不同部门的能源消耗数据，层层向上逐级汇总，进而估算总人为热排放量，该方法一般较常用于估算区域或城市尺度的人为热排放。点源的人为热分配到周边空间时通常参考人口、建筑、道路等空间数据，不考虑热量转换的滞后性和行政单元内部差异性。能源清单法需要计算不同统计口径的能源消耗，主要包括工业能源消费、车辆排放、居民生活及人类自身新陈代谢等的热排放，数据主要包括人口、用电量、燃气量、车流量等。能源清单法因受制于统计数据的时间和空间分辨率，估算的人为热排放数据精度较低，多用在城市尺度（Fan and Sailor，2005；Sailor and Lu，2004；占俊杰和丹利，2014）。

2）数值模拟法，其基本原理是根据外部约束条件，利用数值模型模拟热量传输的过程，根据能量转换系数计算室内热量过程和温度变化。数值模型利用能耗方程估算不同类型建筑的人为排热，更多地用于模拟单栋建筑的人为热排放规律，该方法需大量计算，且多应用建筑设计等小尺度研究。这类模型包括DOE-2、eQuest、TRNSYS、EnergyPlus、CFD等（Assimakopoulos et al.，2007；Dhakal and Hanaki，2002；Heiple and Sailor，2008；Hsieh et al.，2011；刘艳红等，2012）。数值模拟法通常需输入气象因素、建筑结构、建筑材料、能耗方式、室内人员活动等。此外，一些大范围的气象预报数值模式，如WRF/UCM（王志铭和王雪梅，2011）等也可以输出人为热排放量，但是由于其多是模型的副产品，空间精度较低。

3）地表能量平衡方程法，其基本原理是依据不同分量对地表能量的贡献，根据能量守恒原理，获取净辐射量、水平传导量、地下储热量等参数估算剩余的人为热分量，一般忽略能量损耗。城市地表-建筑物-大气系统产生复杂的热力差异性，导致了城区与郊区的热量平衡有显著差别。随着遥感技术的发展，辐射量等参数可以通过遥感影像定量反演获取，因此遥感影像得到较多应用，该方法多应用于区域和全球尺度，如区域尺度采用中等分辨率的ASTER、Landsat TM、环境1号卫星影像等（Kato and Yamaguchi，2007；Wong et al.，2015；朱婷媛，2015），全球尺度采用DSMP/OLS等（Chen et al.，2012；陈兵等，2016）。

1.3 城市景观演变对热岛效应的影响

1.3.1 景观组成的影响

快速城镇化过程中，随着建设用地的扩张，以自然植被为主的土地覆被大量变更为以不透水面及建筑为主的人工地表，引起了地表径流过程、蒸散发过程等生态过程的改变（Parker et al.，2003），导致了复杂的生态环境后果，严重影响了生态系统功能和人类福祉（傅伯杰等，2014）。很多研究将景观组成与地表温度联系在一起，分析不同景观类型对城市热岛效应的影响。一项综述性的研究表明，地表温度最高的城市景观类型为城市建成区，其次为裸地、休耕地和耕地等，而地表温度最低的景观类型为雪地，其次为水体及植被等类型（Nega and Balew，2022）。

“源-汇”理论在热岛效应研究中的应用很好地解释了景观组成对热岛效应的影响（Sun et al.，2018a）。“源”“汇”概念最早提出于大气污染领域。其中，“源”是指污染物的来源，而“汇”与“源”相反，是指可以消耗或吸收污染物的区域。这一理论随后被应用于碳移动路径（蒋金亮等，2014）、生态环境变化（许凯等，2017；杨守业和印萍，2018）等领域。

在景观生态学中，“源”“汇”景观分别指促进、抑制生态过程发展的景观类型。在热岛效应的研究中，主要依据“源-汇”理论，对影响城市热岛效应的景观进行分类，并根据“源”和“汇”景观与总体区域的地表温度、面积百分比，估算特定区域的热岛效应贡献度，从而反映不同景观对热岛效应的影响。根据“源-汇”理论及其生态学意义，影响热岛强度的景观一般分为两类：增强城市热岛效应的工业和开发区、商业区、机场和住宅等区域，即“源”景观；减缓城市热岛效应的植被、城市绿地、农田和水体等，即“汇”景观。总体而言，水体以及林地等景观的增加，能增强城市内部的降温效应，耕地能起到一定程度的降温作用，而建成区面积的增加导致城市内部热环境恶化，但具体规律还需要具体结合景观的位置以及配比进一步分析。

1.3.2 景观格局的影响

前文分析了不同景观类型对城市热岛效应的影响，而这方面需要结合景观所处的位置及配比才能进一步地定量分析。景观的配置方式代表了城市地表覆被特征的空间格局和分布，在城市规划中考虑城市组成和形态对减轻城市地区潜在热岛效应至关重要（田琴和李小马，2022）。因此，城市景观的分布格局（即物理的空间分布形态）也是影响城市热岛效应的重要因素（Connors et al.，2013；Wu et al.，2014）。狭义的景观格局主要指景观要素的离散空间分布，如不同大小、形状的景观要素在空间上的分布组合（按不同形状和大小可将景观要素分类为斑块、廊道、基质等），常使用定性的图示和定量的格局指数进行分析（邬建国，2007）。基于对景观格局的定义、内涵和计算方法探究，通常将景观格局及格局指数的计算划分为斑块（patch）、类型（level）、景观（landscape）三个层次（Jimenez-Munoz and Sobrino，2003；McGarigal et al.，2009）。斑块水平的格局特征包含斑块的周长、面积、形状及其与同类型其他斑块的连接度等；类型水平的格局特征包含同类型斑块的平均面积、形状，以及同类型斑块的空间聚散度、连接度等；景观水平的格局特征则不再区分斑块的类型，而是探查研究区域内所有斑块的统计特征，如平均面积、总面积、平均形状特征和形状特征的标准差等。广义的景观格局主要指离散型和连续型景观要素在空间上的分布，因此在狭义的景观格局之外，还纳入了对连续型要素分布格局的分析（如空间上连续分布的地表参数）。通过格局指数法、空间统计方法以及景观模型模拟法等方式分析广义景观格局（陈爱莲，2014）。景观格局指数法是分析景观斑块特征以及各斑块之间的空间构型，它是景观生态学的重要方面（陈利顶等，2008），是景观规划的主要参考依据（Opdam et al.，2009）。

一些针对城市中绿地格局的研究表明，绿地空间配置对热环境有显著影响（Sun and Chen，2017）。增加绿地面积和改变绿地的几何形状，可极大提高绿地的降温效应。公园景观的平均温度随公园面积、边界长度的增加而减小，随公园周长面积比增大而增长。此外，城市景观的斑块形状以及空间位置和邻接方式也影响着城市热岛效应强度（Li et al.，2011；Sun et al.，2012）。Chen 等（2013）研究发现，不规则和细长形状的绿地斑块在冷却周边城市区域方面表现更好，斑块密度的增加会促进地表升温。而 Li 等（2011）发现地表温度与斑块密度呈负相关。Zhou 等（2017）研究了不同气候背景下两个城市树木空间形态与地表温度之间的关系，发现巴尔的摩城市树木的边缘密度与地表温度呈负相关，而在萨克拉门托呈正相关。在多尺度的研究中，边缘密度与气温呈负相关，表明斑块边缘密度的增加可以显著降低空间配置指数集聚度，分离度和形状指数与地表温度在小尺度下无显著的相关性特征，仅在大尺度下城区范围内呈现较强的相关性。

陈爱莲等（2012a）对景观格局指数在热岛效应中的适用性进行探究，结果表明最大斑块指数（LPI）、分离度指数（DIVISION）及斑块密度（PD）等在城市热岛中有较好的适用性，但同时也发现各类型景观格局指数的适用性受季节影响较大。针对北京、上海等城市的研究结果表明，最大斑块指数（LPI）、景观形状指数（LSI）、景观凝聚度指数（CONTAG）和地表温度有显著相关关系（Chen et al., 2014；Li et al., 2011；Li et al., 2013）。事实上，景观格局对城市热环境的影响不仅存在季节差异，还存在区域差异。有研究表明形状简单、分布集中的绿地具有更好的降温效果（Peng et al., 2016；徐双等，2015），但同时也有研究认为形状复杂而分散的绿地降温效果更强（冯悦怡等，2014）。景观空间结构对热岛效应的影响较为复杂，其关系受季节变化、尺度效应和空间差异等因素影响，景观空间格局的热力贡献及关键景观空间指数的识别亟待明确（刘焱序等，2017）。

1.3.3 城市三维结构影响

城市具有复杂的三维结构，不同的景观类型，如建筑、草地、林地、水体等具有不同的高程特征，从而影响城市的三维复杂度（或称为城市结构的粗糙度）。蔡智和韩贵锋（2018）对城市的容积率、建筑占地面积研究发现，容积率较高的小区，其地表温度较高。建筑高度较高的区域由于建筑阴影的作用，热舒适度较好（Nazarian et al., 2017）。建筑迎风面的温度要高于背风面（Memon and Leung, 2011），建筑面积是影响城市热岛效应的主要因素，即建筑面积大的区域储热能力强，区域内风况较差（Hosseini et al., 2017）。建筑物增加了城市的热容量，在一定程度上影响城市的通风环境。非均匀建筑高度的小区有利于良好的风道形成，同时降低粗糙度，较高的建筑物比较低的建筑具有更强的透风能力（Allegrini and Carmeliet, 2017），而良好的通风能够加速城市空气流通，缓解城市热岛效应（Spentzou et al., 2019）。

Oke 和 Stewart（2012）提出局部气候区（local climate zone, LCZ），是基于局地气候进行分区的方案。他将城市空间形态划分为建设类型和自然类型两大类，涵盖紧凑高层、开敞高层、绿地、水体等 17 个小类，实现了对复杂城市空间的精准刻度。由于采用规范统一的指标体系，LCZ 不仅为城市空间形态分类提供了可供参考的依据，同时也为各种气候模型提供了参数，架构起了城市空间形态和气候研究之间的桥梁。因此 LCZ 也被全球气候学者广泛用以分析空间形态与城市小气候之间的关系（Peiro et al., 2019）。研究表明，北京各主要 LCZ 类型对应的地表温度由低到高依次为：浓密树林、水体、稀疏树林、低矮植被、开敞高层、开敞中层、紧凑高层、紧凑低层、紧凑中层、重工业和大体量低层。该结果可从不同城市空间形态类型与地表温度之间的作用机制中进行解释。绿地、水体等自然类型比紧凑、开敞的建设类型地表温度更低，是因为此类地表人类活动和热量集聚较少，地表对太阳的辐射吸收程度低，从而使绿地、水体等成为城市中的“冷岛”。尽管高层形态类型比低层形态类型具有更高的开发强度和更稠密的人口，但值得注意的是，高层建筑的建筑阴影可以大幅减少到达地表的太阳辐射能量，而高层建筑因消防需求所规定设计的开敞空间和建筑间距更有利于空气流通，因此高层空间形态类型比低层空间形态类型具有更低的地表温度和热岛效应强度。紧凑低层形态类型由于其高密度的建筑、稀少的绿化、狭窄的街巷空间，容易导致热量累积，进而成为城市中高温热岛区域。此外，开敞空间形态类型比紧凑空间形态类型具有更低的开发强度和更多的绿地空间，从而使得开敞空间形态类型比紧凑空间形态类型具有更低的地表温度和热岛效应强度。大体量低层和重工业类型因其建筑形态的体量大、较多采用深色的金属屋顶材料，以及能源消耗高等原因，通常成为城市中热量集聚的区域，其地表温度普遍偏高，成为城市中高温热岛区（蔡智等，2021）。

尽管已有研究指出不同城市内景观组成与格局对城市热岛效应的不同影响，但是这些结果都不是由单一因素所导致的，不同的景观类型在不同的气候背景、不同的占比及不同的位置等条件下所展现出来的作用存在较大差异，因此研究城市热岛的影响因素要综合考虑组成与格局，才能得出较为具体的结论（孙然好等，2021）。

1.4　城市热岛效应的减缓措施

1.4.1　蓝绿空间

城市绿地是指城区内大部分由绿色植物组成的地面，在城市中形成了独特的“绿色下垫面”，而城区内包括流经城区的河流、湖泊、池塘及人工水库、人工湖等则称之为“蓝色下垫面”。因此可视城市“蓝绿空间”为城市绿地和水体的统称。水体和绿地对城市热岛具有一定的降温效应，能够有效的降低周围环境的温度，缓解城市热岛效应。城市“蓝绿空间”的建设是缓解城市热岛效应的重要手段（连欣欣等，2021）。

绿色植物通过蒸腾作用为城市内部气候提供冷却降温作用，形成荫蔽环境，并且由于其较高的反照率，创造了一个比周围环境温度低2～8℃的绿洲（Kleerekoper et al.，2012；Taha，1997）。因此，城市绿化可作为城市热岛效应的有效缓解措施，并有助于改善白天行人的热舒适度。总体而言城市绿化措施主要分为：城市公园、城市峡谷树林和绿化表面（Miller et al.，2015）。

城市公园的对城市内部的降温效果取决于公园规模的大小、当地的气候条件及公园所处的位置（Park et al.，2017；Rotem-Mindali et al.，2015）。例如，一项在墨西哥城的研究显示，一个面积为 5km^2 的公园可以将其冷却效果扩展到自身边界以外约 2km 的周边地区（Jauregui，1991）；而另一项在特拉维夫的实验证实，宽度在 20～60m 的小型公园自身的降温效果可以影响到其自身面积 2～4 倍的周边地区（Shashua-Bar and Hoffman，2000）。除了降温效应外，一项研究还发现，当日温度超过 20℃这一阈值时，城市温度每增加 1℃，其峰值电力需求就会增加 2%～4%（Akbari et al.，2001）。因此，通过适当的规划，城市公园的建设还能有效的减少夏季建筑降温所需的能源消耗（Ziaul and Pal，2020）。

城市峡谷通常指由街道切割周边建筑区（尤其是高楼）所形成的人造峡谷，而这些峡谷中树木的遮阴与蒸腾的降温增湿效应缓解了城市热岛强度。有研究表明，在晴朗的天气下，一棵树可以产生 20～30kW 的降温效果，相当于十台空调的功效（Kravcik et al.，2011）。值得注意的是，不同类型的树木其降温效果也存在差异，不同绿地的研究表明，绿地的降温效果从大到小依次为乔木林>乔灌草>灌丛>草地，而绿地群落的降温效果由大到小依次为乔灌草型>乔草型≈乔木型>灌草型>草地型。因此，城市峡谷的绿地建设采用乔灌草混合种植可最大限度地发挥绿地的降温效应（苑睿洋等，2019）。同时，一项在开罗的研究表明，与公园一样，用街道树木的建设来代替室内空调同样可以节省能耗（Aboelata and Sodoudi，2020）。

除了城市公园和城市峡谷两种绿化措施外，近年来许多国家通过立法，要求在平房或者低坡屋顶上设置植物屋顶和墙壁，用来缓解城市热岛等环境问题（Carter and Fowler，2008）。绿色屋顶实现了在立体空间内进行绿化，将不透水表面转变为多功能土地，通常是在防水膜上铺设营养层（如土壤）并种植植被。绿化屋顶分为广泛型和密集型，广泛型绿色屋顶介质较浅（小于 15mm），其上生长多年生或一年生草本植物，易于维护；密集型屋顶，具有更深的基质，其上可生长灌木和树木，需要重型结构支撑（Berndtsson，2010）。由于屋顶承重的限制和成本考量，广泛型绿色屋顶应用更为普遍。绿化屋顶通过提供遮阴或通过蒸散增加潜热通量，降低显热通量，减轻城市热岛效应的强度。一项在纽约的研究表明，如果绿化屋顶覆盖了城市中 50% 的屋顶，城市与周围环境之间的温差可以降低 0.8℃（Rosenzweig et al.，2009）。在一些高密度的特大城市中，屋顶绿化措施要比街道植被建设更有效，但是也有一些研究表明高层高密度区域中街道水平的绿色屋顶环境温度降低几乎为零（Arghavani et al.，2020；Ng et al.，2012）。此外，有研究得出，如果仅考虑夏季条件，绿色屋顶可减少空调能耗。但是在冬季，特别是在供热需求不可忽略的地区，屋顶覆盖物大量减少接收太阳热能会损害建筑性能，从而增加供暖需求（Santamouris et al.，2018）。

绿色墙壁作为一种有效的解决方案，不仅可以在城市中创造美丽的景观，还可以通过蒸发蒸腾和遮阴现象来减少热岛效应的影响（Balany et al.，2020）。一般来说，绿色墙壁系统分为两类：绿色外墙和生活墙（Ottelé et al.，2011）。在这个系统中，攀缘植物的根被放置在土壤表面、墙壁或模块化面板上（Perini et al.，2013）。绿色墙壁提供了广泛的环境、社会和经济效益（Lotfi et al.，2020）。就环境层面而言，绿色墙壁建筑在减少空气污染方面发挥着重要作用，例如降低温室气体排放和减少噪声污染（Pandey et al.，2015）。它们可以降低环境空气温度并节约能源，从而改变热岛效应对城市环境的影响（Jimenez，2018）。有研究结果显示，绿色墙壁可将环境温度降低8.7℃，并通过在炎热天气增加环境湿度来防止温度升高。随着立面上绿色植物数量的增加，节能量增加，在需要降温的季节节能超过58.9W，据估计，每平方米绿色立面可节约11～31kW·h的能源消耗（Coma et al.，2017；Peng et al.，2020）。

水体作为城市蓝绿空间的组成部分，通过蒸发或将城市中心的热量通过河流传递的方式来降低城市的热岛效应强度。这两种方式都会通过蒸发、吸热以及区域外的热传递来降低环境温度（Karimi et al.，2022）。研究表明，当城市内的水流像喷泉一样处于运动或其他流动状态时其降温效果会更加明显，同时城市中的气流也会影响水体的降温效果（Kleerekoper et al.，2012）。此外，在一些条件下，不适当的蓝色空间配置会加剧城市内的热应激，还可能增加城市热岛的影响（Gunawardena et al.，2017）。

1.4.2 建筑材料

屋顶、建筑表面、街道等吸收的热量会延迟并通过高波辐射传输到环境中，并影响城市温度（Gachkar et al.，2021；Gago et al.，2013）。其强度取决于表面暴露于天空的程度及材料的特性，如反照率和热惯性（Yang et al.，2015；Berdahl and Bretz，1997）。将具有高反照率的冷却材料涂刷或组装在建筑物屋顶和人行道的表面，减少对太阳辐射的吸收。最初的冷却屋顶由天然材料构成，反照率一般低于0.75，人造白色材料接的反照率近或高于0.85。随着技术的发展，基于纳米技术的反射材料，如热变色涂料和瓷砖可用于冷却屋顶（Karlessi et al.，2009；Kolokotsa et al.，2012），这些与传统材料相比具有更高的反射率。由于较高的反照率，冷却屋顶反射了更多的太阳辐射，因此由于净辐射减少而降低了显热通量。冷却屋顶可降低气温0.2～1.5℃（Li et al.，2014；Middel et al.，2015；

Oleson et al., 2010)。小尺度水平下，大多数研究对冷却屋顶进行一天之内的监测。目前，数值建模技术也已用于研究表面反照率对热环境的冷却效应，使用各种模型，通过参数化和前提假设，从小规模扩展到大规模进行研究，反映其与周围的相互作用。ENVI-met（Battista and Pastore，2017；Salata et al.，2015）、Energy Plus（Heiple and Sailor，2008）、UCM、CFD（Yang et al.，2017）等模型都已应用在冷却屋顶的热通量变化与降温模拟（Sen and Roesler，2020）。

冷却屋顶节省的成本大大超过了使用加热能源的成本损失。在较冷的气候或供暖期超过制冷季节的气候条件下，冷却屋顶可能会导致供暖热负荷显著增加。因此，静态冷却屋顶适合应用于具有较长的制冷季节和较短的供热季节的气候区（Testa and Krarti，2017）。使用热致变色材料可对局部环境刺激产生智能的光学响应，并在夏季条件下增强太阳光反射，在冬季降低反射的太阳光比例（Fabiani et al.，2019），克服了冬季供热增加的缺点，将促进冷却屋顶、路面的推广应用。如果附近有高楼大厦，则相邻建筑物会吸收部分反射。另外，冷却材料应用于垂直表面时，太阳辐射反射到道路上，从而使道路温度升高，为了解决这一问题，各种逆反射材料（RRM）应运而生。它们将入射的太阳辐射反射回太阳光入射方向，可以部分解决反射阳光到达相邻建筑物和道路的问题（Yuan et al.，2015）。然而由于环境污染的原因，随着时间的推移会导致材料的反射率的逐渐降低。冷却材料的应用在改变微气候的同时对人类的舒适性产生影响。在一项模拟研究中显示，当反照率提高 0.5 时，辐射温度升高 4.7℃，原因是反射性路面增加行人辐射感知，降低了行人的热舒适度（Taleghani and Berardi，2018）。与上述结果一致，Lynn 等（2009）提出高反照率人行道对于提高行人的热舒适是无效的。因此，在利用高反射材料时应结合其他措施，减弱其负面影响。

1.4.3 城市形态

城市生活质量取决于建筑物和城市结构所带来的环境条件（Chokhachian et al.，2020），由于较低甚至负的人口增长率，发达国家城市的扩张非常有限，而发展中国家正在发生剧烈的城市化，需要新建大量的基础设施，因此，深入了解城市形成如何影响城市热岛效应的强度，可以作为未来大规模城市规划的指导方针（Zhou et al.，2017）。事实上，城市形态是城市热岛效应变化的影响因素之一，各种城市形态为居民提供了不同的小气候和舒适环境（Chokhachian et al.，2018）。有研究表明，不适当的城市发展形态会使住宅建筑的能源消耗增加 30%~70%，商业建筑的能源消费增加 10%~20%，从而加剧城市热岛效应（Litardo et al.，2020）。

城市峡谷的高宽比（H/W）作为城市形态的重要指标之一，在多方面对城市的热舒适环境造成了不同的影响（Karimi et al.，2022）。一项研究表明，提高的城市峡谷高宽比（2∶4）能够显著降低最高气温（7K），墙壁表面温度（8K）及地面温度（17K）（Andreou，2014）。此外，高层高密度街区的节能效果最低，低密度中等高度街区的能耗最高（Peng et al.，2020）。即浅层独立街道的H/W提高了夜间风和微风冷却和加热的效率，而高层密集街道的H/W有助于降低白天太阳辐射进入峡谷的可能性，并优化表面的阴影区域以保持凉爽（Alobaydi et al.，2016）。

城市通风条件被认为是调节城市热岛效应的第二个重要因素，风速的增加可以增强空气对流，海、河、湖风还可以改善空气湿度。因此，利用自然风来缓解局部变暖具有很大的潜力。现有研究表明，随着风速的提高城市热岛强度将会降低，并且当风速达到某一阈值（4~7m/s），热岛现象可以完全消除（He et al.，2020）。风对城市形态极为敏感，城市内部结构，如街道和建筑物具有复杂组成，其与多变的气象条件相结合可能导致通风性能变化。建筑物的尺寸、形状、方向、纵横比、街道的长高比和方向及街区的建筑物密度对城市通风起着重要作用（Inanici and Demirbilek，2000；Shareef and Abu-Hijleh，2020），如果风道穿过潜在的温度降低路径，提高城市通风性能，则可以改善热岛效应。对于城市规模的通风，一些学者已经尝试在香港（Wong et al.，2010）、新加坡等城市中利用风来改善城市热环境（Priyadarsini et al.，2008）。通过粗糙度和天空开阔度等指数的计算，评估各地通风潜力（王梓茜等，2018）。额叶面积指数（FAI）作为城市粗糙度的指标，沿路径测量风速，通过最低成本路径（LCP）方法计算所设计通风廊道的概率（Hsieh and Huang，2016）。WRF模型在模拟储热效果、温度和流场分布方面具有重要意义，可用于模拟风环境。Ren等（2018）通过WRF模型在中国成都设计城市通风走廊，以缓解城市热压力。尽管数值模型已应用于模拟较大区域的气流，但是在CFD模型计算中通常会以较粗的分辨率对其进行分析。在建筑物、街道范围内，为了评估城市通风性能，大多研究基于理想化模型（Javanroodi et al.，2018）。

第2章　城市空间格局和热岛效应量化方法

城市化进程的推进带来的城市空间扩张、城市人口增长、环境退化和自然资源的开发，不断改变着城市的空间结构和景观配置。同时，也影响着城市功能区的划分与功能区内部的景观格局变化，主要体现在城市自然景观（如植被、水体）与人工地表（如不透水面）的相互转化。城市景观的异质性不仅与土地利用和土地覆被类型相关，也与人类活动相关。人们对城市的开发与规划使城市功能多样化、区域化，以城市功能区为切入点，聚焦功能区的景观格局，探究不同城市功能区的景观格局分配和变化，并将社会现状与规划政策结合，从而根据不同功能区对景观配置提出针对性的意见，进行景观优化。近几十年来北京作为重要国际大都市经历快速发展，其建设过程是典型的同心扩张，呈现从市中心到郊区的环形格局，这种空间格局也促成了北京市城市热岛效应的空间布局特征（Sun and Chen，2017）。本章将以北京市为例，介绍城市景观格局指数、功能区识别、热岛效应量化等内容。

2.1　城市空间格局量化方法

2.1.1　景观格局指数

2.1.1.1　传统景观格局指数

景观格局主要指景观要素的离散空间分布，如不同大小、形状的景观要素在空间上的分布组合。按不同形状和大小可将景观要素分类为斑块、廊道和基质三种类型，常使用定性的图示法和定量的格局指数进行分析（邬建国，2007；傅伯杰等，2011；曾辉等，2017）。景观格局指数为城市景观的配置关系提供量化表达，许多研究者基于景观格局指数对不同城市景观的空间分布和景观类型进行分析。这些研究大多针对单一土地利用类型，或仅依据景观成分（土地覆被）对景观格局进行分析。由于生态过程中尺度效应所带来的复杂性特征，使得基于城市景观斑块和多尺度信息（如不同的城市功能区）来探究城市景观格局演变的研究成为了目前景观生态学研究的难点和热点。本书基于 QuickBird（2002 年）、IKONOS（2012 年和 2020 年）等高分辨率遥感数据，采用面向对象的分类方法，获取土地利用类型，包括不透水面、林地、草地、水体及裸地等。本书选取了包括面积/密度/边缘指标、斑块形状指标、分离度/邻近度指标、蔓延度/聚散度指标、多样性指标等五大类型共计 27 种景观格局指数，在类型和景观两种尺度上计算了研究网格的景观格局指标。景观格局指标的计算通过 Fragstats 软件来完成，使用的格局指数如表 2-1 所示（McGarigal et al.，2012；Jiménez and Sobrino，2003）。

表 2-1　研究选取的景观格局指数

景观格局指数类别	景观格局指数名称	类型尺度	景观尺度
面积/密度/边缘指标	斑块密度 PD	+	+
	最大斑块指数 LPI	+	+
	边界密度 ED	+	+
斑块形状指标	分形度 PAFRAC	+	+
	景观形状指数 LSI	+	+
分离度/邻近度指标	欧氏距离均值 ENN_ MN	+	+
	面积权重欧氏距离均值 ENN_ AM	+	+
	欧氏距离中值 ENN_ MD	+	+
	欧氏距离振幅 ENN_ RA	+	+
	欧氏距离方差 ENN_ SD	+	+
	欧氏距离变异系数 ENN_ CV	+	+
蔓延度/聚散度指标	聚簇指数 CLUMPY	+	−
	相似邻接百分比 PLADJ	+	+
	分散与并列指数 IJI	+	+
	分离度 DIVISION	+	+
	有效粒度尺寸 MESH	+	+
	分裂度 SPLIT	+	+
	聚合度 AI	+	+
	归一化景观形状指数 NLSI	+	−
	凝聚度 COHESION	+	+
	蔓延度指标 CONTAG	−	+

续表

景观格局指数类别	景观格局指数名称	类型尺度	景观尺度
多样性指标	景观丰度 PR	−	+
	景观丰度密度 PRD	−	+
	香农多样性指标 SHDI	−	+
	Simpson 多样性指标 SIDI	−	+
	修正的 Simpson 多样性指标 MSIDI	−	+
	Simpson 均匀度指标 SHEI	−	+

2.1.1.2　源-汇景观格局指数

在实际案例的应用中，研究人员总结了传统景观格局指数存在的问题，提出“基于过程的”和“静态描述到动态刻画转变”的景观格局分析研究方向（陈利顶等，2003，2006；Chen and Sun，2019；孙然好等，2012；Sun et al.，2018b）。核心是景观分类要依据景观要素对特定过程的贡献进行区分，将景观分成源景观、汇景观和流景观（陈爱莲等，2012b）。城市热岛的形成也有相对的源、汇过程，建设用地可以认为是热的源景观，而植被水体等则可以认为是热的汇景观（Sun et al.，2018a）。源-汇景观格局对地表温度的影响可理解为，在相同的光照下，建设用地吸收更多的太阳辐射，与此同时，也在不断地向外辐射热红外能量，而植被吸收太阳辐射，同时以蒸腾的方式，将显热转化为潜热，其发射的热辐射能量较低，因此绿地也可以看成是热辐射的汇。源-汇景观格局指数认为景观中心的温度受其周围景观类型、组成与配置的影响，且近距离景观的影响强度要大于远距离景观的影响强度。指数的建立过程主要包括对景观类型进行“源”“汇”景观的界定和划分、景观类型累积曲线的建立，以及 LWLI 指数的比值计算等。

源-汇景观指数的建立过程包括 3 个步骤（图 2-1）。

①以 500m、1000m、1500m、2000m 四个单位为半径画圆，代表四个尺度的圆形景观单元；②围绕景观中心，以 100m 为缓冲半径建立缓冲区，统计缓冲区各个景观类型的面积，以距离为横轴，以归一化的景观组成为纵轴，建立景观累积面积曲线；③用源景观组成与所有景观组成的比值计算 LWLI 指数，具体的公式见式（2-1）。

$$\mathrm{LWLI}=\left(\sum_{i}^{m}\mathrm{A\_source}\cdot\int_{0}^{1}\mathrm{NA\_source}\right)\Big/\left(\sum_{i}^{m}\mathrm{A\_source}\cdot\int_{0}^{1}\mathrm{NA\_source}+\sum_{j}^{n}\mathrm{A\_sin}k\cdot\int_{0}^{1}\mathrm{NA\_sin}k\right)\tag{2-1}$$

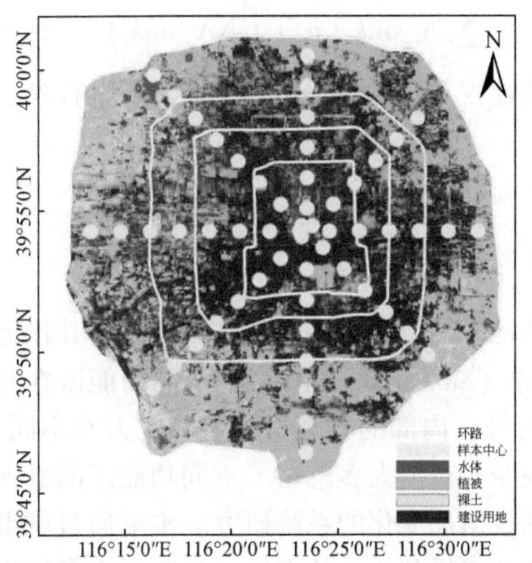

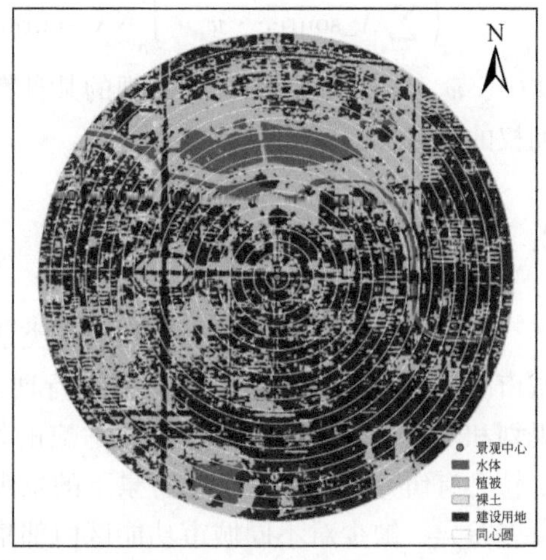

图 2-1 源-汇景观指数构建示意图

式中，A_source/A_sin$k$ 分别表示源、汇景观的面积，NA_source/NA_sin$k$ 是分别归一化的源、汇景观面积，即源、汇景观在整个景观中所占的比例。当景观要素更靠近中心时，其归一化的面积在距离上的积更大，因此其对中心的作用更大，该指数同时集成了景观组成（面积）和配置的关系（图 2-2）。此外，该指数还可以集成景观类型影响环境过程的其他理化或者辐射特性，比如反照率、比热容等，计算式如式（2-2）。

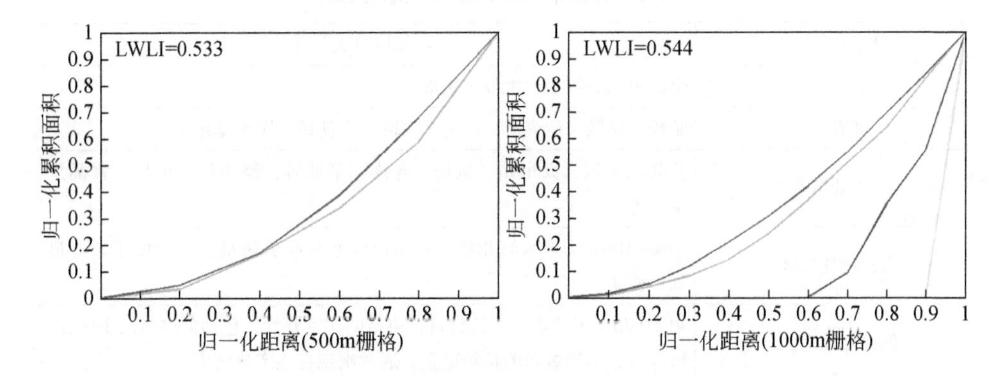

图 2-2 景观分析单元 LWLI 指数示例

$$\mathrm{LWLI}_w = \left(\sum_i^m \mathrm{A\_source} \cdot w_i \cdot \int_0^1 \mathrm{NA\_source} \right) /$$

$$\left(\sum_{i}^{m} \text{A\_source} \cdot w_i \cdot \int_0^1 \text{NA\_source} + \sum_{j}^{n} \text{A\_sink} \cdot w_j \cdot \int_0^1 \text{NA\_sin}k\right) \quad (2\text{-}2)$$

式中，w_i，w_j 分别为源、汇景观的某种特性权重，$LWLI_w$ 为理化性质或过程参数加权的位置加权景观负荷比指数。

2.1.2 城市功能区

城市功能区是具有较为一致的人类活动和能源使用特征的空间单元，其依据城市的地理特征和社会经济功能进行划分（Sun et al., 2013）。不同功能区在其规划和发展建设中体现与功能相适应的特性，内部的景观格局差异也大有不同。尽管已有研究多针对城市化背景下的景观变化，但大多忽略了不同功能区的景观发展差异，缺少对不同城市功能区内部景观格局变化的系统研究。本书通过城市功能区的识别，对城市不同功能区进行景观格局分析，从而进一步刻画不同城市功能区的人类活动强度、景观结构差异等，为城市人为热计算、热岛效应评估提供基础。以北京作为案例区域，首先使用 Python 脚本从 OpenStreetMap 中获取北京的街道网络；其次，利用 GEE 云计算平台，从遥感图像中获得了不同城市功能区和景观类型的地表温度；再次，使用 Python 编程代码爬取了高德地图中的 POI 数据，获得了 1125472 条 POI 数据；最后，通过 POI 数据过滤、标准化等步骤，将北京市五环内区域划分为商业区、文教区、工业区、高密度住宅区、低密度住宅区、自然休闲区、农业区 7 种功能区类型（表 2-2，图 2-3）。

表 2-2　北京市五环内功能区划分标准

城市功能区	功能区分类描述
商业区	金融组织、酒店、批发市场等
文教区	学校、学院、研究所、政府、医院、大使馆、军事基地等
工业区	公共汽车站、火车站、机场、仓库、墓地等；制造厂、电厂、食品厂、水厂等工厂
高密度住宅区	70%~100% 为透水面和建筑；多户住宅和高层建筑，位于城市核心区，人口密集
低密度住宅区	40%~70% 不透水，建筑材料；典型的住宅开发，包括低层居民小区，人口较少，不同数量的植被覆盖，通常出现在住宅分区中
自然休闲区	城市公园、高尔夫球场、足球场等休闲场所
农业区	农作物种植区、果林地

研究区一共提取城市功能区斑块 629 个，对不同功能区斑块数目及面积进行

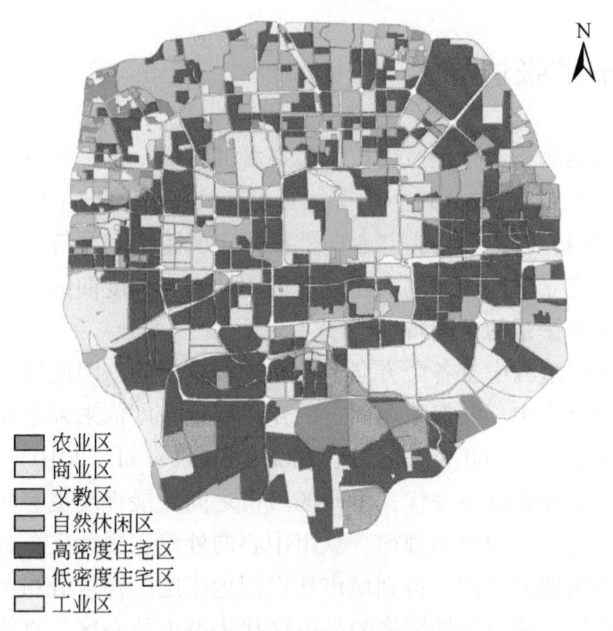

图 2-3　北京城市功能区

统计，高密度住宅区斑块数目最多，为 219 个，总面积为 248.645km²，占所有功能区总面积的 41.60%；其次为商业区（120 个）和自然休闲区（115 个）；农业区斑块数目最少，仅 15 个，总面积也最小，为 19.589km²，占所有功能区总面积 3.25%。但在所有功能区中，农业区平均面积最大，为 1.306km²；其次为低密度住宅区（1.287km²）、工业区（1.180km²）和高密度住宅区（1.135km²），最小的为文教区（0.496km²），其面积标准差也最小，面积分配较为均匀（表 2-3）。

表 2-3　北京市不同类型功能区斑块数目及面积

城市功能区	代码	斑块数目	总面积/km²	面积比例/%	平均斑块面积/km²	最大斑块面积/km	最小斑块面积/km	标准差
商业区	CML	120	108.252	18.10	0.902	13.795	0.077	1.556
文教区	CPL	69	34.211	5.70	0.496	3.242	0.051	0.559
工业区	IDL	68	80.226	13.40	1.180	7.228	0.014	1.643
高密度住宅区	HDR	219	248.645	41.60	1.135	17.236	0.038	1.780
低密度住宅区	LDR	23	29.604	4.94	1.287	7.776	0.031	1.980
自然休闲区	RCL	115	78.464	13.01	0.682	7.818	0.015	1.015
农业区	AGL	15	19.589	3.25	1.306	7.257	0.125	1.856

2.1.3 城市扩张边界

城市建设用地面积变化是城市扩张最显著的特征，也是衡量城市化质量的重要指标（焦利民和张欣，2015）。为了描述城市在不同方向上的扩张特征，常用圈层划分城市空间，以市中心为圆心向外按一定的距离划分等距缓冲区，计算每个缓冲区范围内建立用地的比例，建立建设用地密度梯度曲线，分析在不同时期城市化过程中城市扩张的空间特征。

城市在发展的过程中，各个方向上扩张的程度不同，因此城市边界形状往往不规则。以往的分析中，一般采用固定的建设用地密度值来确定城市核心区和边缘区的边界（Schneider and Woodcock，2008；Angel et al.，2010），但同一个城市在不同时期城市发展程度不一样，不同的城市之间发展程度也有较大差异。为了分析城市建设用地的空间分布规律，从市中心向外建立缓冲区，分别计算每个缓冲区内城市建设用地的比例，得到城市建设用地密度的梯度分布图。根据逻辑回归曲线的变化特征，建设用地密度的高值区代表城市核心区，直线下降的区域代表城市边缘区（图 2-4）。

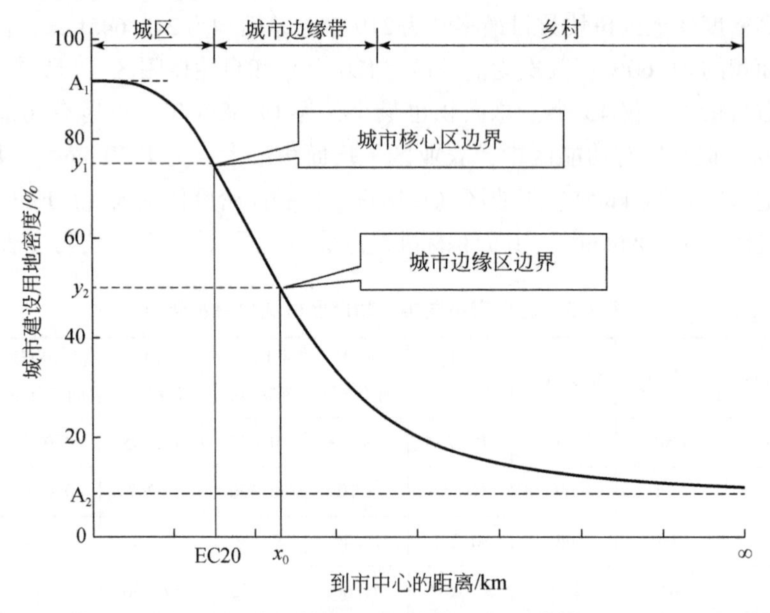

图 2-4 城市边界提取的逻辑回归曲线

注：A_1 为城市中心建设用地密度；A_2 为郊区边缘建设用地密度；x_0 为城市边缘区距市中心距离；EC20 为城市核心区边界；y_1 为城市核心区建设用地密度；y_2 为城市边缘区建设用地密度。

2.1.4 城市扩张指数

为了反映城市扩张的速度和空间结构的动态变化，选取基于放射半径的 Boyce-Clark 形状指数（SBC）和城市扩张强度指数（UEI）进行分析。基于放射半径的 Boyce-Clark 形状指数（牟凤云和张增祥，2009），是将城市形状与标准圆进行比较，得到一个相对指数。这种指数是以城市边界的重心（几何中心、城市范围的人口中心或经济中心等）为原点，向周边放射出若干条半径，衡量各方向半径与平均半径之间的差异，其表达式为

$$\mathrm{SBC} = \sum_{i=1}^{n} \left| \left(\frac{r_i}{\sum_{i=1}^{n} r_i} \right) \times 100 - \frac{100}{n} \right| \tag{2-3}$$

式中，SBC 为形状指数；r_i 为城市重心到边界的半径长度；n 为放射半径的数量。根据城市边界形状的复杂程度设置不同的半径数量，n 越大，SBC 精度越高。城市边界形状不同，SBC 的值也不同，圆形的 SBC 值为 0，正多边形、矩形、星形、长条矩形的 SBC 值依次变大。该方法直观形象，能够反映城市空间形态的一般特征，且具有较强的可比性。

城市扩张强度指数（UEI）表示在一定的时间阶段，单位时间内增加的城市空间占上一时期城市空间总面积的百分比，用来衡量城市扩张的速度，用式（2-4）计算。

$$\mathrm{UEI}_{t,t+n} = \frac{A_{t+n} - A_t}{A_t} \times \frac{1}{n} \times 100 \tag{2-4}$$

式中，$\mathrm{UEI}_{t,t+n}$ 表示在 $t \sim t+n$ 时期城市扩张强度指数；$A_{t+n} - A_t$ 表示在 $t \sim t+n$ 时期城市扩张面积；A_t 表示时间 t 城市面积；n 表示时间长度（年）。

2.2 城市空间格局分析

2.2.1 不同功能区的景观特征

不同功能区景观比例特征具有明显差异（图 2-5）。从均值来看，农业区和自然休闲区的不透水面比例较其他功能区少；自然休闲区水体比例最高，明显高于其他功能区，这与自然休闲区生态服务功能有关。其他功能区的不透水面比例较高，最高的为高密度住宅区，其次为工业区。高密度住宅区、工业区、商业区和文教区特征相似，不透水面比例高，草地比例较低，林地比例适中，水体和裸

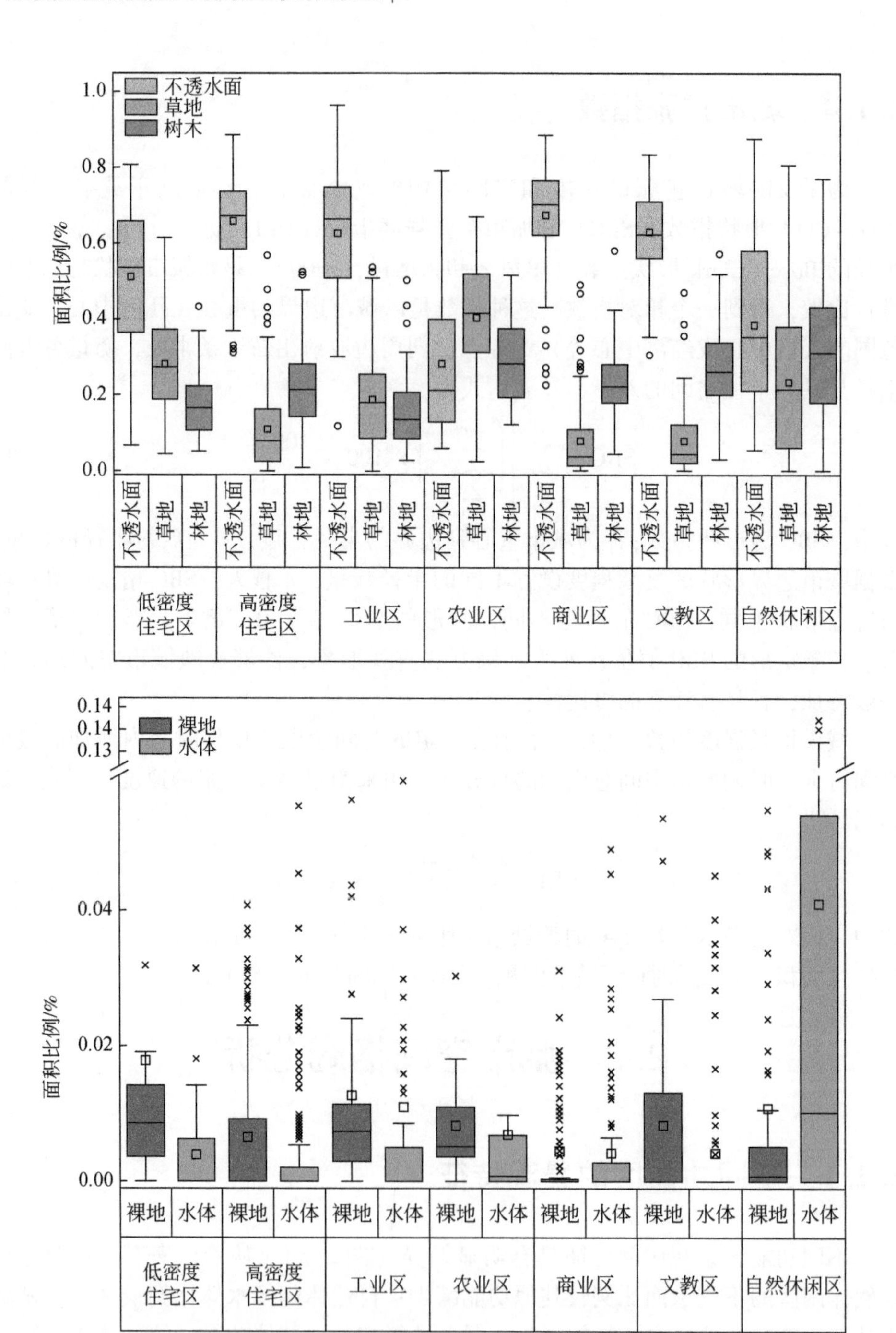

图 2-5　北京市不同功能区景观组分差异

地比例较少；商业区裸地比例最少。两种类型住宅区相比，高密度住宅区草地比例低于低密度住宅区，林地比例略高于低密度住宅区，高密度住宅区裸地和水体比例均低于低密度住宅区。北京作为水资源匮乏的内陆城市，各种功能区类型水体比例较小；除自然休闲区外，其余 6 种类型功能区斑块水体比例低于 0.1%；文教区水体比例最小，低密度住宅区和农业区水体比例稍高于其他功能区。

在 7 种功能区中，高密度住宅区、低密度住宅区斑块密度最高，工业区次之，这表明住宅区景观破碎化更为严重（表 2-4）。高密度住宅区、低密度住宅区、工业区三种功能区中，斑块密度最高的景观类型为草地，其次为林地、裸地；商业区、文教区、自然休闲区及农业区四种功能区中，林地斑块密度最高，其次为草地。在几种类型景观中，植被（草地和林地）破碎化程度最高，水体最低。对于周长面积分维数，几种景观类型中最高的为裸地，说明其斑块形状最为复杂。高密度住宅区及低密度住宅区水体周长面积分维数最高，分别为 1.53 和 1.52；农业区及自然休闲区水体周长面积分维数最低，分别为 1.26 和 1.29。不透水面、草地、林地三种景观类型周长面积分维数相似，差异较小。

表 2-4　北京市各功能区景观斑块密度及形状指数

功能区类型	斑块密度（PD）					周长面积分维数（PAFRAC）				
	不透水面	草地	林地	水体	裸地	不透水面	草地	林地	水体	裸地
商业区	36.62	64.80	137.1	8.09	36.89	1.41	1.35	1.41	1.38	1.44
文教区	52.45	92.37	131.2	7.93	46.91	1.41	1.34	1.43	—	1.47
工业区	118.9	427.4	364.5	26.83	186.3	1.39	1.37	1.36	1.35	1.42
高密度住宅区	194.1	639.3	592.1	18.22	498.9	1.42	1.37	1.42	1.53	1.42
低密度住宅区	188.7	620.6	524.0	50.16	244.4	1.37	1.39	1.39	1.52	1.48
自然休闲区	69.51	92.22	111.3	10.76	48.36	1.36	1.39	1.38	1.29	1.48
农业区	51.13	82.22	93.12	3.33	19.07	1.39	1.39	1.40	1.26	1.40

表 2-5 显示，各功能区中裸地连通性及聚集度较低，不透水面连通性最高，其他几种类型功能区不透水面聚集指数最高。草地和林地两种景观类型聚集度相似，但林地类型连通性更高。低密度住宅区和农业区草地连通性高于林地，商业区、文教区、高密度住宅区及自然休闲区林地连通性高于草地。农业区植被（草地和林地）连通性及聚集度高于其他功能区。

表 2-5　北京市各功能区景观连通性及聚集度指数

功能区类型	连通性指数（COHESION）					聚集指数（AI）				
	不透水面	草地	林地	水体	裸地	不透水面	草地	林地	水体	裸地
商业区	98.99	88.19	94.49	85.72	80.14	94.43	82.26	84.82	84.90	75.87
文教区	98.68	87.51	94.59	92.78	82.15	93.33	81.75	85.80	91.68	75.23
工业区	98.76	93.52	92.97	87.29	80.55	94.92	85.69	85.32	88.59	75.43
高密度住宅区	99.06	90.02	94.03	88.58	79.06	93.97	82.57	84.45	88.44	73.61
低密度住宅区	97.90	95.93	93.52	86.69	80.93	93.58	88.37	85.99	83.91	74.44
自然休闲区	97.10	92.11	95.32	94.19	78.55	91.74	86.42	88.92	91.89	74.56
农业区	96.63	97.25	96.97	92.29	81.94	90.49	90.96	89.62	91.43	76.73

基于斑块的景观指数统计显示，除农业区的各功能区中，不透水面是占比最大的景观类型，其完整度、连通性及聚集度最高，说明北京五环内城区多数土地已随着城市化变成道路、建筑等用地类型，且呈现集群分布特征。农业区和自然休闲区具有较多的草地、林地和水体，能为人类提供更多的生态系统服务。各功能区中住宅区的景破碎化程度较高，各景观类型中草地的景观破碎化程度较高，其中又以低密度住宅区的草地破碎化程度最高，其原因可能为保持或增加城市内的绿色区域，在众多的居民楼等建筑周围“见缝插绿”。水体在各功能区中分布聚集、破碎化程度低、形状简单，但北京市水资源匮乏，其数量少、面积小、分布有限。

2.2.2　景观组成和面积变化

快速的城市化进程导致北京市地表景观类型总体变化显著，功能区的景观类型变化差异明显（图 2-6）。农业区变化比例最高，高达 62.47%；低密度住宅区（60.28%）、工业区（52.01%）、自然休闲区（48.01%）变化比例依次降低；商业区和文教区景观变更比例较低。城市景观总体变化为不透水面、林地比例上升，草地、裸地比例下降，水体比例变化不明显。具体分析各景观成分之间的互相转化，几种景观成分中裸地变更比例最大，七种功能区内裸地变更比例均接近或高于 90%。自然休闲区 92% 的原有裸地面积发生了变更，主要变更为不透水面（32.5%）、草地（37.1%）和林地（22.4%）；其他几种功能区内原有裸地主要变更为不透水面（50%～70%），少数变更为林地（9%～18%）和草地（14%～28%）。

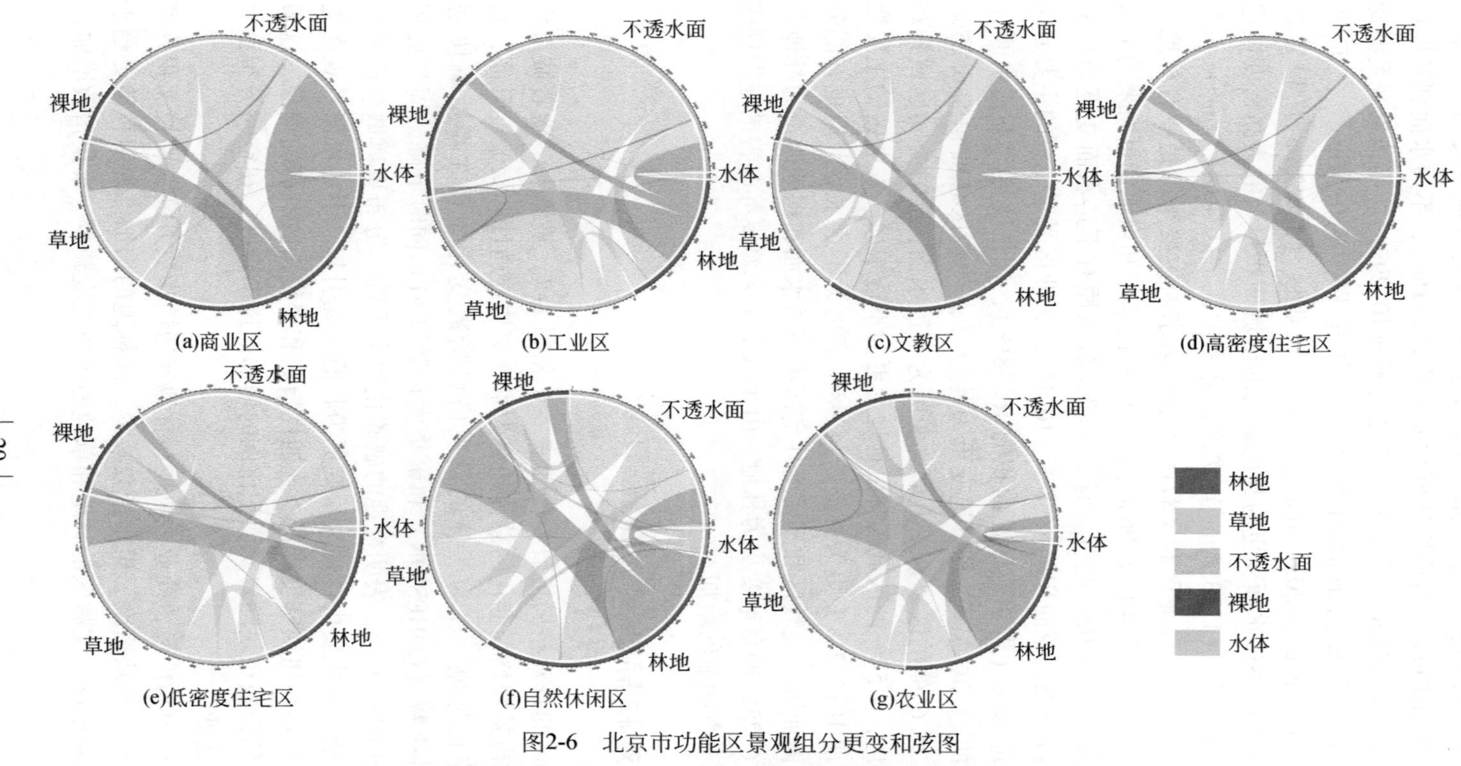

图2-6　北京市功能区景观组分更变和弦图

注：每个功能区的景观类型变化可以由和弦图中的链接反映。和弦图中各个颜色为各种景观类型，外圈为参与变化的各个景观类型的占比，内部的链接表示变化的方向与程度。外圈颜色与连接带颜色不同表示该景观为源，与连接带相同表示为汇。如，外圈为草地（浅绿色），其连接带部分为不透水面（黄色），则表示草地转化为不透水面，连接带宽度表示变化面积。

按变更区域面积进行统计，北京最突出的景观变化为其他景观到不透水面的变更（共计 1.35×10^4 hm^2，占研究区域总面积的 22.71%），不透水面到其他景观的变更（共计 6.14×10^3 hm^2，占研究区域总面积的 10.29%）。其他景观类型变更为不透水面的区域面积最高的为高密度住宅区（5608.4 hm^2），工业区（2495.9 hm^2）和商业区（2037.3 hm^2）次之，农业区（509.2 hm^2）和文教区（550.6 hm^2）再次；不透水面变更为其他景观的区域面积最大的为高密度住宅区（3053.3 hm^2），商业区（1273.0 hm^2）次之，低密度住宅区（181.9 hm^2）和农业区（104.1 hm^2）再次。商业区和文教区新增不透水面主要来源是原有林地，变更面积分别占功能区总面积的 8.96%、8.37%；由草地和裸地变更而来的不透水面共占功能区总面积的 10% 左右。商业区和文教区原有不透水面变更为林地的区域面积分别占功能区总面积的 8.98%、10.1%。工业区景观变更的主要方向为草地变更为不透水面（占功能区总面积的 16.38%），裸地变更为不透水面（占功能区总面积的 11.3%），以及草地变更为林地（占功能区总面积的 6.25%）。低密度住宅区 21.65% 的区域景观由草地变更为不透水面，6.93% 的区域景观由草地变更为林地，6.54% 的区域景观由林地变更为不透水面。农业区的主要变化特征是原有草地中 15.2% 变更为林地，14.98% 变更为不透水面。但也有部分功能区，如部分商业区、文教区和高密度住宅区将不透水面和裸地改造为林地和草地；工业区有 6.25% 的草地变更为林地。由于城市生态修复等改善措施，这些区域的绿化面积有着明显的增加。

2.2.3 景观格局动态变化

七种功能区的景观格局指数变化如表 2-6 和图 2-7。整体上，随着城市化程度的提高，城市景观格局变化的总体趋势为景观斑块连通性和聚集度升高，自然景观斑块破碎化加剧。较为明显的景观格局指数变化体现在裸地斑块密度（PD）、连通性指数（COHESION）和聚集度指数（AI）同时下降，周长面积分形维数（PAFRAC）上升，表明裸地的破碎化程度下降、分布更离散、连通性降低、形状更复杂，这主要由裸地大量变更为其他景观引起。不透水面景观在七种功能区类型中均存在斑块密度降低、连通性指数和聚集指数升高的现象，这表明不透水面原有的分散斑块随着其面积比例的增加而逐渐合并，在空间分布上更加整合、聚集、连通。

对于各个城市功能区，商业区草地、林地连通性指数升高，周长面积分维度轻微减小，但草地斑块密度、聚集指数减少，而林地的增加，说明林地更趋于合并、聚集而草地相反。文教区的林地和草地的斑块密度减少、聚集指数增加，说

表 2-6　北京市功能区景观格局变化统计

项目	景观类型	功能区类型						
		商业区	文教区	工业区	高密度住宅区	低密度住宅区	自然休闲区	农业区
斑块密度（PD）	不透水面	-20.294	-11.826	-31.313	-18.758	-41.261	-8.579	-2.733
	草地	-29.424	-36.158	64.745	105.19	48.694	-1.081	-0.071
	林地	2.107	-7.674	213.69	136.33	63.241	-3.365	24.692
	水体	0.668	-1.293	3.599	0.798	30.923	-1.16	-0.614
	裸地	-67.841	-66.504	-225.66	-533.09	-321.85	-18.817	-43.972
周长面积分维数（PAFRAC）	不透水面	0.002	-0.011	-0.002	0.006	-0.058	-0.019	-0.024
	草地	-0.042	-0.059	-0.026	-0.027	-0.037	-0.004	0
	林地	-0.004	0.006	0.011	0.013	0.008	0.018	0.036
	水体	-0.038		0.034	0.181		0.004	-0.105
	裸地	0.062	0.063	0	-0.002	0.058	0.073	0.024
连通性指数（COHESION）	不透水面	0.411	0.873	2.291	0.608	4.746	3.583	6.428
	草地	0.313	-1.393	-1.311	-0.167	0.617	-0.005	-0.37
	林地	1.05	1.067	1.39	1.932	-0.138	0.272	2.772
	水体	-0.107	4.644	2.558	3.775	-2.324	3.429	7.448
	裸地	-10.988	-6.456	-12.335	-11.26	-11.089	-13.558	-12.976
聚集指数（AI）	不透水面	1.391	1.624	4.986	1.232	8.094	4.782	8.011
	草地	-0.618	0.353	-1.289	-0.466	2.42	0.114	-0.601
	林地	1.385	1.949	0.09	1.415	-0.119	-0.285	0.942
	水体	0.612	4.301	1.317	2.454	-4.566	1.94	3.919
	裸地	-7.156	-4.767	-8.393	-7.377	-8.886	-11.614	-11.484

明文教区的绿化有更加整合、聚集的趋势；而草地的周长面积分维度、连通性指数减小，林地的周长面积分维度、连通性指数少量增加，说明文教区的草地斑块形状变简单、连通性降低，而林地与之相反。工业区、住宅区的草地、林地和水体的斑块密度均有上升，说明这些城市功能区的植被和水体呈破碎化趋势，尤其是工业区的林地（+142%）和低密度住宅区的水体（+161%）；同时，这些功能

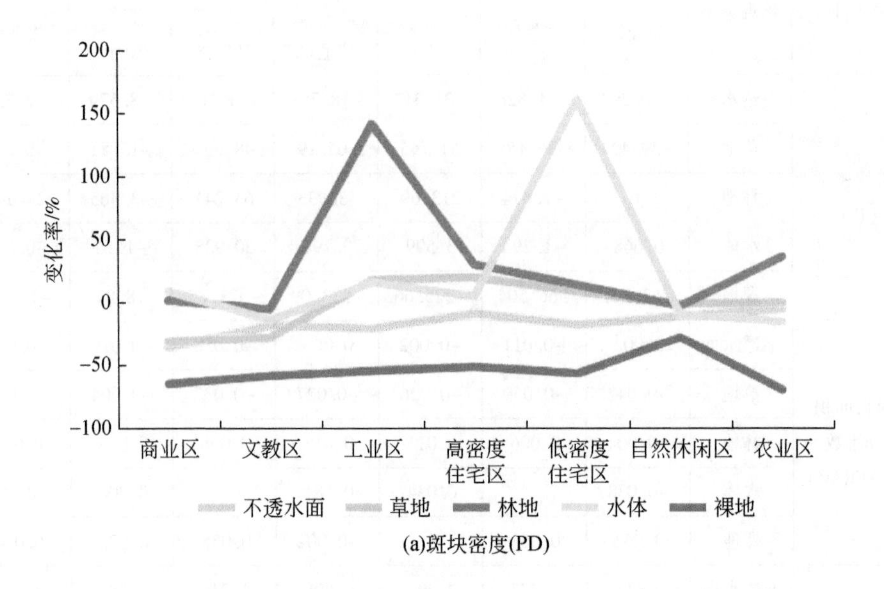

(a)斑块密度(PD)

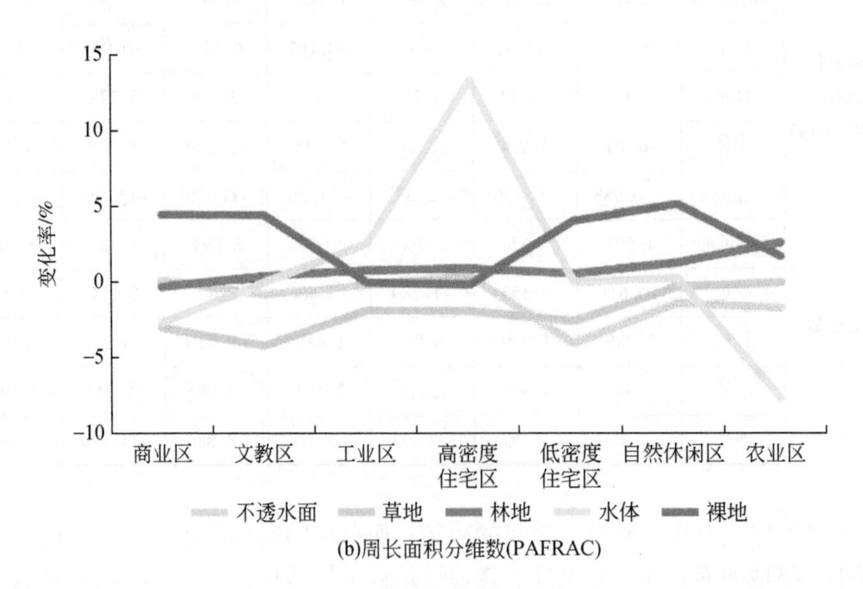

(b)周长面积分维数(PAFRAC)

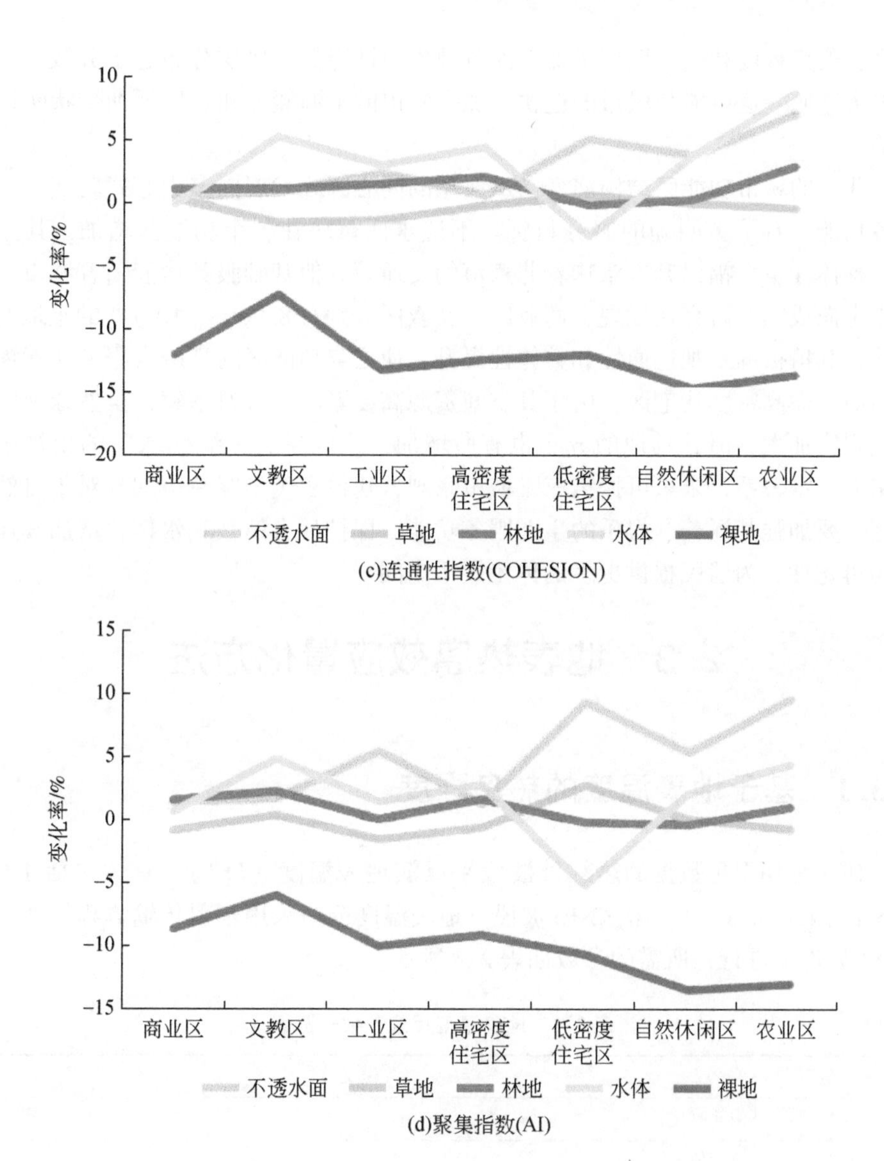

图 2-7　北京市功能区各景观格局指数变化率

区草地的周长面积分维度下降而林地的上升，说明草地形状趋于简单而林地的趋于复杂；但低密度住宅区的草地更趋于连通和聚集，工业区、高密度住宅区则呈现相反趋势，其林地更趋于连通和聚集。自然休闲区自然景观斑块密度少量减小，说明景观破碎化程度降低，其中草地斑块分布更加聚集，林地连通性提升而分布变得更分散，水体斑块则更聚集、连通。农业区林地的破碎化程度、形状复杂度、聚集程度和连通性均增加，而草地连通性降低、斑块分布趋于分散，水体更聚集连通，这可能与城市的退耕、加强农田的水源涵养和农田增加带状防护林有关。

北京的城市功能区结构演变已从典型的同心圆式发展向多中心式转变，这使得各功能区有了更明确的服务目标。不透水面斑块在各个功能区增加，其连通性、整体性也大幅提升，意味着北京市的交通等其他基础服务功能随着城市化进一步走向成熟。研究还发现，商业区、文教区分别有 8.98%、10.1% 的土地变为林地，其植被的景观连通性和整体性提升，使之与功能区的高层次服务功能需求相适应。而高密度住宅区，由于其空间资源高度紧缺、人口密集，虽然绿地的破碎化程度加大，但其林地的分布也有所增加，这也与“见缝插绿”的植被增加策略有一定关系，未来可探索三维城市景观，建设多类型绿色空间。对于自然休闲区，要加强其涵养、娱乐的生态服务功能，保护现有植被和水体，增加其连通性与可达性，为居民提供更多的休闲娱乐空间。

2.3 地表热岛效应量化方法

2.3.1 基于地表温度的热岛强度

研究采用卫星数据的热红外波段来反演地表温度（LST），具体包括 TM 和 ETM+的第 6 波段，OLI 的第 10 波段。地表温度反演采用辐射传输方程算法，在 ENVI 软件下进行，所需的参数如表 2-7 所示。

表 2-7　地表温度反演参数一览表

<table>
<tr><th>参数</th><th colspan="3">定义</th></tr>
<tr><td>DN</td><td colspan="3">像元亮度值</td></tr>
<tr><td>Gain</td><td>增益值</td><td colspan="2" rowspan="2">根据数据头文件可以获取</td></tr>
<tr><td>Offset</td><td>偏置值</td></tr>
<tr><td>L_λ</td><td colspan="3">热红外波段辐射亮度(单位为 W/(m^2 srμm))</td></tr>
<tr><td>L_{upper}</td><td colspan="2">表示大气向上辐射亮度(单位为 W/(m^2 srμm))</td><td rowspan="3">通过 NASA 网站获得 http://atmcorr. gsfc. nasa. gov</td></tr>
<tr><td>L_{down}</td><td colspan="2">表示大气向下辐射亮度(单位为 W/(m^2 srμm))</td></tr>
<tr><td>τ</td><td colspan="2">表示大气在热红外波段的透过率</td></tr>
<tr><td>ε</td><td colspan="3">表示地表比辐射率</td></tr>
<tr><td>m，n</td><td colspan="3">m=0.004，n=0.986（TM，ETM+）m=0.00149，n=0.98481（OLI）</td></tr>
</table>

续表

参数	定义	
L_T	同温度下的黑体辐射亮度	
NDVI	归一化植被指数	
$NDVI_B$	完全裸露或无植被覆盖地表的 NDVI	
$NDVI_S$	完全植被覆盖地表的 NDVI	
ρ_{NIR}	近红外波段（TM、ETM+为第 4 波段，OLI 为第 5 波段）反射率	
ρ_R	红波段（TM、ETM+为第 3 波段，OLI 为第 4 波段）反射率	
f_v	植被覆盖度	
K_1，K_2	定标常数	TM：K_1 = 607.76W/（m^2 srμm）K_2 = 1260.56K ETM+：K_1 = 666.09W/（m^2 srμm）K_2 = 1282.71K OLI：K_1 = 1321.08W/（m^2 srμm）K_2 = 774.89K

地表温度反演可以按照下面的步骤进行。

1）将热红外波段（TM 和 ETM+为第 6 波段，OLI 为第 10 波段）像元 DN 值转变为辐射亮度值。

$$L_\lambda = \text{Gain} \times \text{DN} + \text{Offset} \tag{2-5}$$

2）计算同温度下的黑体辐射亮度

$$L_T = \frac{L_\lambda - L_{upper} - \tau(1-\varepsilon)L_{down}}{\varepsilon\tau} \tag{2-6}$$

其中，地表比辐射率计算通过式（2-7）；植被覆盖率计算通过式（2-8）；归一化植被指数计算通过式（2-9）：

$$\varepsilon = m \times f_v + n \tag{2-7}$$

$$f_v = [(\text{NDVI} - \text{NDVI}_B)/(\text{NDVI}_S - \text{NDVI}_B)]^2 \tag{2-8}$$

$$\text{NDVI} = \frac{\rho_{\text{NIR}} - \rho_{\text{R}}}{\rho_{\text{NIR}} + \rho_{\text{R}}} \tag{2-9}$$

3）计算地表温度，并将开氏温度转换为摄氏温度。

$$\text{LST} = \frac{K_2}{\ln[(K_1/L_T)+1]} - 273.15 \tag{2-10}$$

将城市热岛强度（UHII）定义为城市核心区与边缘区的地表温度之差，热岛效应强度的计算如式（2-11）：

$$\text{UHI}_i = T_i - T_{\text{rural}} \tag{2-11}$$

式中，UHI_i 为第 i 个网格的热岛效应强度；T_i 为第 i 个网格的地表温度，单位为摄氏度（℃）。T_{rural}为郊区网格地表温度的平均值，单位为摄氏度（℃）。

将地表热岛强度划分为5个等级，极高热岛效应强度区域（5%）、高热岛强度区域（5%～30%）、中等热岛效应强度区域（30%～70%）、低热岛区域（70%～90%）及极弱热岛效应强度区域（90%～100%）。研究区域热岛效应等级的划分标准具体如表2-8所示。

表2-8　研究区域热岛效应等级的划分标准　（单位：℃）

热岛等级	日间热岛强度（年均）	夜间热岛强度（年均）
极高热岛强度区	6.19～7.47	5.03～6.51
高热岛强度区	4.92～6.19	2.65～5.03
中等热岛强度区	3.50～4.92	1.08～2.65
低热岛强度区	0.75～3.50	0.45～1.08
极弱热岛强度区	-4.22～0.75	-1.74～0.45

将日间、夜间热岛效应强度等级划分进行空间可视化，如图2-8所示。

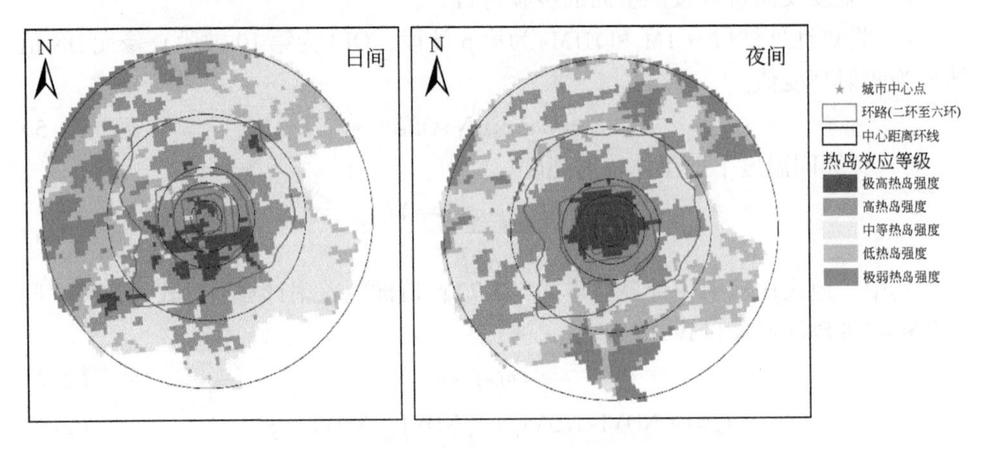

图2-8　北京市热岛效应强度等级区域划分

2.3.2　热岛效应的空间格局

北京市热岛效应存在明显的日间和夜间差异。日间的高强度热岛区域在不同季节具有较高的相似性，城市热岛呈现一主多副中心的布局，一个主要热岛中心位于北京市城市中心稍偏南5～10km处；多个副中心分别位于东部通州区、东北方向顺义区、西北方向昌平区中心、西南方向北京房山工业园区附近。地表热岛副中心多位于城区周边行政区的行政中心，相较于周边区域，这些行政中心城市化程度较高，地表建筑及不透水面覆被较多（图 2-9）。此外，在空间形态上，北京市南部日间热岛效应强度高于北部，东南部近城区和近郊区区域也呈现出较高的热岛效应强度，对比地表覆被影像发现，相较于西北部近郊区多保留有地表自然覆被，东南部区域不透水面较多。因此，北京市日间城市热岛的多中心格局很可能与城市建设和发展状况相关，城市建设中地表覆被类型的变化所带来的潜热通量的改变很可能是日间热岛的主要影响因素。

夜间热岛的高强度热岛区域较日间更为集中，主要分布于北京市中心城区（距城市中心点 10km 以内），并呈多方向辐射状向外扩散，在近城区呈现多个热岛副中心（图 2-10）。与日间热岛的扩散状副中心不同，夜间热岛副中心的高热岛强度区也更加集中，呈现近似点状或条带状。此外，针对近城区及近郊区的热岛效应显示，相较于基本保留自然状态的西北部，开发强度较大的东南部区域并未呈现出热岛效应强度的明显升高，甚至冬季出现大面积冷岛效应（热岛效应强度<0）。相较于白天太阳辐射下的人类活动区域地表普遍增温，夜间热岛效应的格局似乎与人类活动释放的人为热强度具有更高的关联性。

在进行热岛效应分析时，空间尺度的选择至关重要。因此本书研究将北京市划分为城区、近城区、近郊区三类，分析其城市热岛效应。北京市城市区域划分的方法是，选择距离城市中心点 15km 以内的区域为城区，区域边界与北京市五环环路接近；以距离城市中心点 15 ~ 30km 的区域为近城区，区域边界与北京市六环环路接近；以距离城市中心点 30 ~ 50km 的区域为近郊区；50km 以外的区域为城市郊区。其中，在对不同区域城市热岛强度进行精细对比时，将城区进一步细化为三类：城区核心区（距离城市中心点 5km 以内）、中心城区（距离城市中心点 5 ~ 10km 范围）和外城区（距离城市中心点 10 ~ 15km 范围）。

随着距城市中心点距离的增加，热岛效应强度逐渐降低（图 2-11）。日间热岛效应强度大致为线性变化，距城市中心点距离每增加 1km，热岛效应强度下降 0. 1℃；夜间热岛效应强度则表现为 30km 以内（城区及近城区范围）随着距离的增加迅速下降，30 ~ 50km（近郊区范围）热岛强度变化趋于平缓。与日间热岛效应强度相比，夜间热岛效应高强度区域更为集中。

图 2-12 北京市东西轴线上热岛效应强度变化显示，从东西轴线来看日间热岛效应强度较高的区域主要分布在城市城区（15km 以内），城区热岛效应强度较均衡，区块差异不明显；城区以外区域热岛效应强度逐渐下降，西侧下降较快，东侧热岛效应强度下降缓慢。夜间热岛效应强度高值点位于城市中心点西侧 8km 左右，从高值点向外，热岛效应强度逐渐下降，春秋冬三个季节东西两侧下降趋势类似，东侧略快于西侧；但夏季夜间东侧区域保持了较高的热岛效应强度。

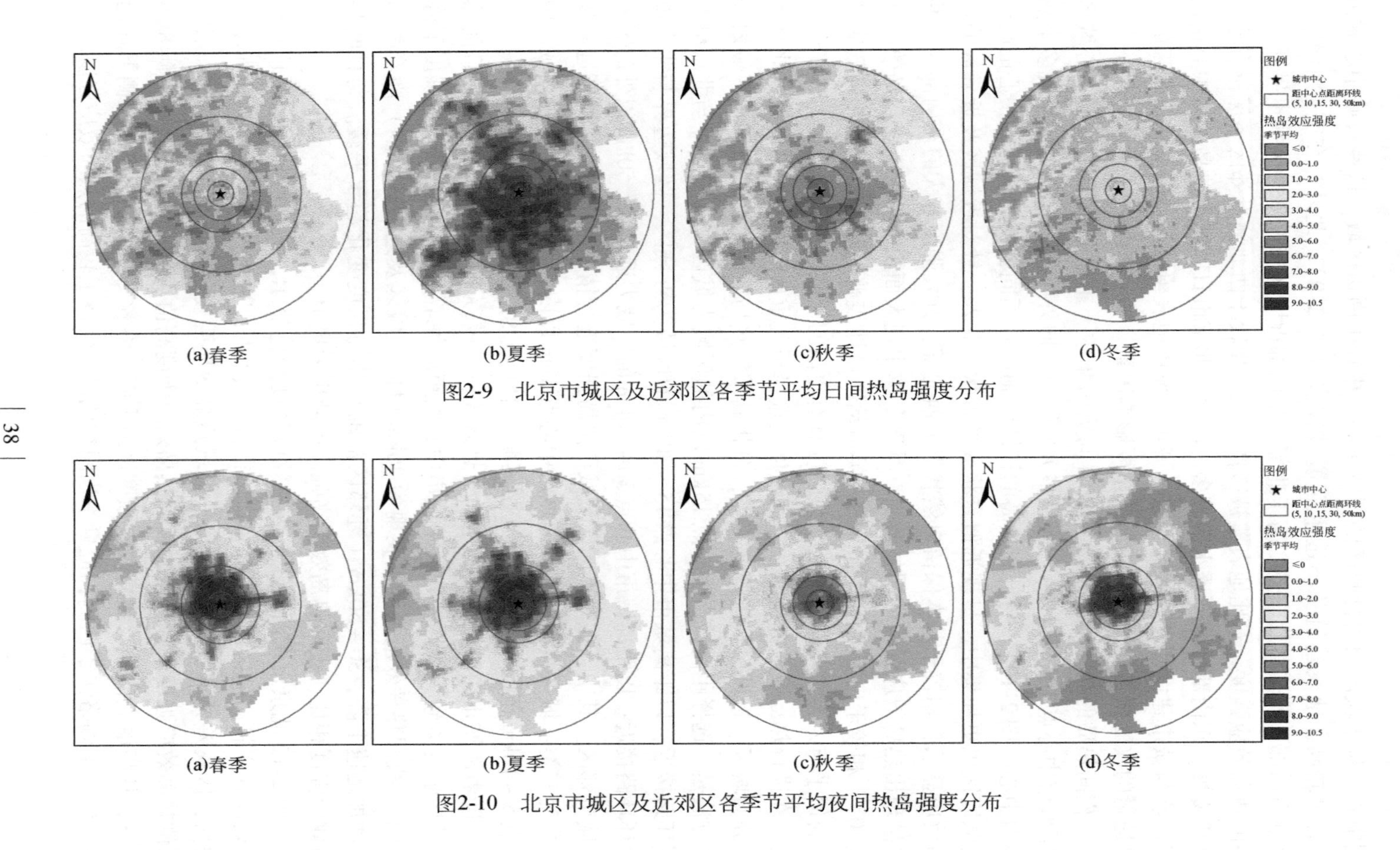

图2-9　北京市城区及近郊区各季节平均日间热岛强度分布

图2-10　北京市城区及近郊区各季节平均夜间热岛强度分布

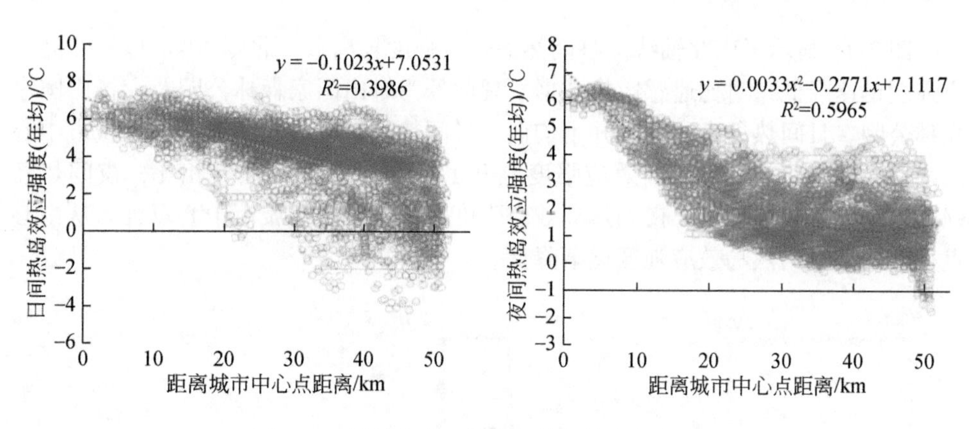

图 2-11　距城市中心距离与热岛效应强度变化

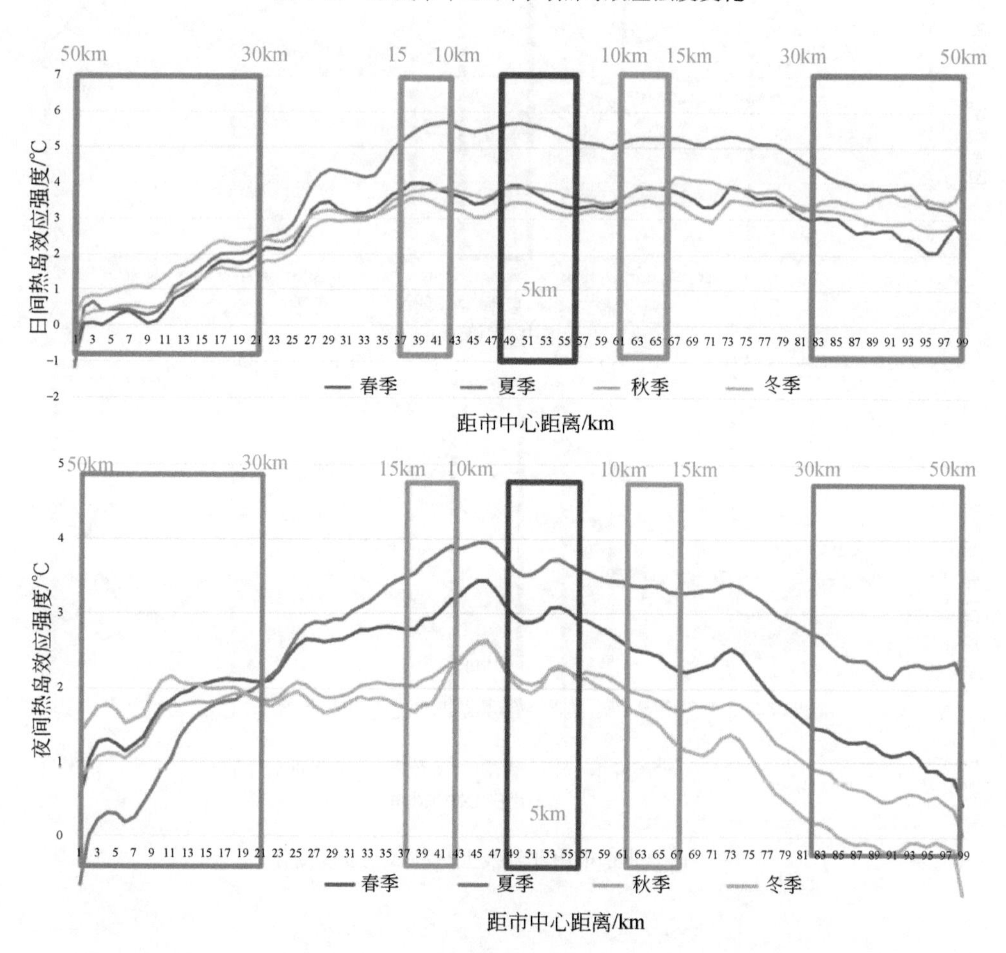

图 2-12　北京市东西轴线上热岛效应强度变化

图 2-13 显示了南北轴线上日间热岛效应强度较离散，北侧 30km 以外热岛效应强度迅速降低，对比遥感影像数据发现此处为蟒山国家森林公园及大杨山国家森林公园。日间热岛南北分布并不均衡，日间热岛效应强度高温区位于城市中心点南部，较中心点北部热岛效应强度上升 1 ~ 2℃。与日间热岛相比，夜间热岛强度南北分布较为均衡，夜间热岛效应强度高值中心位于城市中心点处，从中心点往外南北方向热岛效应强度逐渐降低。

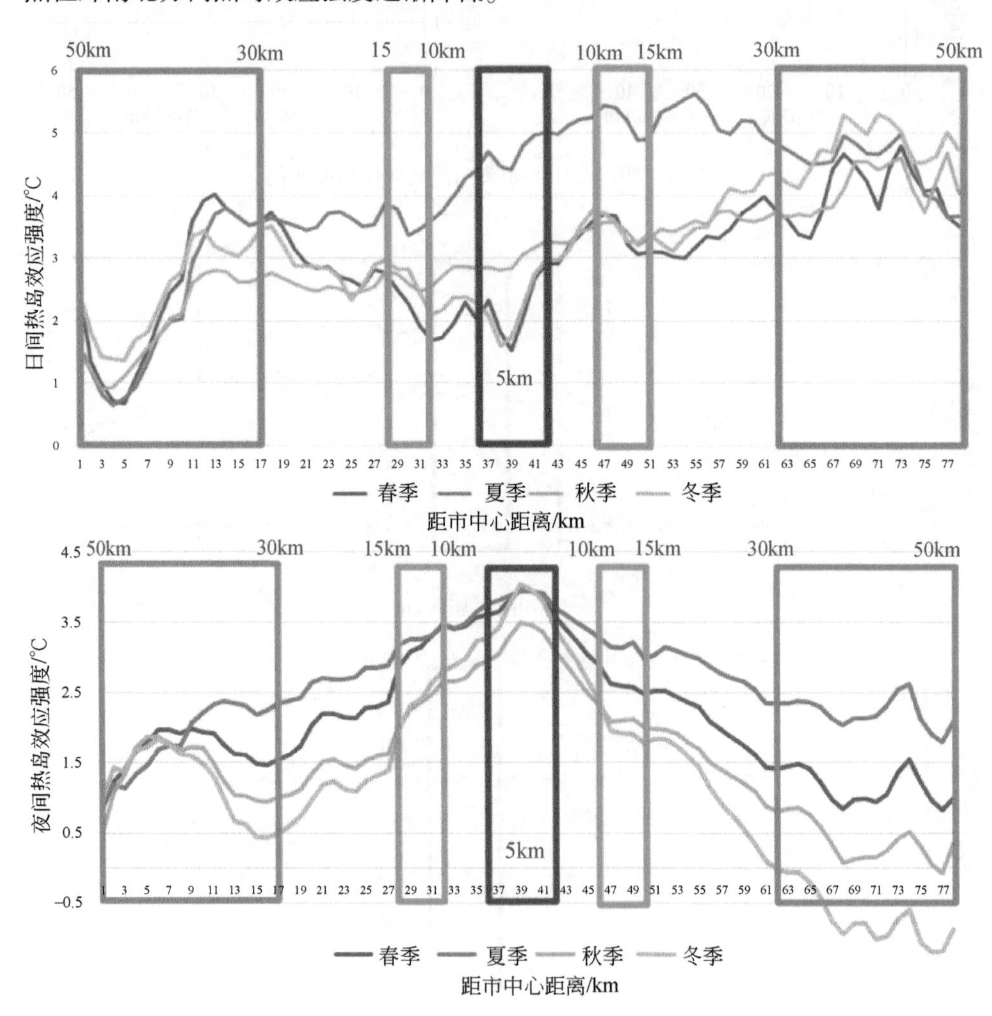

图 2-13　北京市南北轴线上热岛效应强度变化

2.3.3 热岛效应的季节差异

城区及近城区是城市居民生活的主要区域，针对城区及近城区热岛效应及其季节差异进一步分析（图 2-14）。北京市城区及近城区日间热岛强度全年平均为 4.9℃；夏季热岛强度最高，平均热岛效应强度高达 6.37℃；冬季平均热岛效应最低为 4.19℃；春秋季日间热岛效应强度相近，分别为 4.53℃（春季）、4.63℃（秋季）。对研究网格热岛效应强度的数值分布进行统计，夏季热岛效应强度数值跨度较大，最高达 10.15℃，其中 60% 的区域热岛强度集中在 5.55 ~ 8.0℃；极少数地区地表温度较低，约有 0.1% 的区域夏季热岛效应强度小于 2℃。与地表覆被影像对比后发现，夏季热岛效应强度小于 2℃ 的区域位于东南部近城区边界，主要地表覆被类型为绿地。冬季热岛效应强度数值较为集中，60% 的区域热岛强度集中在 3.74 ~ 4.70℃，冬季热岛效应强度最高值为 5.86℃。城市热岛效应问题在夏季尤为突出，这体现在两个方面：一是增温强度大，在高热岛效应强度的背景下，夏季热岛仍然具有较高的空间变异性，极端高温区域地表温度达到 45.87℃；二是影响范围广，夏季日间热岛效应强度高于 5℃ 的区块达到城区及近城区总面积的 79.9%（城区面积的 98.4%），覆盖了城市居民活动的主要区域。

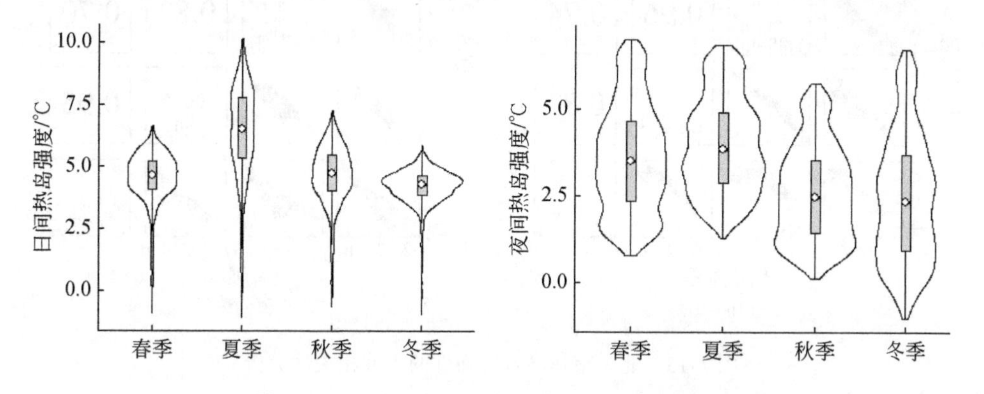

图 2-14　北京日间和夜间热岛强度的季节差异

与日间热岛效应强度相比，夜间热岛效应强度的季节差异较小。北京市城区及近城区夜间热岛效应强度的季节平均值分别为 3.60℃（春季）、3.97℃（夏季）、2.59℃（秋季）、2.43℃（冬季）。夏季城区及近城区夜间地表温度较郊区同样有较大幅度增温，23.6% 的区域增温幅度达到 5℃ 以上。春季和夏季夜间高热岛效应强度区域分布更广，热岛效应高于 3℃ 的区域分别达到 60.7%（春季）、71.9%（夏季），相比之下秋冬两季分别为 37.7%（秋季）、37.1%（冬季）。尽管城区冬季夜间城市热岛高强度区域面积少于夏季，但主要是因为冬季夜间高热岛强度区域更为集中——冬季热岛效应强度最高达到热岛效应强度最高为6.73℃，热岛效应强度高于3℃的区域覆盖了北京市城区面积的89.2%。

对北京市城市日间热岛的季节相关性分析（图2-15），夏季日间热岛与秋季日间热岛相关性最高，达到0.96；夏季日间热岛与冬季日间热岛相关性最低，为0.74。总体而言，各季节日间热岛之间存在较强的正相关关系，各季节热岛效应强度的空间分布具有相似性。分析冬季日间热岛与夏季日间热岛散点图，散点并非线性分布，在冬季日间热岛的高值区域，夏季日间热岛强度与冬季日间热岛强度的比值有明显上升。这说明，相比于冬季日间热岛效应强度，在热岛效应高值区域夏季日间极值更加突出，出现更为明显的高热岛区域。对北京市城市夜间热岛的季节相关性进行分析，夏季夜间热岛与秋季夜间热岛之间、秋季夜间热岛与冬季夜间热岛之间相关性高达0.95；夏季夜间热岛与春季夜间热岛之间相关性高达0.93；夏季夜间热岛与冬季夜间热岛之间相关性最弱但相关性仍高达0.7。

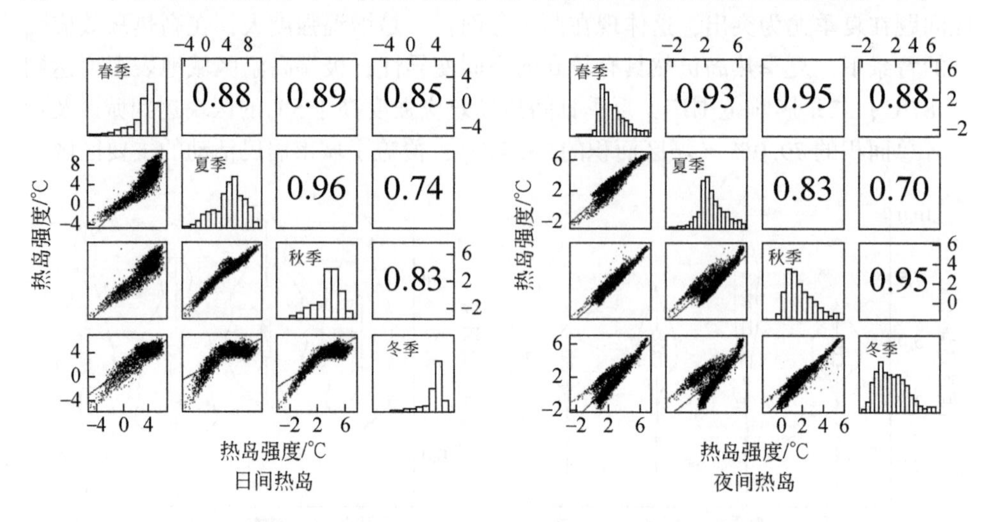

图2-15　北京市热岛效应强度的季节相关性分析

2.3.4　城市功能区的热岛效应

本书的研究认为，当前城市内部局地气候区仍存在较多问题。比如，传统上一般将城市热岛效应定义为城乡之间的温度差（urban-rural，UR），但是随着城市化的发展，城市内部异质性显著增加导致了传统的城市热岛定义无法反映真实的城市热环境格局。于是，Oke等（2012）提出了局地气候（local climate zone，

LCZ）的概念试图更加详细、标准化地评估城市热岛效应强度。这一概念的提出为进一步理解城市热岛效应提供的一个新的框架，但是这一框架依然存在局限，具体表现为以下三方面：理论上的局限性（只考虑了城市建筑和绿地等物理形态差异）、技术上的局限性（只考虑一种数据源），以及实际应用上的局限性（无法直接运用到诸如城市管理与城市节能领域）。基于此，本书提出了基于城市功能区的城市气候类型（urban-functional-zone-based urban temperature zoning system，UFCZ）（Yu et al.，2021）。结果表明，城市保留区（PGZ）占北京面积最大，并且主要位于北京市区的北部和西部，平均 LST 温度（20.0℃）也比其他 UFZC 低；PGZ 的方差为 10.9℃，这意味着各斑块之间的温差较大；面积第二大的是城市居住区（REZ），主要位于北京中心，平均 LST 温度为 22.8℃，最高方差为 13.8℃；核心商务区 CBZ 的商业活动（方差为 3.5℃）和城市休闲区 GCZ 的商业活动（方差为 3.6℃）具有最高的平均 LST 和最低的方差，这表明北京的商业活动是最稳定的热源（图 2-16）。

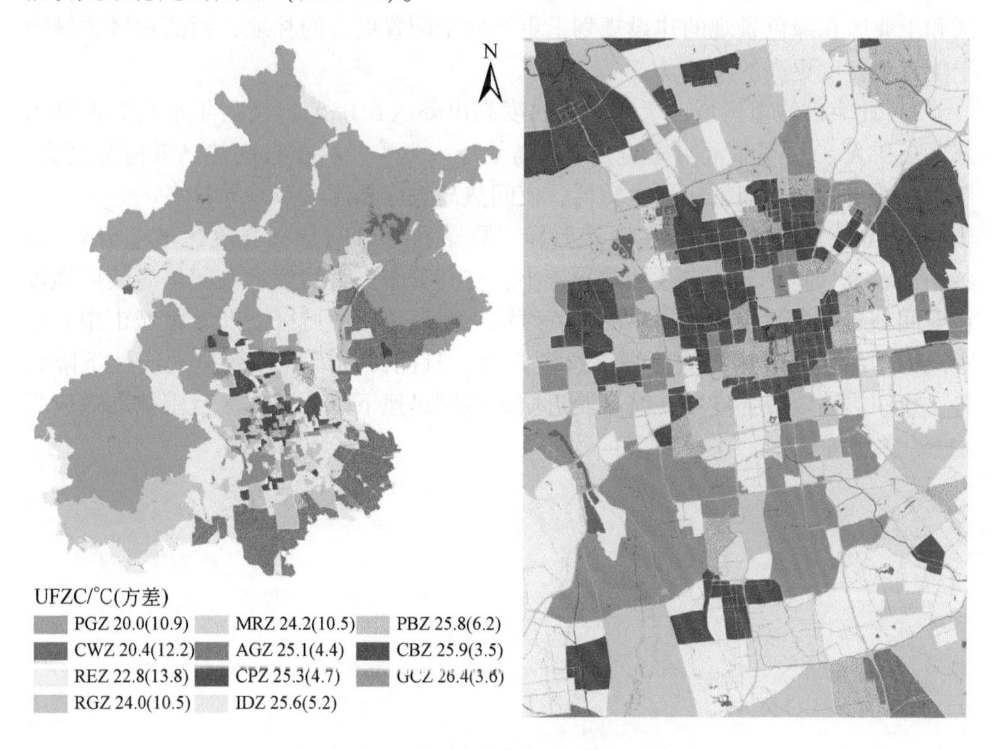

图 2-16　基于城市功能区的温度差异

2.4 小　　结

1）城市功能区反映了城市功能在空间上的集聚，不同功能区景观比例具有明显差异。五环内为北京市核心城区，以高密度住宅区和商业区为主，农业区比例极低，水体比例较低，不透水面比例高。自然休闲区植被及水体比例最高，商业区及高密度住宅区则拥有较高的不透水面比例；相较于低密度住宅区和工业区，高密度住宅区和商业区建设更具现代化特征，且具有更好的景观连通性；工业区和商业区建筑聚集度高于其他功能区。

2）城市景观格局变化的总体趋势是景观斑块形状复杂度降低，连通性和聚集度升高。不透水面的景观格局在不同功能区变化相似，但草地、林地、水体三种景观在不同功能区格局变化不尽相同，商业区和低密度住宅区草地连通性提高，但文教区和工业区草地连通性降低，这可能与不同的规划模式有关——文教区和工业区在绿色景观的建设规划上更倾向于配置更多的林地，而商业区更倾向于配置观赏度更高的草地。

3）北京市城市区域白天年平均温度高出郊区 6.05℃，夜间年平均温度高出郊区 2.95℃，呈现非常明显的城市热岛效应。夏季、秋季日间热岛效应强度高，冬季、春季日间热岛效应强度较低，夜间热岛效应强度季节差异较小。

4）北京市热岛效应存在区域差异。夏季秋季日间热岛强度区域差异较大，冬季和春季日间热岛效应区域差异较小，空间分布更为均衡；夜间热岛效应强度在空间分布上更为集中，高热岛强度区域主要位于中心城区。随着距城市中心点距离的增加，城市热岛效应强度逐渐降低，日间热岛效应强度呈现线性下降趋势，夜间热岛效应强度则在城区及近城区范围迅速下降，近郊区范围热岛效应强度变化趋于平缓。

第3章 城市人为热强度的分布式模拟

人类活动不仅使全球气候环境发生巨大变化，更给局部地区带来极大影响（McCarthy et al.，2010），目前该部分热量造成的影响越来越受关注（Crutzen，2004；Flanner，2009）。关于全球气候变化的研究及控制的政策多集中于温室气体如 CO_2、CH_4的排放，而能源消耗直接排热尚未得到重视。人为热的排放强度主要和人口及其能耗直接相关联，2035 年全球一次能源消费将预计增加 41% 且持续增长，尤其是中国和印度等发展中国家（BP，2014）。北京作为国际化大都市，能源消耗量巨大，其人为热排放已受到众多学者的关注，引入准确的人为热可模拟出更真实的热环境（Dhakal and Hanaki，2002；杨玉华等，2003；Jiang and Chen，2007；Narumi et al.，1975），北京城市人为热对局地气温的升高起着近似线性的推动作用（Niu et al.，2012），两者相关系数达 0.703（$P<0.01$）。不同景观、功能区、热源的排热规律有所差异，导致目前的研究结果存在较大不确定性，引入模型所得结论同样失之偏颇。本书首先计算北京市区内不同尺度上的人为排热通量，提高城市尺度人为热估算的空间与时间分辨率，其次根据定点小气候监测数据分析人为热与局地温度的关系，以期探究人为排热对小气候热环境的影响，利于进一步探寻城市规划设计和热岛控制指标。

3.1 城市人为热的计算方法

3.1.1 数据收集与处理

本书采用源清单法以不同辖区或街道为计算单元，对各类统计年鉴中相关部门、各行业的能源消费数据、社会经济资料、北京功能区分类数据等进行调研、收集、整理与核算，并根据总能量守恒定律确定不同地区的消费情况。并基于不同热源获取的基础资料，对北京市区不同街道、不同行业的能源消费数据进行整理，按照人体新陈代谢、工业、交通运输、居民建筑、商业建筑等 5 种不同热源计算相应的排热量与排放强度。

对于北京五环内各辖区的人为热研究，主要需要的数据包括：①遥感数据。

用于景观分类的高分辨 IKONOS 影像及地表温度产品、太阳辐射强度等资料。②统计数据。北京市及各辖区人口、社会经济、能源等的统计年鉴和相关报告，如《北京市统计年鉴 2012》《北京海淀统计年鉴 2013》《北京区域经济统计年鉴 2013》《石景山区 2013 年国民经济和社会发展统计公报》等。③实测数据。2013 年、2015 年北京市区典型功能区类型及主要道路的小气候监测数据。④其他数据。DeST 模块中人员作息资料、文献源数据及结论等。为了与北京市功能区类型时间相符合，本书在计算人为热时空特征时基础数据取 2012 年为准。表 3-1 为五环内各辖区、各部门的能源消费量及其人口数据。其中工业和居民能耗为统计源数据，交通部分按各区车辆保有量进行计算，商业能耗取其余量以保证能量守恒，统一单位为万吨标准煤/年（10^4tce/a）。

表 3-1　北京各城区人口（万人）及各部门能耗量

辖区	人口/万人	能源消费量/(10^4tce/a)			
		工业	交通	居民建筑	商业建筑
东城	91.90	8.07	120.93	58.15	94.40
西城	123.27	48.05	138.92	82.01	164.13
朝阳	348.10	249.62	289.99	262.03	291.64
海淀	328.10	116.37	259.93	236.44	184.76
丰台	211.20	56.00	185.72	127.90	36.48
石景山	59.30	212.41	44.49	32.04	43.56
大兴	136.50	76.20	98.68	92.20	8.72
共计	1298.37	766.73	1138.67	890.77	823.68

3.1.2　人为热分布式模型

本书利用自上而下的源清单法对北京市区不同辖区、街道及功能区 3 种计算单元上的人为热特征进行剖析，限于北京地区统计数据的收集情况，对不同热源及空间分配方法有所区别。将城市人为热分为人体新陈代谢、工业、交通和建筑排热四部分，建筑排热又细化为居民、商业两类，在辖区单元上分别计算北京五环内的辖区不同热源的年排放总量。在计算的过程中，设定了两个基本假设：①所有能耗均转换为显热且瞬时直接排放至大气中，不考虑滞后时间，在年变化等长时间序列中可忽略。②排热平均分布于研究区域内，不考虑外源释放影响邻近的计算单元（Sun et al., 2018c）。利用 Grimmond（1992）的方法结合各区机动车保有量估算交通排热，新陈代谢部分用人口数据及代谢率计算，工业取第二产业中工业能耗数值，居民建筑按居民生活能耗分别计算，商业建筑则取其能耗余量以保证能量守恒，不同热源及总人为热详细的计算公式如下：

$$Q_F = Q_M + Q_I + Q_V + Q_{Br} + Q_{Bc} \tag{3-1}$$

$$Q_M = \frac{(P_1 t_1 + P_2 t_2)N}{A(t_1 + t_2)} \tag{3-2}$$

$$Q_I = \frac{E_i \times C}{A \times T} \tag{3-3}$$

$$Q_V = \frac{d \times \mathrm{FE} \times \rho \times \mathrm{NHC} \times V}{A \times T} \tag{3-4}$$

$$Q_{Br} = \frac{E_{Br} \times C}{A \times T} \tag{3-5}$$

$$Q_{Bc} = \frac{E_{Bc} \times C}{A \times T} \tag{3-6}$$

式中，Q_F 为总人为热，Q_M 为新陈代谢排热，Q_I 为工业排热，Q_V 为交通排热，Q_{Br}、Q_{Bc}为居民、商业建筑排热，单位均为瓦每平方米（W/m^2）；P_1、P_2 为睡眠和活动时的代谢率，单位为瓦（W）；t_1、t_2 为睡眠和活动（Quah and Roth，2012）的时段 22：00～6：00，6：00～22：00，单位为小时（h）；N 为人口，单位为万人；A 为面积，单位为平方米（m^2）；E_i、E_{Br}、E_{Bc}分别为工业、居民和商业建筑能耗，单位为万吨标准煤（10^4 tce）；C 为标准煤热值，取值为 29306kJ/kg；T 为 1 年；V 为机动车保有量，单位为辆；d 为每车年均行驶距离，单位为千米（km）；FE 为燃烧效率（Chinaafc，2015），单位为升每千米小时（L/(km · h)）；ρ 为燃料密度，单位为千克每升（kg/L）；NHC 为净排热值（Quah and Roth，2012），单位为千焦每千克（kJ/kg）。

人为热排放的空间分布主要基于 ArcGIS 软件的空间分析工具，在街道和功能区上进行分配并展示，具体步骤如下。

1）根据各区各部门的能源消费量及其人口数据可得出各辖区、不同热源的排热量并进行计算整理与分析，建立人为热排放清单。

2）人口和 GDP 数据矢量化。对于北京五环内各街道或地区，将收集整理的人口和不同行业 GDP 数据按照行政区划进行分配。

3）在街道单元上，根据上述人口和 GDP 数据对不同热源的排放进行分配。对工业及商业建筑排热量按其 GDP 数据进行分配，对交通车辆排热量按其交通指数与路网密度进行分配，人类新陈代谢和居民建筑排热则按其人口密度进行分配，利用 ArcGIS 空间分析功能可获得不同热源及总排热的空间分布图。

4）在功能区类型上，按照不同行业 GDP 数据对各街道内的功能区进行细化分配，具体如下：第一产业 GDP 作为农业用地（agricultural zone）的分配系数；

教育，科学研究、技术服务和地质勘查业的 GDP 为文教区（educational zone）的分配指标；水利、环境和公共设施管理业，卫生、社会保障和社会福利业，文化、体育和娱乐业，公共管理和社会组织的 GDP 数据作为公共区域（public zone）的分配系数；第三产业中其他行业总 GDP 数据作为商业区（commercial zone）的系数；居民能源消费量、第二产业中工业能耗值分别对应居民建筑（residential zone）、工业区（industrial zone）的排热量；人体新陈代谢部分全部平分至所在街区，而交通车辆排热则平分至除了自然维护区（preservation zone）的所有地区。分别对不同街道的热输入量进行分配，得到不同功能区类型上的人为热排放空间特征。

5）依据上述的步骤，绘制基于 ArcGIS 的人为热总量和平均强度的空间分布图。该值为其地区在长时间（年）序列上的平均状态，其时间演变需要结合时间变化特征确定。由于人类活动的复杂性，收集调研各辖区各街道的人为热时间变化数据不切实际，因此，本书主要利用 UTHSCSA Image Tool 软件提取其他文献结论和调研数据对不同热源的时间变化进行分析。

根据统计年鉴中北京总能源消费量分析 1980～2012 年的年际变化规律。在月变化上，假设人体新陈代谢和工业部分不存在月度差异；对于交通车辆排热，采用北京市交通委员会发布的月平均交通指数数据来表征；对于建筑排热，借鉴 Klysik（1996）、Sailor 和 Vasireddy（2006）的方法，以月平均气温的离均差所占比例为建筑排热的月变化系数。计算公式如下：

$$V_i = \frac{|I_i|}{\sum |I_i|} \tag{3-7}$$

$$B_i = \frac{|T_i - T_0|}{\sum |T_i - T_0|} \tag{3-8}$$

式中，V_i 为第 i 月交通车辆排热所占比例，I_i 为第 i 月的平均交通指数；B_i 为第 i 月建筑排热所占比例，T_i 为每个月平均气温，T_0 为标准基温，取 18.2℃，$i=1$, 2, 3, …, 12。

在日变化上，利用 Meta 分析的思想，直接采取不同文献和 DeST（Designer′s Simulation Toolkit）软件中调研的人员作息模式，对不同热源的日变化系数作不同处理：对于人体新陈代谢散热（Nie et al., 2014; Quah and Roth, 2012），在 23：00～6：00 时期取 60W/m^2，7：00～22：00 取 150W/m^2；对于工业排热（佟华等，2004），取东京（Ichinose et al. 1999）变化系数作参考，19：00～7：00时期取 9W/m^2，8：00～12：00 和 14：00～18：00 时取 150W/m^2，13：00 时取 40W/m^2；对于交通车辆（Liu et al., 2005），取主要道路车流量变化规律作系数；对于建筑冬夏季的排热，参考不同文献（佟华等，2004；Quah and Roth,

2012；Nie et al.，2014）结合 DeST 软件 commercial 和 household 版本的人员作息情况及其模拟结果，得到居民和商业建筑不同季节的排热变化系数。

根据北京各热源量级及上述变化系数可叠加得到总人为热的时间演变模式，揭示北京不同热源的年际变化、月变化、日变化等时间变化特征。

3.1.3 人为热实地监测

（1）数据监测

考虑到交通车辆排热的动态复杂性，需要通过实地监测研究其热排放对局地温度的影响。根据上述车辆排热的结果选取典型位点，然后利用实时车流量监测数据计算其排热量，采用 WatchDog B102 纽扣式温湿度仪连续监测。研究选取北三环马甸立交桥北段根据景观类型进行连续监测，点#1 为公园内植被下作背景值，点#2 和#3 分别在路西、东侧，路旁均为植被区，简记为 GW（路西植被点 Grass_West）、GE（路东植被点 Grass_ East），点#4 旁为商业建筑区，记为 BU（商业建筑点 Building），仪器均置于离地面高约 1.5m 处，同期在 7：30 ~ 8：30、10：30 ~ 11：30、13：30 ~ 14：30、17：30 ~ 18：30 内采集交通密度，分析车辆排热与空气温度的关系（图 3-1）。

（2）人为热模拟精度

本书首先对 2：00 ~ 23：00 时的排热与实测气温差相关性分析，结果显示 8：00、11：00、17：00、20：00 时的排热与温差有显著相关性（表 3-2），14：00 时有极显著相关性，其中 08：00 时的决定系数 R^2 最大，为 0.154，表明 08：00 时的排热强度对气温影响最明显，其对应的一次线性方程为 $\Delta T = 0.0909Q + 1.8122$，即排热强度增加 10W/m²，其温差可增加约 0.91℃；其次是 8：00 ~ 14：00 时的平均排热强度，R^2 为 0.15。

表 3-2 不同时刻交通排热与其温差的线性关系

时间	2：00	5：00	8：00	11：00	14：00	17：00	20：00	23：00	8：00 ~ 14：00
可决系数 R^2	0.100	0.103	0.154	0.137	0.135	0.127	0.132	0.068	0.150
显著水平 P	0.119	0.150	0.042*	0.032*	0.008**	0.020*	0.023*	0.209	0.042*

*表示 P 在 0.05 水平显著；**表示 P 在 0.01 水平显著。

对比各点空气温度与公园背景值相应的气温差值，取 24 日 7：00 ~ 19：00 时分析各点排热与其温差的关系。由图 3-2 可知早上西侧路段进京车辆开始增加，在约 10：00 时后 GW 点温差高于 GE 点；14：00 时路西侧车流量减少，其温差开始降低；17：00 ~ 19：00 时路东侧车辆排热强度增加，GE 点温差高于

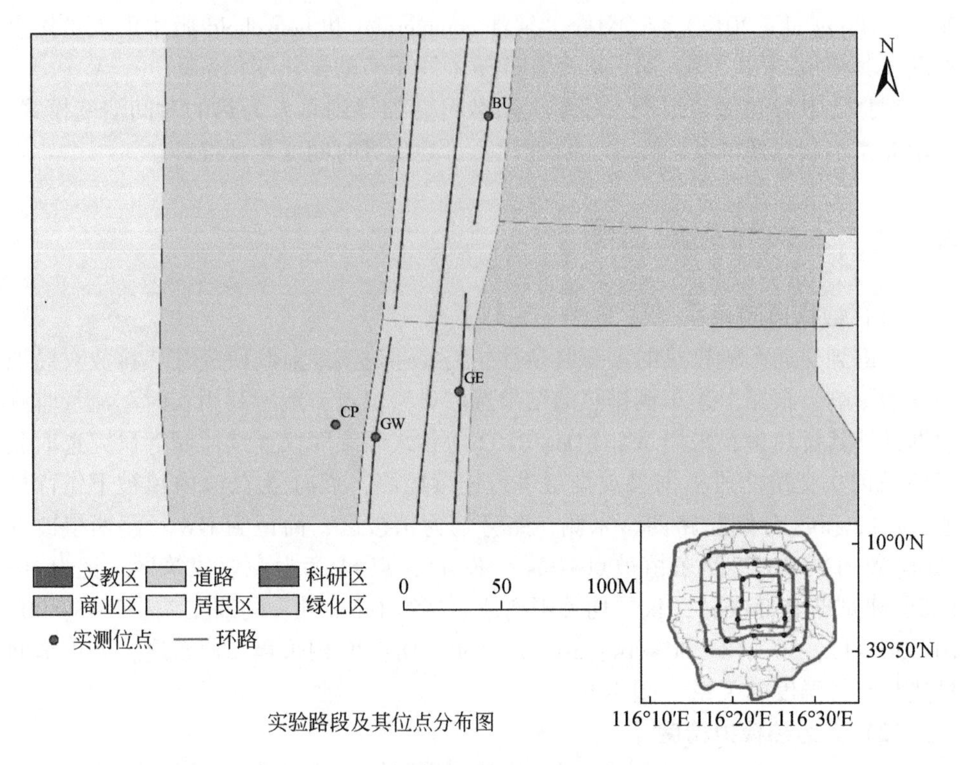

图 3-1　实验路段及其监测位点分布图

GW 点，车辆排热强度与温差呈相同趋势变化。GW 点的排热强度在 8：30 时左右急剧增加，而其温差在 8：50 时有明显升高，有一定的滞后效应；而 11：00 时和 14：00 时 GW 点比 GE 点处高 68.6 ~ 105.7W/m^2，其温差相应地高 1.2 ~ 2.4℃，18：00 时 GE 点排热比 GW 点处高 50.5 ~ 55.2W/m^2，其温差相应高 0.9 ~ 1.3℃。

GE 点与 BU 点处于同一纵线上，但 BU 点位于辅路，车辆排热强度变化整体上无明显差异，白天 BU 点温差高于 GE 点约 0.5℃，与其排热关系不明显。8：00 时 BU 点处排热强度急剧增加，其与 GE 点的温差减小；17：00 时 BU 点的排热强度比 GE 点高约 46.7W/m^2，温差相应地高约 0.4℃，与 8：00 时不一致，说明建筑物附近的排热与其温差关系不明确。总体上，车辆排热导致道路各点温差的增加，早晚高峰时段其车辆排热强度较高，各点对应的温差有明显变化，而排热强度较低时其温差波动较大，这受空气扰动等因素的影响。

为进一步研究排热对其温差的影响，本书对各点的车辆排热与温差值进行相关性分析，两者线性关系存在空间异质性（图 3-3）。GW 点位于道路中段，车辆

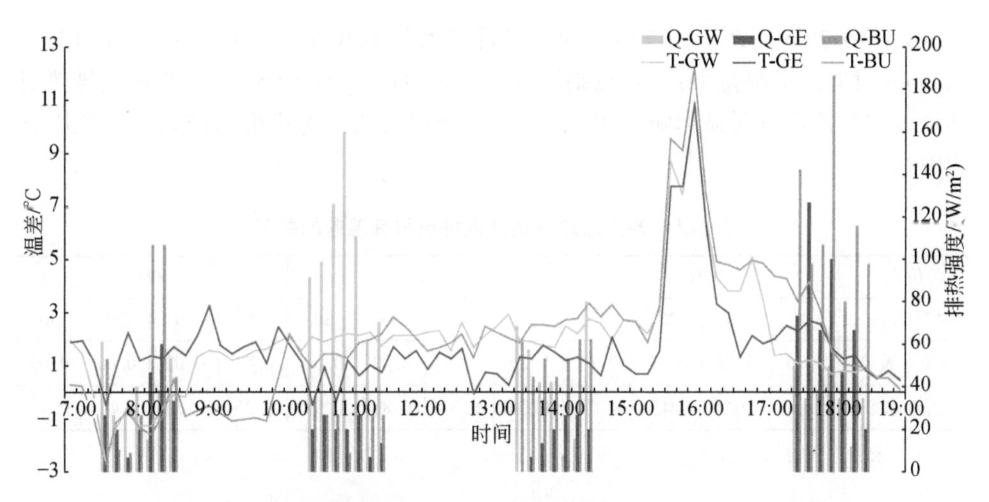

图 3-2 各点交通排热强度与其温差在 7：00～19：00 内的变化

排热相对较稳定，呈现显著正相关（$P=0.016$），回归方程为 $\Delta T=0.0153Q+0.1456$（$R^2=0.1562$），即排热强度 Q 增加 10W/m²，其温差可增加约 0.15℃；GE 点处呈弱相关性（$P=0.06$），其对应的方程为 $\Delta T=0.0128Q+0.7742$（$R^2=0.2357$），即排热强度 Q 增加 10W/m²，温差增加 0.13℃。

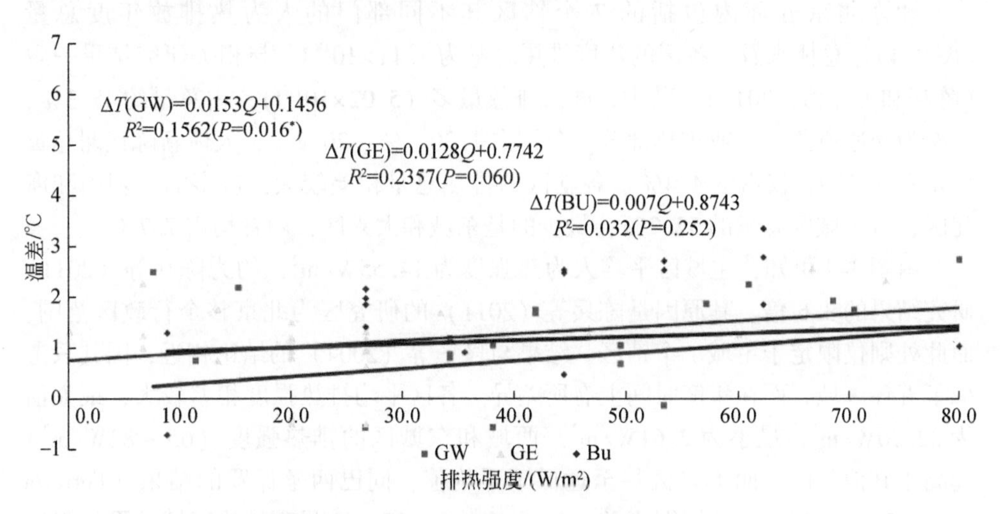

图 3-3 各点交通排热强度与其温差的关系

对各点延迟的车辆排热与其对应的温差进行相关分析（表 3-3），发现 GW 点延迟 0min、10min、20min、30min 时均有显著相关性，其中延迟 10min 时 R^2 最大，表明车辆排热对其温差有明显的滞后效应，其对应的一次线性方程为 $\Delta T=$

0.0145Q+0.2849（R^2=0.173），即车辆排热增强10W/m^2，温差将增加0.15℃，同0min时温差增幅持平；GE点则没有显著相关性（$P>0.05$），表明该点排热对其延迟的温差没有明显影响；BU点未有显著相关性，受建筑物排热等其他因素的影响。

表3-3 各点道路车辆延迟排热与其温差的关系

位点	GW				GE				BU			
时间 T/min	0	10	20	30	0	10	20	30	0	10	20	30
可决系数 R^2	0.16	0.17	0.17	0.15	0.24	0.18	0.02	0.00	0.03	0.02	0.00	0.03
显著性水平 P	0.02*	0.03*	0.045*	0.02*	0.06	0.31	0.87	0.98	0.25	0.53	0.87	0.44

*表示 P 在0.05水平显著。

3.2 城市人为热时空规律

3.2.1 人为热的空间特征

计算北京五环内包括的7个辖区其不同部门的人为热排放年度总量（图3-4），总体来看，各区的年度排热总量为1.11×10^{18}J，与相关研究结果一致（陈曦和王咏薇，2011）。其中，建筑排热最多（5.02×10^{17}J），占总量约45.3%，其次为交通道路、工业排热部分，分别占据30.1%、20.2%，人体新陈代谢总量为4.91×10^{16}J，仅占约4.4%。各辖区的排热总量相差较大，最多的为朝阳和海淀区，占主城区总量的52.2%，最少的是东城和大兴区，两者均占7.7%。

由图3-4可知，主城区平均人为热强度为14.55W/m^2，约为陈兵等（2011）研究结果的3.6倍，其原因是陈兵等（2011）的研究区为北京整个行政区范围，而此处则仅限定于主城7个辖区；结果与佟华等（2004）的结论相近，因其只考虑了五环区域，而在年度时间上有所差异。各区平均排热强度相差较大，最大值为82.30W/m^2，最小为2.61W/m^2。西城和东城区的排热强度（65～82W/m^2）远高于其他各区，而大兴区甚至远低于平均值，同巴西圣保罗的结果（Ferreira et al.，2011）相近，法国图卢兹（Pigeon et al.，2007）最高排热区域的平均强度为43W/m^2，仍低于东城区和西城区的平均排放强度。

各辖区内不同热源、不同街道单元内的排热强度也有所区别。总体上，四环内街道的排热强度较高，约为60～100W/m^2，且多数处于东城区和西城区，最高排热强度为272～376W/m^{2}为建外街道和朝外街道，两街道均为北京CBD区域。

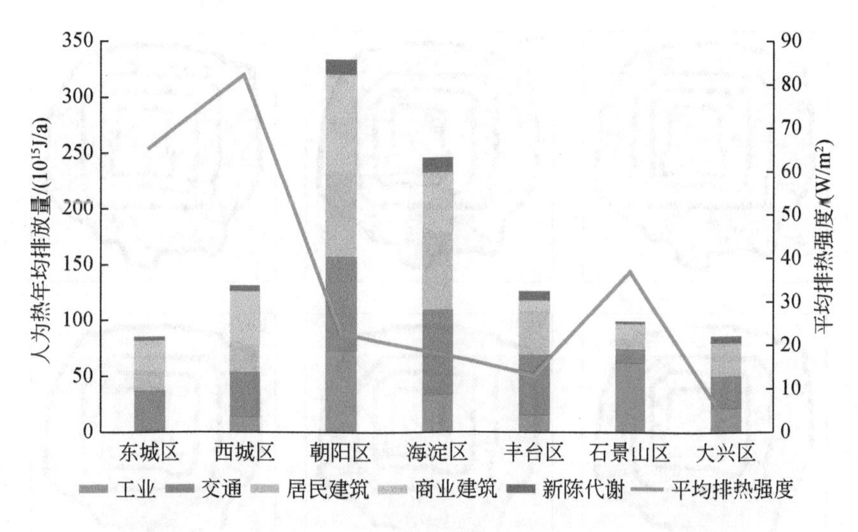

图 3-4　北京主城区不同热源的人为排热量与平均强度

五类热源排放的空间分布不一致，但分布格局类似，这与区域规划及经济发展密切相关（图 3-5）。工业排热主要集中于西城区、海淀区东南部和朝阳区高碑店附近，其他街道也有少数高值区分布，最大值 62.4W/m² 出现在朝阳区的王四营地区，朝外街道、东风地区与大兴区多数地区出现零值，表明该区域没有工业排热；人体新陈代谢、交通车辆和建筑排热高值主要分布于人口密度高的街道与地区，其中北三环内普遍偏高；居民建筑排热空间格局同人体新陈代谢一致，均分布在人口密度大的三环附近，但量级上约为前者的 6 倍，商业建筑排热则主要是分布在北京 CBD 和金融街区域，和工业排热的空间格局呈互补的关系，最高值为 181W/m²。在总人为热强度空间分布中，东西城区、海淀区、朝阳区的高值区已连成片，集中分布在二环至三环内，多数街道地区排热达 60 ~ 130W/m²，最高值 375.8W/m² 在东二环至东三环内的 CBD 区域；石景山区的排热也较高，约为 55 ~ 91W/m²，最高值 90.6W/m² 处于西五环处，其中工业排热高达 55.5W/m²。北京五环内大部分街道和地区人为排热强度为 20 ~ 80W/m²，少数地区在 150W/m² 以上。

本书引入功能区类型数据，整个研究区域内共包含 6941 个功能区单元。基于各街道单元内结果，本章节利用不同行业的 GDP 数据对相应的功能区进行分配，得到各街道地区内不同功能区类型的人为热强度的空间分布图（图 3-6）。

不同街道内部的空间差异非常大，且多集中在二环至三环内。最高排热强度分布在北三环而最低为五环附近，从石景山区、西城区、东城区到朝阳区等，长安街一线多为高能耗即高排热区域达 108.7 ~ 231.9W/m²，比如南磨房乡

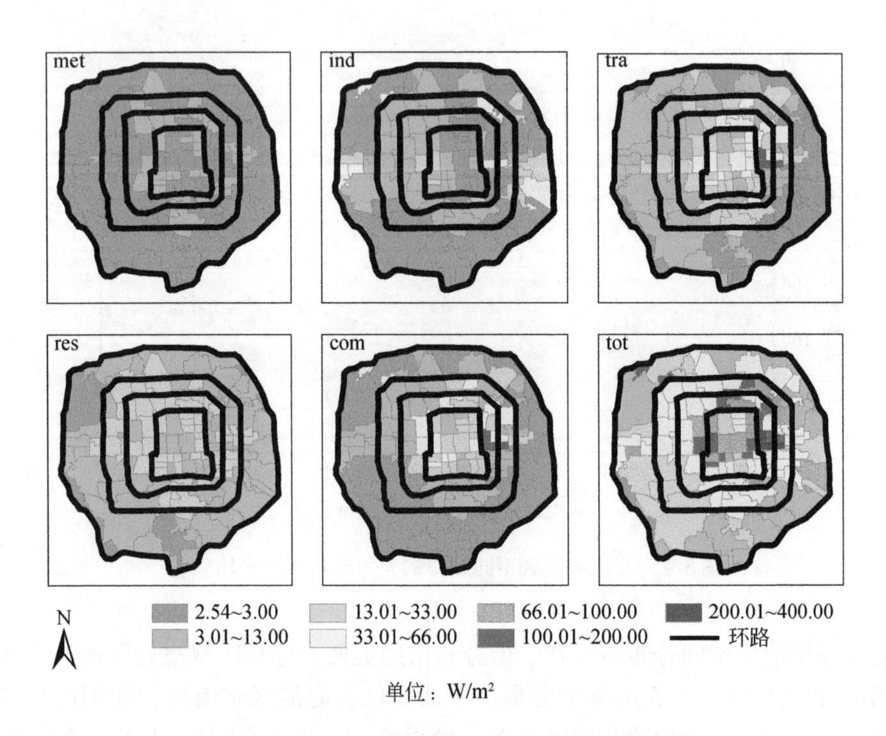

图 3-5　北京市区不同热源平均强度的空间分布

注：met-人体新陈代谢排热；ind-工业排热；tra-交通车辆和建筑排热；res-居民建筑排热；com-商业建筑排热；tot-总人为热强度。

(195.8W/m²) 和王四营地区 (157.8W/m²)。海淀区大多功能区内人为热强度均较低，但万柳、中关村等工业区和商业区的排热极高，可达 752.8 ~ 802.8W/m²；而丰台区和大兴区的居民区、农耕地和自然维护功能区等的排热强度很低 (6.2 ~ 26.1W/m²)。整体上讲，北京中心城区的人为热强度较高 (108.7 ~ 157.8W/m²)，二环到五环的研究区内则逐渐降低 (0.8 ~ 12.6W/m²)，尤其是公园和湖泊等自然维护功能区。因街道内能耗数据的缺失，结合功能区类型进行高精度分析可能会增加累积误差，比如部分文教区的人为排热较高，同真实值相差较大，而某些工业和商业区估算的人为热强度超过 3000W/m²，甚至高达 154758.49W/m²，显然不符合实际情况，故而直接去除异常值。

西城区的工业、商业区的人为排热强度最高达 139.1 ~ 300.2W/m²，东城与石景山区的工业、商业和部分文教区的最高强度次之 (71.7 ~ 111.1W/m²)，东城和朝阳的高密度居民区的平均排热强度约为 47.8 ~ 71.7W/m²。总人为热强度从市中心的 89.0W/m²降至五环处的 2.3W/m²，在朝阳和海淀两区，由于高植被覆盖率其人为排热强度较低，约为 5.3 ~ 18.7W/m²。最大排热强度 47.8 ~

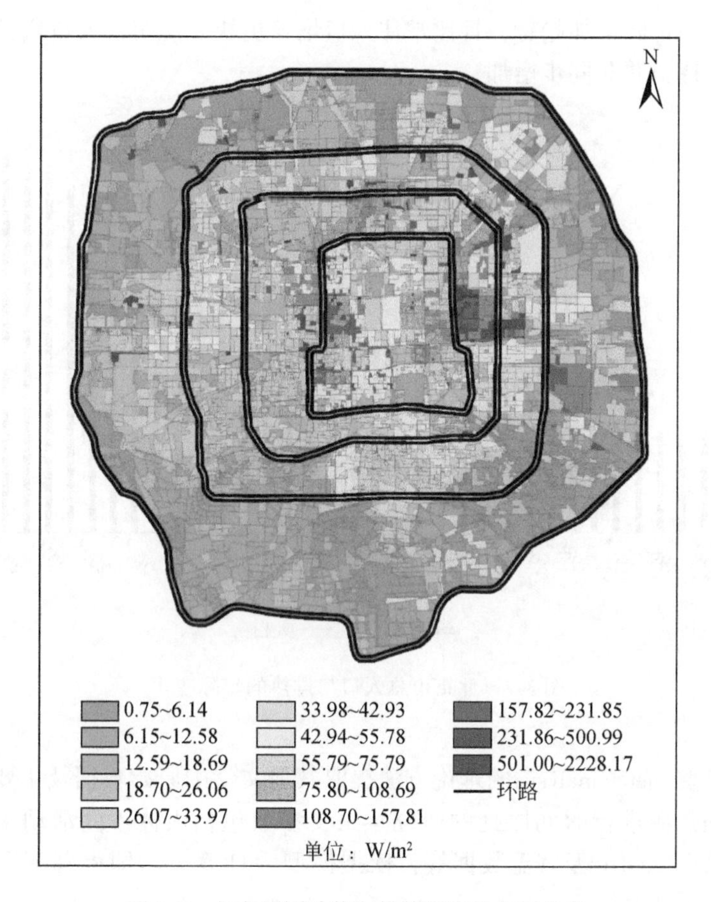

图 3-6　北京不同功能区排热强度的空间分布

111.1W/m²一般分布于工业和商业区，个别文教区的排热也较高，而低排热强度0.2～12.7W/m²多处于自然维护区、公共休憩地、农耕地及水体、公园等人类商业活动极少的区域，同城市热岛强度的空间分布较一致。

3.2.2　人为热的时间变化规律

人为热排放的时间演变特征与该区域背景环境及人们生产生活模式紧密关联，高精度时间变化的排热特征对于研究热环境、气候变化、大气污染等具重要意义。以 1980～2012 年北京市逐年能源消费量为纵坐标，以时间为横轴，辅以常住人口的数据，得到北京总人口与人为排热的年际变化趋势（图 3-7）。自从我国改革开放以来，北京市的人为热排放量呈线性增长，年增长率虽略有波动，但基本上呈现正向增加趋势，且比常住人口增速更快，说明了人口增长带来更明显的能源消耗，并非同步增加。

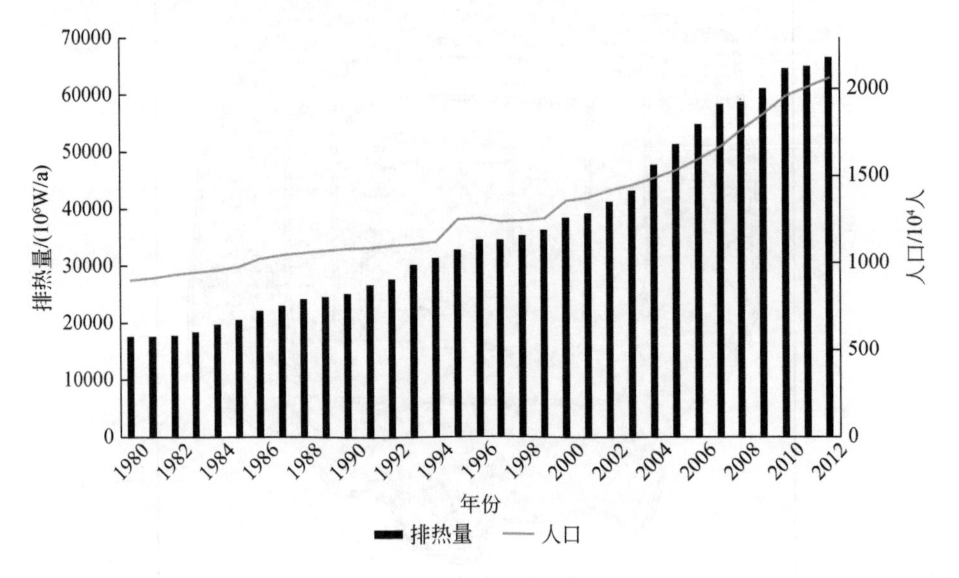

图 3-7　北京市总人口与排热的年际变化

本书借鉴 meta-analysis 的理论方法提取其他文献中原始数据及主要结论对北京市区不同热源进行时间序列的研究。主要参数包括人体不同活动水平的代谢率、人口密度、GDP 及气温数据等，依据模型中计算方法即得到不同热源期年际、月、日变化系数。

(1) 车辆排热的时间变化

因交通车辆排热同车流量基本成正比，而市内交通明显受人类日常活动的影响，假设其车辆排热的时间规律与车流量变化一致，根据北京路网规划方案将高速公路、快速路及主干道作为主要道路，次干道与支路不予考虑，为使数据具代表性，通过百度地图对周日与周一不同时刻的交通预测图进行提取，从 2：00 开始每隔 3 小时采集一次，交通指数按畅通、缓行、拥挤、严重拥堵等分别取 I= 2、4、6、8 四级。交通密度 K 是某时单一车道上车辆的密集程度，单位为辆/km，道路长度 L 取其主要道路在各自所辖区域内的总长度，则车流量 $V_i = \sum_j L_{ij}K_{ij} \times n/1000$，辆；式中，$L_{ij}$为辖区 i 内路段 j 的长度，单位为 m；K_{ij}为 L_{ij}对应的交通密度，单位为辆/km；n 为车道数，取为 4。利用 ArcGIS 进行数字化，估算工作日与非工作日不同路况下交通指数与长度数据。

同时参考 Liu 等（2005）对北京主要道路的车流量监测数据及相关模拟结

论，获取北京交通车辆总排热的日变化系数（表3-4）。可知在早晚高峰期7：00～9：00、17：00～19：00左右拥堵情况最严重，相应地其车辆排热强度最高，在白天其他时刻同样较高，而在夜晚排热较低，甚至仅为白天的1/10。

表3-4　北京车辆排放日变化系数　（单位：%）

时刻	系数	时刻	系数	时刻	系数	时刻	系数
00：00	1.307	06：00	1.526	12：00	5.844	18：00	6.016
01：00	0.798	07：00	5.670	13：00	5.895	19：00	5.309
02：00	0.539	08：00	7.002	14：00	6.721	20：00	4.322
03：00	0.409	09：00	6.650	15：00	6.224	21：00	2.993
04：00	0.379	10：00	7.165	16：00	6.671	22：00	1.995
05：00	0.549	11：00	6.094	17：00	7.928	23：00	1.995

结合模型中计算公式易推断车辆排热同 $\sum_j L_{ij}K_{ij}$ 成正比关系，市区内总排热量为 1.26×10^{15} J/d，工作日因车辆限行政策假定每天有80%的车出行，周末为100%，以街道行政区为计算单元，城市尺度上假定车辆排热平均分布于研究区。从而绘制工作日（周一）与非工作日（周日）不同辖区排热的空间分布（图3-8）。

北京市区交通道路的排热强度呈辐射状分布。市区周一平均排热强度为8.6W/m^2，8：00～17：00时的平均强度为11.9～15.4W/m^2，最高强度达100.6～133.2W/m^2，20：00～5：00时平均强度为1.0～8.3W/m^2，最高强度9.8～78.6W/m^2。以上结果可以看出，周一8：00时辖区排热强度多为高值，且越靠近市中心的区域排热越大，此时为通勤、通学高峰期，车辆向市中心集中；晚高峰时段其排热强度在格局上呈相似特征。夜间23：00～5：00行车通畅为自由流状态，车辆排热基本一致且较低，大多地区为0.9～4.4W/m^2，高值区为3.8～8.3W/m^2。全天三环以内的排热最多，但中心个别区域如故宫、北海附近地区因多为胡同车流量小而排热较低，主城区集中的道路排热将导致热岛效应强度增加。三间房地区排热值最高，其次是德胜街道、建国门等商业区，排热强度通常可达28.0～37.0W/m^2。周日的排热空间特征同周一并无明显差异，排热强度上明显高于周一，最高强度达周一的2～10倍。

对于交通车辆排热的月变化，本书利用北京市交通委员会发布的交通指数数据代表各月份的拥堵情况，以说明交通车辆排热的变化系数（表3-5）。交通车辆排热月变化并不十分明显，仅仅在9月份出现较高的系数，同新学年开学、中

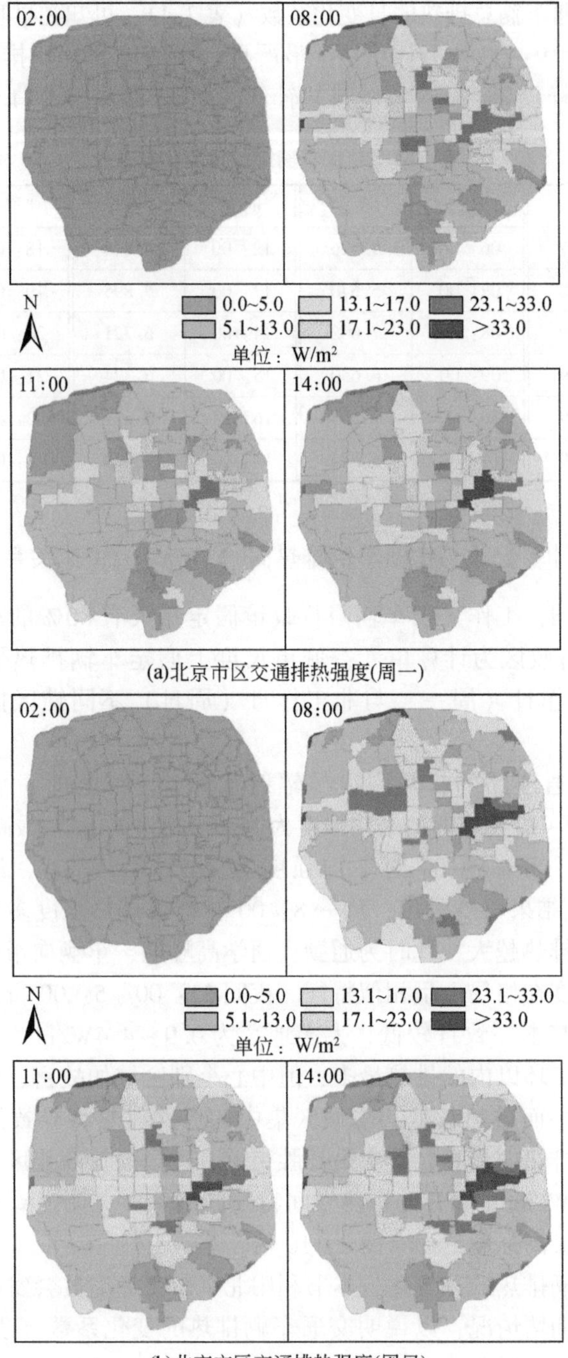

图 3-8　北京市区车辆排热强度特征

秋国庆双节、大型活动集中、国庆假期金秋的旅游出行多等活动相关联，导致其交通指数即拥堵程度高，排热相应也较高；而1月和2月受春节时期大量车辆在外的影响，其相应的交通排热随之降低；其他月份则均处于8.3%的平均值左右，无明显的季节差异。

表3-5 北京车辆排放月变化系数 （单位：%）

月份	1	2	3	4	5	6	7	8	9	10	11	12
系数	6.982	6.132	7.407	8.743	8.318	8.318	7.407	7.711	10.443	9.229	9.532	9.775

（2）建筑排热的时间变化

对于不同类型的建筑，因人类活动极其复杂导致其排热的日变化更难估算。根据模型中的核算方法，推算居民建筑和商业建筑冬夏季典型的日变化系数（表3-6）。商业建筑在冬季夜晚假定空调采暖即排热源关闭，在白天7：00时开启后重新进行采暖工作，在7：00~8：00有一段高排热时段，8：00~20：00趋于平缓；在夏季的夜晚同样关闭空调即排热量为0，其下午的排热强度约为上午的2倍，同太阳辐射强度成反比，这与冬季白天的变化率不同；居民建筑在冬季采用集中供暖的方式，假定基值约0.02~0.03的排热比率，而在早晨7：00和傍晚18：00时左右明显排热较高，与居民炊事活动相关联；夏季其夜晚排热比率在0.02左右，在白天呈锯齿状波动，但未见明显的极值变化。

表3-6 不同建筑排热的日变化系数 （单位：%）

时刻（时：分）	居民建筑（夏）	居民建筑（冬）	商业建筑（夏）	商业建筑（冬）	时刻（时：分）	居民建筑（夏）	居民建筑（冬）	商业建筑（夏）	商业建筑（冬）
0：00	1.479	2.309	0.000	0.000	12：00	5.326	2.751	5.200	6.932
1：00	1.251	2.373	0.000	0.000	13：00	6.286	2.398	6.633	6.252
2：00	1.043	2.416	0.000	0.000	14：00	7.510	1.794	8.941	5.991
3：00	0.856	2.456	0.000	0.000	15：00	7.284	2.189	10.355	6.164
4：00	0.723	2.494	0.000	0.000	16：00	6.712	2.500	10.188	6.604
5：00	0.697	2.531	0.000	0.000	17：00	7.439	4.482	10.627	6.878
6：00	0.893	2.565	0.000	0.000	18：00	7.706	12.797	10.340	6.870
7：00	4.171	8.643	0.100	8.793	19：00	6.609	10.272	9.162	7.118
8：00	3.438	8.112	3.586	9.460	20：00	6.887	8.660	8.656	7.594
9：00	5.381	3.567	5.031	7.826	21：00	1.979	2.894	0.000	0.000
10：00	6.485	3.248	5.775	6.807	22：00	1.950	2.720	0.000	0.000
11：00	5.956	3.194	5.405	6.711	23：00	1.941	2.637	0.000	0.000

根据能耗与气象数据的关系（张小玲和王迎春，2002；臧建彬等，2013），借鉴 Klysik（1996）、Sailor 和 Vasireddy（2006）方法，以月平均气温与标准基温 18.2℃的差所占比例为建筑排热的月变化系数，得到建筑排热的月变化系数（表 3-7）。建筑排热在夏季和冬季明显高于其他季节，这源于同气温数据直接关联的原因，建筑物在冬季采暖与夏季制冷中相应的能耗急剧增加，其排热也相应较高，最大为冬季如 12 月、1 月分别占 17.7%、17.2%，而夏季 7 月、8 月约为 7.3%、6.2%，春秋季节的月排热系数仅为约 3%~4%。可见属于暖温带半湿润大陆性季风气候的北京地区，在冬季采暖消耗的能源高于夏季制冷的能耗量。

表 3-7　北京建筑排热的月变化系数　（单位：%）

月	1	2	3	4	5	6	7	8	9	10	11	12
系数	17.192	15.379	9.700	1.577	3.628	5.363	7.256	6.151	2.287	2.839	10.962	17.666

（3）人体新陈代谢、工业排热的时间变化

人体新陈代谢散热强度因年龄、活动量不同而有所区别，无法准确获得排放规律，而工业废热排放难以定点计算，在此按模型中的计算方法，对此热排放作如下处理：新陈代谢排热参考文献结论假定仅有日变化且“活动”和“睡眠”时为定值，工业部分的日变化与东京工业排热的时间序列一致，无季节差异，得到两热源排放的时间变化（表 3-8）。

表 3-8　北京新陈代谢、工业排热的日变化系数　（单位：%）

时刻（时：分）	新陈代谢	工业	时刻（时：分）	新陈代谢	工业	时刻（时：分）	新陈代谢	工业	时刻（时：分）	新陈代谢	工业
0：00	2.083	1.205	6：00	2.083	1.205	12：00	5.208	7.898	18：00	5.208	7.898
1：00	2.083	1.205	7：00	5.208	1.205	13：00	5.208	5.355	19：00	5.208	1.205
2：00	2.083	1.205	8：00	5.208	7.898	14：00	5.208	7.898	20：00	5.208	1.205
3：00	2.083	1.205	9：00	5.208	7.898	15：00	5.208	7.898	21：00	5.208	1.205
4：00	2.083	1.205	10：00	5.208	7.898	16：00	5.208	7.898	22：00	5.208	1.205
5：00	2.083	1.205	11：00	5.208	7.898	17：00	5.208	7.898	23：00	2.083	1.205

人体新陈代谢排热分为两种情况，白天 7：00~22：00 时段的变化系数及排热强度为夜间 23：00~06：00 时段的 2.5 倍；工业排热在白天工作时 8：00~18：00 比其他时间段明显较高，白天的排热强度为夜间的 6.6 倍，上述两类热源没有太多日间的波动，也忽略其周和月变化。

(4) 总人为热的时间变化

根据上述不同热源的日、周、月变化系数，考虑其排热量级的差异，叠加得到北京典型冬、夏季其总人为热的时间变化，见图 3-9 和图 3-10。因建筑排热总量占人为热排放的 45.3%，交通车辆排热占据 30.1%，这两种热源决定了总人为热排放的变化趋势，在冬季出现最高值，约为 10.9%~13.0%，而夏季仅 7 月出现极值，但不明显，这同北京地处中纬度的地理环境相关，和其他城市的结论较为类似。在日变化上，其变化系数同建筑排热较为一致，冬季的总人为热在 8：00、18：00 时左右出现明显“双峰”现象，白天其他时段变化较平缓，主要受居民建筑的影响，在夜间则维持低值排热；夏季则主要受商业建筑制冷的影

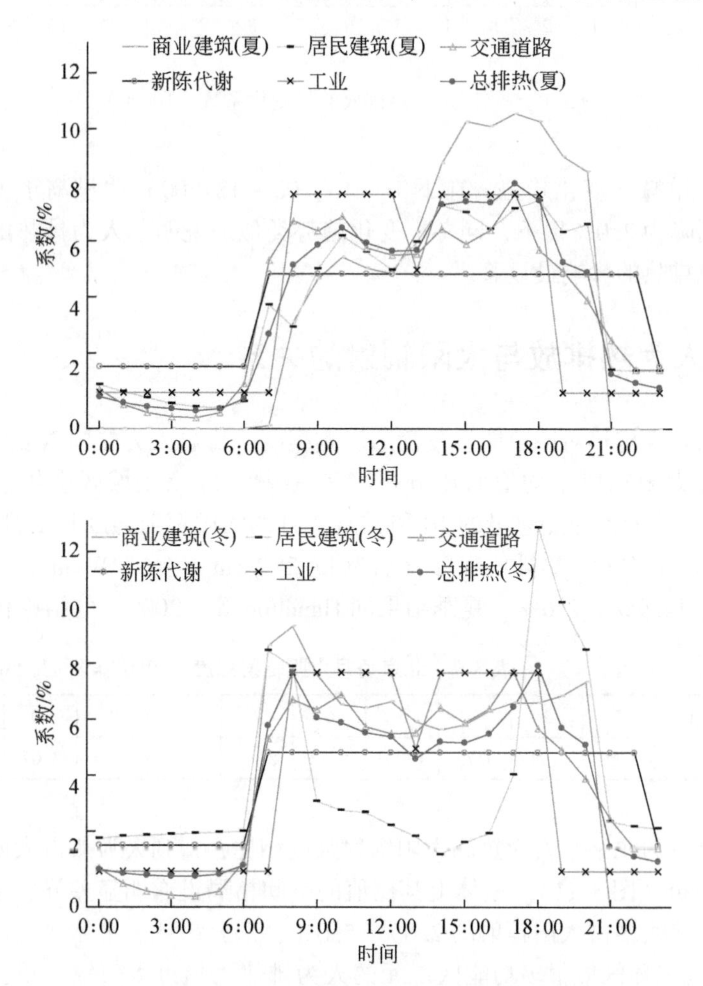

图 3-9　北京人为热排放的日变化系数

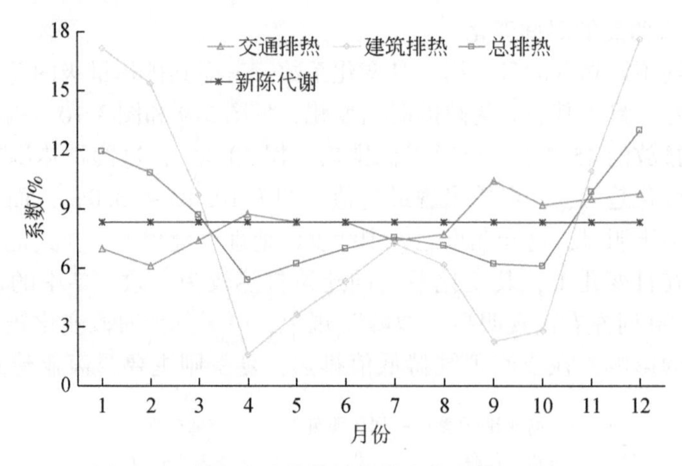

图 3-10 北京人为热排放的月变化系数（100%）

响，呈现“单峰”变化趋势，在下午（13：00～18：00）明显高于上午，夜间排热系数则降为2.0%以下，同冬季变化趋势类似。说明总人为排热的时间变化情况受建筑排热的影响最显著。

3.2.3 人为热排放与太阳辐射的关系

为评估人为排热对城市能量平衡的影响程度，将总人为热同 NASA 网站发布的北京每月太阳辐射平均值对比分析（表 3-9）。北京主城区全年总辐射量为 1.37×10^{19}J，约为人为热总量的10倍，且7月的太阳辐射强度是1月的1.8倍。1月和7月的平均人为热排放强度分别为17.28W/m²、16.34W/m²，为太阳辐射平均强度的14.9%、7.6%，夏季结果同 Hamilton 等（2009）的结论相似。

表 3-9 北京每月太阳辐射强度 [单位:kW · h/(m² · d)]

月份	1	2	3	4	5	6	7	8	9	10	11	12
太阳辐射	2.79	3.69	4.71	5.75	6.17	5.72	5.13	4.67	4.26	3.67	2.82	2.47

将每个月的北京总人为热同太阳辐射强度相比，得到人为热占太阳辐射量比例的空间分布（图 3-11）。整体上其比值的空间格局没有明显差异，全年在五环附近的人为热大多占太阳辐射的2.0%～5.0%，部分绿地、水体等区域甚至低于1.0%；而在三环区域很多功能区单元的人为排热已超过太阳辐射量，甚至高达8.8～11.1倍，春秋季节朝外街道等商业区的人为排热也达到太阳辐射强度的1.8～3.7倍，夏季商业区的人为排热也可达2.0～2.5倍。可见人为热已成为地

表能量平衡的重要组分，尤其是冬季，因而人为排热对气候环境尤其是局地温度会产生重大影响，在数值模拟中不能忽略。

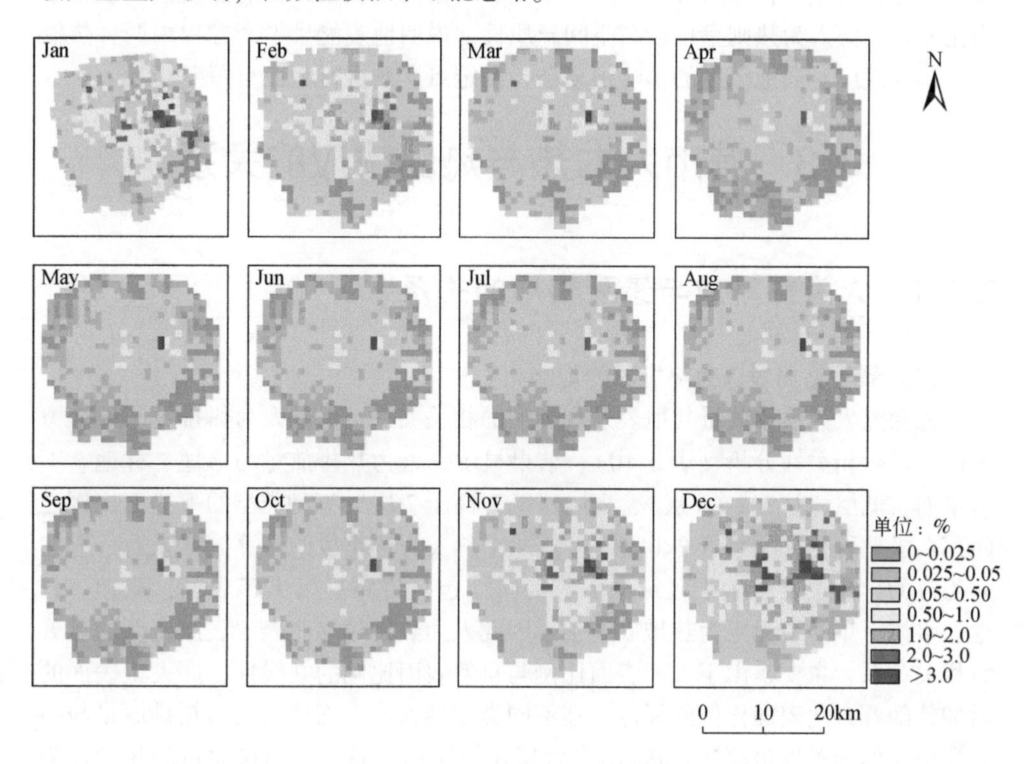

图 3-11　北京人为热占太阳辐射量比值的空间分布图

取太阳辐射强度在典型冬、夏季日的变化情况进行分析（图 3-12）。同人为

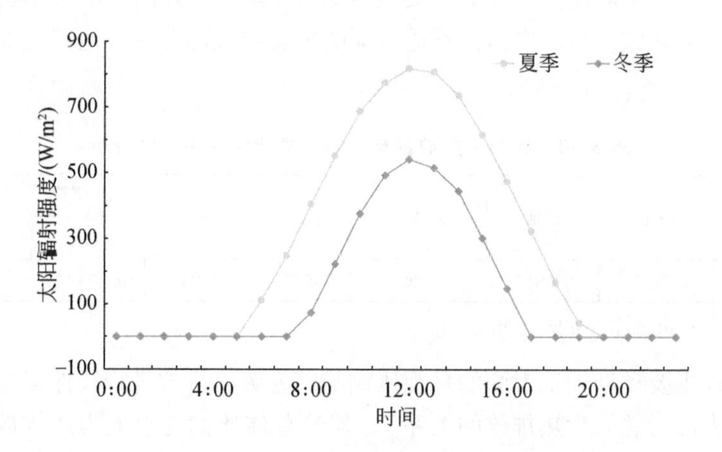

图 3-12　北京太阳辐射强度日变化曲线

热日变化相比，可见太阳辐射均在正午 12：00 时达到最大值，这同人为热日变化的趋势有所差异，且两者的空间分布更有明显区别，太阳辐射强度空间上较平均化分布，而人为热则呈现较高空间异质性，说明地表能量平衡方程中两种热输入的耦合效应对局地温度的影响很复杂，需定点实测进行验证与探究。

3.3 城市人为热与热岛效应的关系

3.3.1 人为热排放与景观格局的关系

(1) 景观格局对人为热排放的影响

为探究人为热排放量与地表景观类型的相关关系，对总人为热排放与地表覆被比例进行相关性分析（表 3-10）。结果显示，人为热排放量与草地、林地、不透水面、低层建筑（2 ~6 层）、高层建筑（高于 7 层）五种类型的下垫面比例之间存在极显著相关关系（$P<0.01$）。从北京总人为热排放的计算方式来看，显然人为热的排放主要产生于建筑、不透水面（包括道路）等人工表面，草地、林地、水体下垫面中无人为热排放产生，因此人为热排放与非人工表面比例的显著负相关关系，主要是由于人工表面比例与自然表面比例的共线性，即人工表面的增加伴随着自然表面比例的降低。在不同类型的人工表面中，人为热排放量与高层建筑比例相关性最高达到 0.561，低层建筑比例与总人为热排放量的相关性为 0.373，单层建筑比例与人为热排放量之间无显著相关关系。这说明在几种类型的建筑中，高层建筑是主要的人为热排放源，单层建筑产生的人为热较少。人为热排放量与不透水面比例之间的相关系数为 0.298，一方面是由于不透水面多分布于人类活动区域；另一方面，不透水面的重要组成部分——道路是交通排热的产生场所。

表 3-10　人为热排放量与地表覆被比例的相关性分析

项目	草地	林地	水体	不透水面	建筑		
					单层	低层	高层
相关系数	0.383 **	-0.281 **	-0.055	0.298 **	-0.049	0.373 **	0.561 **

** 表示在 0.01 水平（双尾），相关性显著。

对几种主要类型人工表面的景观比例与总人为热排放进行线性拟合（图 3-13 不同人工表面与总人为热排放的关系）。建筑总体比例与总人为热排放量之间的线性拟合系数为 118.75，解释度 R^2 为 0.1083；低层建筑比例与总人为热排放量之间的线性拟合系数为286.95，解释度R^2为0.139；高层建筑比例与总人为热排放量之间的线性拟合系数为573.41，解释度R^2为0.3148。高层建筑比例的线性拟合系数几乎达到低层建筑的2倍，建筑总体比例的5倍，这表明不同建筑高度之间人为热排放差异极大，高层建筑排放了大量的人为热。尽管如此，高层建筑的景观比例对总人为热排放的解释度仍然较低，这可能是由于人为热排放量还受到建筑性质等因素的多重影响。

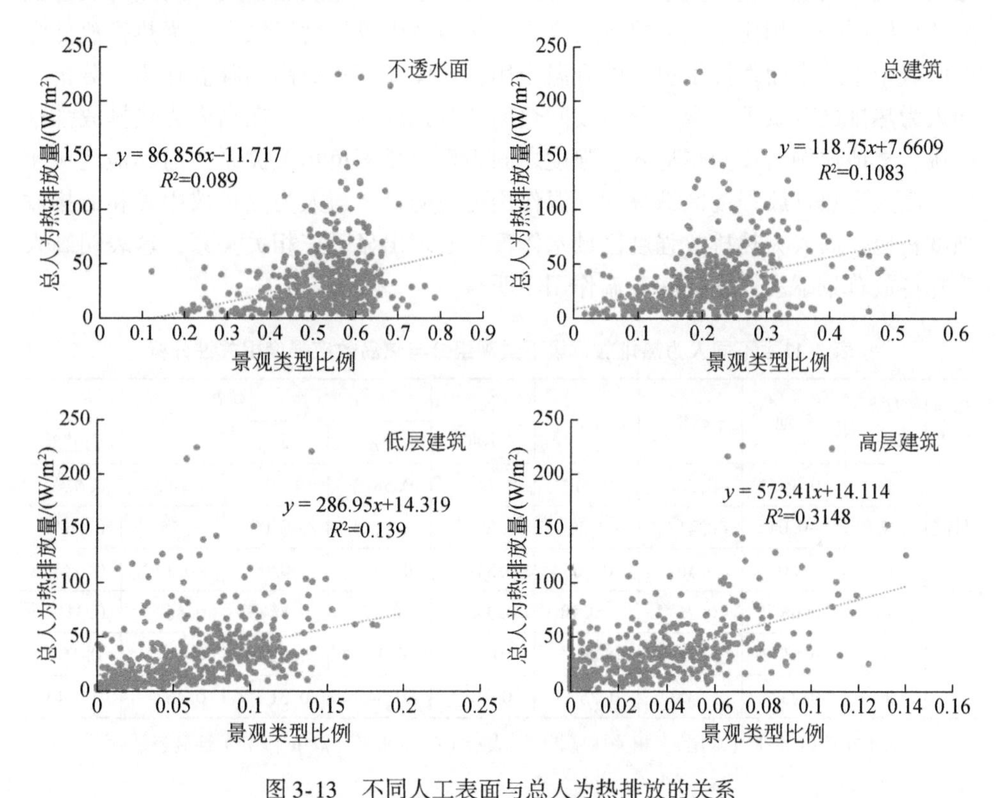

图3-13　不同人工表面与总人为热排放的关系

(2) 不同人为热排放背景下的景观热力效应

按照年均人为热排放强度对城区研究网格分为三类，高人为热排放强度区域(由高至低前1/3，年均人为热排放量38.5～244.4W/m²)，中人为热排放强度区域（由高至低1/3～2/3，年均人为热排放量16.2～38.5W/m²)，低人为热排放强度区域（由高至低后1/3，年均人为热排放量1.3～16.2W/m²)。为研究不同人为热排放背景下各景观类型对热岛效应的影响，本书对景观组分及年均热岛效应强度（日间、夜间）进行相关性分析（表3-11)。结果显示，在不同人为热排放背景下，景观组分与热岛效应强度相关性差异较大。从不同类型景观比例对日间热岛效应强度的影响来看，在高人为热排放强度区域，草地与不透水面相关性显著，且具有更高的相关系数。这表明，相比于其他区域，在高人为热排放强度区域，草地对日间热岛发挥了更高的降温作用。同时，林地在高人为热排放强度区域的降温作用也略高于其他区域。这表明，在高人为热排放强度区域，植被的降温作用更强。此外，在高人为热排放强度区域，高层建筑与日间热岛效应强度之间未观察到显著相关关系，在所有人工地表中单层建筑是影响日间热岛效应强度的首要因子。相比于人为热排放高强度区域及中等强度区域，人为热排放低强度区域中不透水面发挥了更高的升温作用，水体发挥了更高的降温作用。分析不同人为热排放背景下景观组分对夜间热岛效应强度的影响，在高人为热排放强度区域，林地比例与夜间热岛效应强度之间表现出显著负相关关系。与其他区域相比，高人为热排放强度区域林地降温作用更为明显。与人为热排放中等和低排放强度相比，高人为热排放强度区域水体没有表现出显著正相关关系，这表明高人为热排放背景下水体在夜间升温作用不明显。

表 3-11　不同人为热排放背景下景观组分与热岛效应强度相关性分析

热岛强度	人为热排放等级	草地	林地	水体	不透水面	建筑			
						单层	低层	高层	总建筑
日间	高	-0.36**	-0.50**	-0.41**	0.24**	0.58**	0.19*	0.03	0.67**
	中	-0.04	-0.41**	-0.20*	0.24**	0.51**	-0.00	-0.25**	0.36**
	低	-0.08	-0.46**	-0.56**	0.34**	0.65**	-0.00	-0.17*	0.58**
夜间	高	-0.65**	-0.26**	-0.12	0.33**	-0.17*	0.58**	0.56**	0.31**
	中	-0.51**	-0.09	0.26**	0.15	-0.32**	0.42**	0.54**	0.16*
	低	-0.23**	0.00	0.25**	0.16*	-0.34**	0.31**	0.46**	-0.13

**表示在 0.01 水平（双尾），相关性显著；*表示在 0.05 水平（双尾），相关性显著。

3.3.2　人为热排放对城市热岛效应的贡献

（1）人为热排放与年均热岛效应的关系

使用线性回归、指数回归、对数回归等多种回归方式，拟合人为热排放强度与年均日间热岛效应强度、年均夜间热岛效应强度的关系，结果表明对数回归方式可以较好地表征人为热排放与热岛效应强度之间的关系。散点图及回归曲线、回归方程如图 3-14 所示。在几种回归方式中，对数回归可以较好地表征人为热排放量对热岛效应强度的影响。这表明人为热的排放对热岛效应的影响并非一成不变，且较少的人为热排放即可显著改变城市热岛效应的强度。分析人为热排放量对日间热岛效应强度、夜间热岛效应强度的拟合效果，结果表明，人为热强度对日间热岛效应的解释度较差，R^2仅为0.0249；人为热排放强度对夜间热岛效应强度的解释度R^2高达0.5825。由于白天大量的太阳辐射输入，人为热排放对日间热岛效应的影响力较低；而当夜间太阳辐射消失之后，人为热排放取代太阳辐射成为最主要的热量来源，显著改变着城市夜间地表热环境。

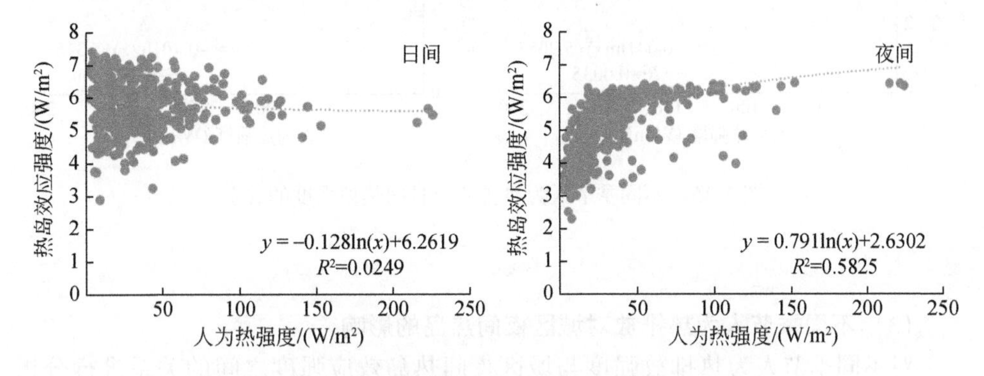

图3-14　总人为热排放与年均热岛效应强度的关系

(2) 不同季节人为热排放对城区日间热岛的影响

对不同季节人为热排放强度与城区日间热岛效应强度之间的关系进行分析(图3-15)。结果表明，人为热排放与日间热岛效应强度之间呈现负相关关系。有研究表明，与低层建筑相比，高层建筑的遮阴作用降低了建筑周边到达地表的太阳辐射量（吴志丰，2017）。考虑到人为热排放与高层建筑比例之间的相关性，人为热排放对日间热岛效应的负相关关系可能与其与高层建筑的共线性有关，具体原因仍需进一步分析。四个季节人为热排放对日间热岛效应强度的差异显示，冬季解释度最高R^2达到0.3705，春季解释度较低；夏季和秋季人为热排放对日间热岛效应强度无显著相关关系。

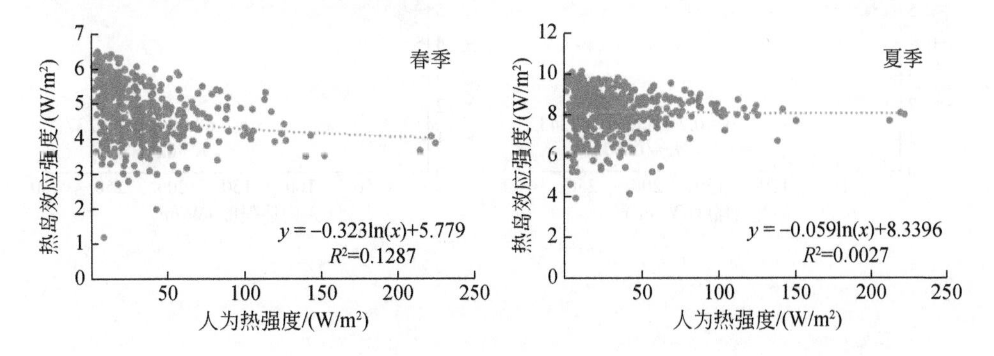

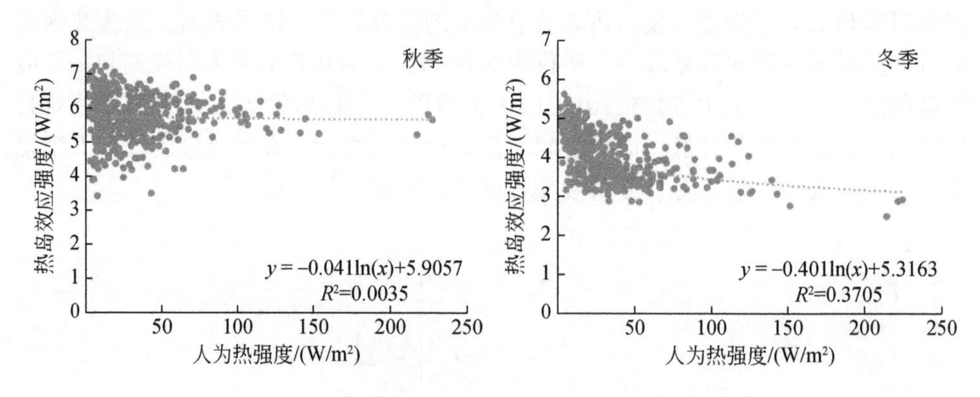

图 3-15　不同季节人为热排放与日间热岛强度的关系

(3) 不同季节人为热排放对城区夜间热岛的影响

对不同季节人为热排放强度与城区夜间热岛效应强度之间的关系进行分析(图 3-16)。结果表明,春夏秋冬四个季节人为热排放对夜间热岛效应强度拟合方程的解释度 R^2 均高于 0.5。这说明对于夜间热岛效应强度来说,人为热排放强度为主要影响因素。具体分析季节差异,冬季解释度最高,春季和秋季次之,夏季解释度稍低。从 ln(x)系数来看,冬季 ln(x)系数最高,为 1.0006;春季次之,为 0.7426;夏季最低,为 0.6058。这表明,在无太阳辐射的条件下,人为热排放作为主要热量来源,在四个季节中对夜间热岛效应强度均有较好的解释度。但考虑到下垫面潜热通量的释放,人为热排放对冬季夜间热岛效应的影响力高于其他几个季节。

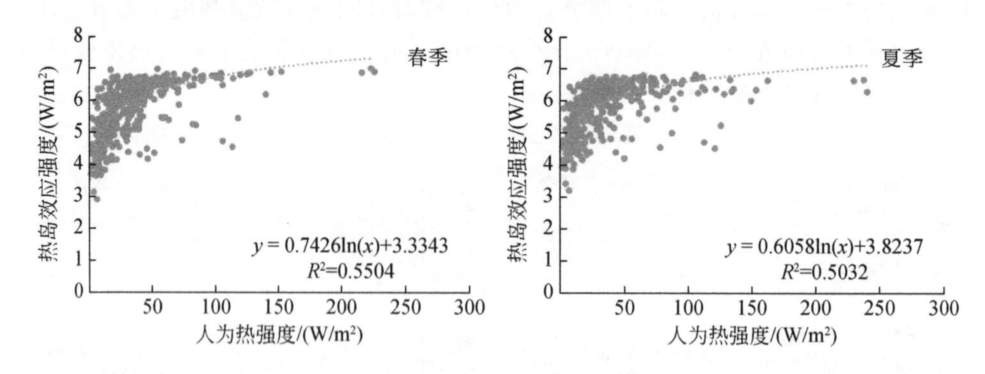

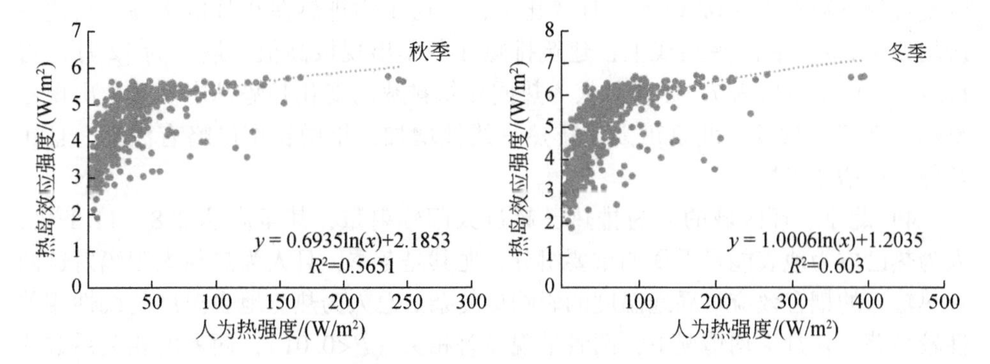

图 3-16　不同季节人为热排放与夜间热岛强度的关系

3.4　小　结

1）总体上，主城区 7 个辖区全年排热总量为 1.11×10^{18} J，其中建筑排热为 5.02×10^{17} J，占总量约 45.3%，其次为交通道路、工业排热部分，分别占 30.1%、20.2%，而人体新陈代谢比例最低，总量 4.91×10^{16} J 仅占 4.4%。各辖区排热总量最高的为朝阳区和海淀区，其和占总量的 52.2%，最少的是东城区和大兴区，两者均占 7.7%。主城区的平均人为热强度为 14.55W/m²，最大排热强度为西城区的 82.30W/m²，最小为大兴区的 2.61W/m²。

2）空间分布上，不同地区不同功能区其人为热随人口密度、建筑密度和交通量变化呈现明显的空间异质性，整体上其空间特征为由内而外辐射状递减趋势，与其区域规划及经济发展密切相关。不同热源排放的空间格局较类似，东城区和西城区内工业、商业及部分文教区的排热强度最高，可达 139.1 ~ 300.2W/m²，东城区和朝阳的居民区的平均排热强度约为 47.8 ~ 71.7W/m²，最高排热强度 272 ~ 501W/m² 为建国门外和朝外街道的北京 CBD 区域，最低值 0.2 ~ 12.7W/m² 多处于保护区、耕地等商业活动极少的区域。

3）时间变化上，受气候环境与季节的影响，不同地区不同热源其排热时间演变有所不同。日变化上，人体新陈代谢在白天的排热强度约为夜间的 2.5 倍；工业排热在工作时段明显较高，约为夜间的 6.6 倍；交通车辆在早晚高峰期排热强度最高，而在夜晚排热可低至白天的 1/10；商业建筑在冬季 7：00 时段较高，而夏季下午的排热强度约为上午的 2 倍；而居民建筑排热峰值出现在夜晚、黎明时分，冬季的居民建筑在 7：00 和 18：00 时明显较高，夏季未见明显波动；总人为热排放则在 8：00 和 18：00 时左右出现高峰，白天其他时段变化较平缓，夜晚排热系数降为0.02以下。月变化上，交通车辆排热在9月份略高，其他月份均处于8%左右的平均线上；建筑排热在冬季出现极高值，最大为12月份占17.7%，而7月份为7.3%；总人为热同建筑排热的变化趋势基本一致，出现冬夏的“双峰”现象。北京市人为排热呈线性增加，年增长率虽略有波动，且比常住人口增速更快。

4）北京三环区域的人为排热已超过太阳辐射量，甚至高达8.8～11.1倍，人为热已成为地表能量平衡的重要组分，尤其是冬季，且人为热与太阳辐射这两种热输入的耦合效应对局地温度的影响更复杂。总人为热与地表温度的线性相关性较显著，在月平均情况下，两者呈现显著相关（$P<0.01$），两者的相关系数约为0.4～0.6。总体上，人为热与地表温度不是简单的线性相关，但结论表明总人为排热对夜间的地表热岛有一定影响。

5）人为热排放量对夜间热岛效应强度有重要影响，对日间热岛影响力较小。人为热排放量对夜间热岛强度的影响并非一成不变，随着排放量的增加，夜间热岛强度增长速度逐渐减小，整体呈现对数曲线。人为热排放量对冬季夜间热岛效应强度影响力最大，解释效果也最好。当太阳辐射的影响力减小时，人为热排放成为影响热岛强度的主导因素。

6）人为热排放量与景观组分关系的分析表明，人为热排放量与高层建筑组分（$R=0.675$）及低层建筑组分（$R=0.556$）相关性较高，这表明人为热排放主要集中在非单层建筑区域，尤其是高层建筑区域。对日间而言，植被在高人为热排放强度区域发挥了更强的降温作用，不透水面在低人为热排放强度区域发挥了更高的升温作用，水体在低人为热排放强度区域发挥了更高的降温作用。对夜间热岛而言，高人为热排放背景下林地具有更高的降温作用。

第4章 城市典型景观的热量过程研究

快速的城市化进程使城区景观类型和格局发生显著变化，大量自然下垫面被水泥、沥青、砖石、金属等人造不透水面取代。此外，大量建筑物的出现不仅改变了城市空间布局，还改变了地气之间的能量过程。使用气象站点监测气象数据是一种常用的传统研究方法，随着遥感技术的发展，运用遥感图像获取地表温度成为城市热环境的研究的重要方法。将城市热环境的研究从二维格局上升到三维格局，考虑城市中垂直方向地物对城市热环境的影响，更符合城市自身的结构和特点，其结果也比从平面图获得的结果准确。本章以北京为研究区，以实地监测为主要手段，主要利用气象站、气象监测仪、红外热像仪等获取典型景观的温度、湿度、风速、热辐射温度等数据，进而评估不同城市景观热辐射温度的变化特征，为构建改善热环境的城市景观优化模型提供支持。

4.1 典型景观小气候监测

4.1.1 典型监测区域选择

根据北京市功能区分类图，本章选择居住、商业、文教、公园4种功能区，具体包括玉泉新城居民区、中国科学院生态环境研究中心、中关村商业区、北京交通大学、王府井步行街、陶然亭公园、玉渊潭公园、朝阳公园、奥林匹克森林公园，景观类型以道路、林地、草地为主（表4-1）；同时设置沿昆玉河分布的道路移动观测点，北京市内一共选择了10个研究样点，2013年10月~2014年10月，进行每月一次的局地小气候监测。

表4-1 研究区景观类型

名称	地点	编号	性质	备注
陶然亭公园	TRT-1	1	道路	石板道路
	TRT-2	2	草地	人工草地
	TRT-3	3	林地	树高约5米

续表

名称	地点	编号	性质	备注
陶然亭公园	TRT-4	4	林地	树高约 5 米
	TRT-5	5	草地	人工草地木
	TRT-6	6	水体	公园湖水
玉渊潭公园	YYT-1	7	林地	树高约 4 米
	YYT-2	8	道路	石板道路
	YYT-3	9	水体	公园湖水
	YYT-4	10	道路	石板道路
	YYT-5	11	道路	石板道路
	YYT-6	12	林地	树高约 6 米
	YYT-7	13	草地	人工草地
朝阳公园	CY-1	14	草地	人工草地
	CY-2	15	水体	公园湖水
	CY-3	16	道路	沥青道路
	CY-4	17	道路	石板道路
	CY-5	18	道路	石板道路
	CY-6	19	林地	银杏树，树高约 5 米
奥林匹克森林公园（南园）	SL-1	20	道路	石板道路
	SL-2	21	道路	沥青道路
	SL-3	22	水体	公园河水
	SL-4	23	道路	沥青道路
	SL-5	24	林地	杨树林，树高约 8 米
	SL-6	25	草地	人工草地
中国科学院生态环境研究中心	ST-1	26	道路	石板道路
	ST-2	27	林地	树高约 5 米
	ST-3	28	草地	人工草地
	ST-4	29	草地	人工草地
	ST-5	30	林地	树高约 4 米
	ST-6	31	草地	人工草地
	ST-7	32	林地	梧桐树，树高约 10 米
	ST-8	33	道路	沥青道路

续表

名称	地点	编号	性质	备注
北京交通大学	JT-1	34	水体	校园湖水
	JT-2	35	草地	人工草地
	JT-3	36	道路	石板地面
	JT-4	37	草地	人工草地
	JT-5	38	林地	梧桐树，树高约 10 米
	JT-6	39	林地	松柏树，树高约 10 米
	JT-7	40	道路	树高约 9 米
	JT-8	41	草地	人工草地
中关村商业区	ZGC-1	42	草地	人工草地
	ZGC-2	43	林地	树高约 5 米
	ZGC-3	44	道路	沥青道路
	ZGC-4	45	道路	沥青道路
	ZGC-5	46	道路	沥青道路
	ZGC-6	47	道路	沥青道路
王府井步行街	WFJ-1	48	道路	石板道路
	WFJ-2	49	道路	石板道路
	WFJ-3	50	道路	石板道路
	WFJ-4	51	道路	沥青道路
	WFJ-5	52	道路	沥青道路
玉泉新城	YQ-1	53	林地	树高约 5 米
	YQ-2	54	道路	石板地面
	YQ-3	55	道路	石板地面
	YQ-4	56	草地	人工草地
	YQ-5	57	楼顶	水泥地面

陶然亭公园位于西城区南二环路边界，全园占地面积为 57hm^2，其中水面面积为 16hm^2，公园内绿荫环绕，是城市中心区的主要公园之一；玉渊潭公园位于海淀区与西城区交界处，紧邻西三环航天桥；朝阳公园是以园林绿化为主的综合性、多功能大型文化、休闲、体育、娱乐公园，是北京市重点公园；奥林匹克森林公园位于朝阳区北部，是五环内最大的公园，以五环路为界线划分南园、北园；中国科学院生态环境研究中心位于海淀区，北四环至北五环之间，周边环境较开阔，建筑区主要是用于文教、居住，绿化主要是人工乔灌木混合类型，面积小，无人工水体；

王府井步行街位于东城区，紧邻天安门广场，是人们购物、娱乐、游玩的建筑密集区；中关村商业街位于北四环边界，是典型的工作、商业场地；北京交通大学位于北京市海淀区，毗邻中关村，周围分布有北京市许多高等学府、公园、商务办公区，建筑单元密集；玉泉新城居民区位于北京市西四环至西五环之间。

4.1.2 公园区景观热环境监测

研究人员在北京市五环内选取陶然亭公园、玉渊潭公园、朝阳公园、奥林匹克森林公园（南园）4个公园分别进行为期12个月的景观小气候监测，揭示日间监测时间内各类型景观的热环境动态变化规律，公园内监测景观的空间分布和景观性质如图4-1和表4-2。陶然亭公园、玉渊潭公园、朝阳公园和奥林匹克森林公园是北京市内著名的公园，是市民聚会、娱乐、体育、休闲等活动首选的户外场地，在人体舒适度、节能减排、城市气候等领域内广受关注。

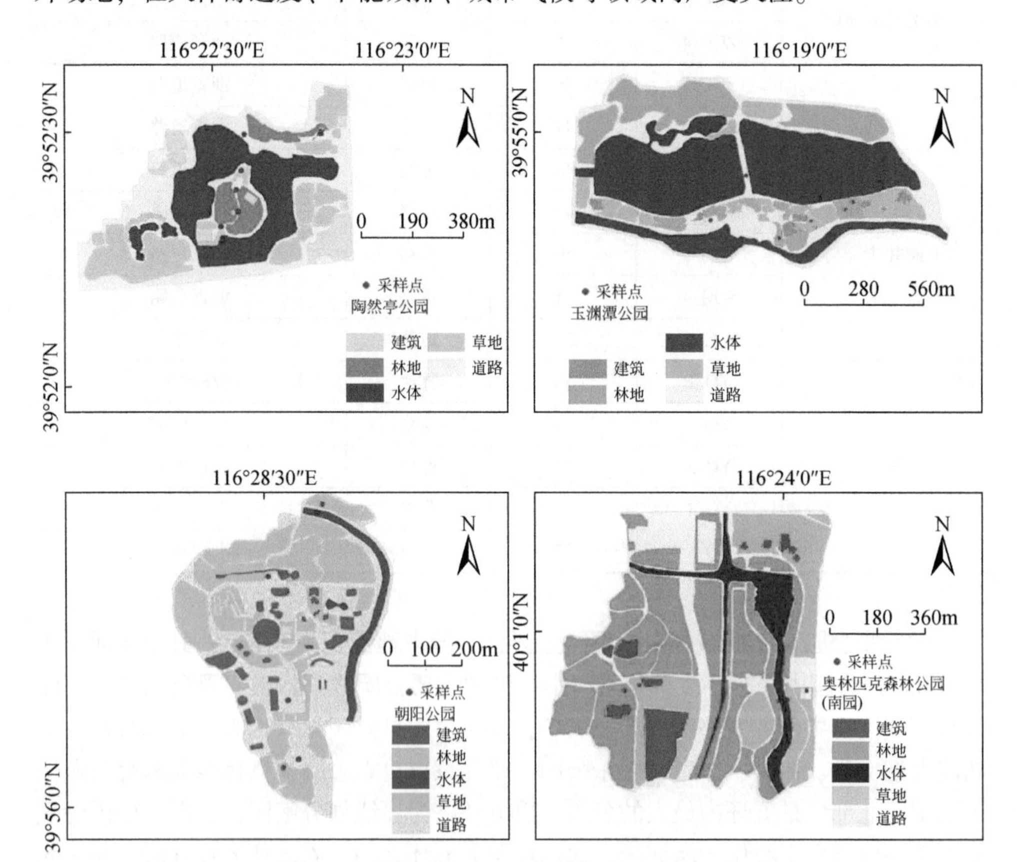

图4-1 城市4个公园内采样点空间分布

将城市公园典型景观分为道路、建筑、林地、草地、水体5种，公园内各景观类型面积如表4-2所示。

表4-2 城市公园各景观类型面积

公园名称	景观类型	面积/m^2	比例/%	样点个数
陶然亭公园	林地	37788	7	2
	草地	109963	22	2
	水体	198587	39	1
	道路	128233	25	1
	建筑	34742	7	
玉渊潭公园	道路	247802	22.6	3
	林地	206136	18.8	2
	草地	92183	8.4	1
	水体	534196	48.7	1
	建筑	17002	15.5	
朝阳公园	道路	146113	46.2	1
	林地	6745	2.1	1
	草地	123429	39.0	1
	水体	16955	5.4	1
	建筑	23056	7.3	
奥林匹克森林公园（南园）	道路	154210	18.5	3
	林地	377471	45.2	1
	草地	181567	21.8	1
	水体	75048	9.0	1
	建筑	46015	5.5	

由于4个城市公园的小气候监测并不是在同一天内完成，进行数据分析之前需要考虑监测当日的气象背景是否一致，以北京观象台连续气象数据为例，于2013年10月~2014年10月监测当日（8：00、10：00、12：00、14：00、16：00）的最高气温、平均气温、最大相对湿度和最大风速。将实验数据分为冷（2013年10月~2013年12月）、暖（2014年3月~2014年10月）两个时间段，其中2013年10月的数据由于陶然亭公园当日监测不完整，在分析城市公园秋冬季景观特征时，数据来源于玉渊潭公园、朝阳公园和奥林匹克森林公园3个公园

(表 4-3)。

表 4-3　城市公园景观的监测背景

监测时间	季节	公园名称	最高气温/℃	平均气温/℃	最大相对湿度/%	最大风速/(m/s)
2013 年 10 月 ~ 2013 年 12 月	冷季节	玉渊潭公园	14.3	7.9	62.0	3.0
		朝阳公园	11.7	5.8	47.7	3.3
		奥林匹克森林公园	11.2	4.7	46.7	2.5
2014 年 3 月 ~ 2014 年 10 月	暖季节	陶然亭公园	34.0	21.9	77.0	4.0
		玉渊潭公园	32.0	22.0	83.0	4.0
		朝阳公园	34.0	22.5	83.0	4.0
		奥林匹克森林公园	35.0	23.3	99.0	3.0

城市公园中典型景观热环境特征为：①地表、空气温度呈现单峰变化，达到日极大值后逐渐降低。寒冷季节，道路、草地景观日间出现地表温度<空气温度的现象；而林地景观保持地表温度<空气温度不变，说明林地能有效减小地表温度变化幅度；温暖季节，公园景观日均温度表现为地表温度≥空气温度，温度曲线波动幅度大。开阔的公园用地不适于市民聚会、休闲、体育。②城市公园不同景观类型的相对湿度近似相等。

由图 4-2 可知，实验中道路、林地、草地的景观异质性主要表现为地表温度差异显著，空气温度略有差异，相对湿度则近似相等；总体上，不同类型景观的热环境变化趋势一致，但变化幅度、范围不同。地表温度与空气温度的关系较为复杂，两者有相同的热量来源，彼此间又相互作用；一般情况下，日间地表、空气温度都是单峰变化。为了详细表述地表-近地表之间的关系，设置变量 ∂T= 地表温度/空气温度，当 $\partial T=1$ 时，地表温度与空气温度相等；$\partial T>1$ 或是 $\partial T<1$ 时，地表大于或小于空气温度。日间地表和空气温度波动范围、程度不同，因此分析 ∂T 逐时特征，可以定性揭示城市公园中典型景观类型的地表-近地表空气热量关系。

通过寒冷、温暖两个日间对比发现（图 4-3）：①寒冷季节，日间道路、林地、草地 ∂T 曲线不同，达到最大值的时间点不一致；温暖季节，3 种景观的 ∂T 曲线变化规律一致，∂T 都在 12：00 时段最大。12：00 时，地表、空气温度差异最小。道路、林地、草地地表与近地表有相似的能量来源，吸收的热量差异最小。②寒冷季节，道路、草地 ∂T 在 1 上下波动，而林地 ∂T 曲线则始终小于 1，即日间林地地表<空气温度，地表接收的短波辐射量小于向外释放的长波辐射；温暖季节，3 种景观的 ∂T 值随时间变化，12：00 时 $\partial T\geqslant 1$，即地表大于等于空

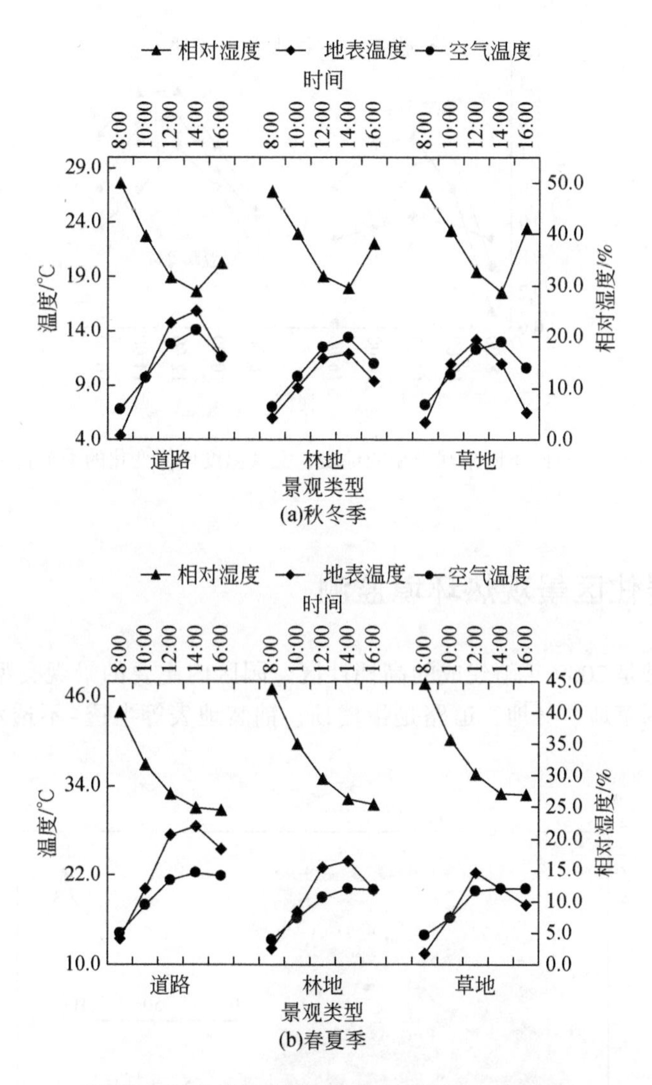

图 4-2　秋冬季和春夏季公园景观的小气候变化

气温度。③温暖季节时，不同监测时刻 ∂T 值呈现道路>林地>草地的规律，而寒冷季节，∂T 大小顺序逐时变化。说明，北京市公园气候背景温暖时，景观间地表-近地表热量关系道路最显著，其次是林地、草地；气候寒冷时，日间某些时刻热量主要集中在大气中，地表温度<空气温度。

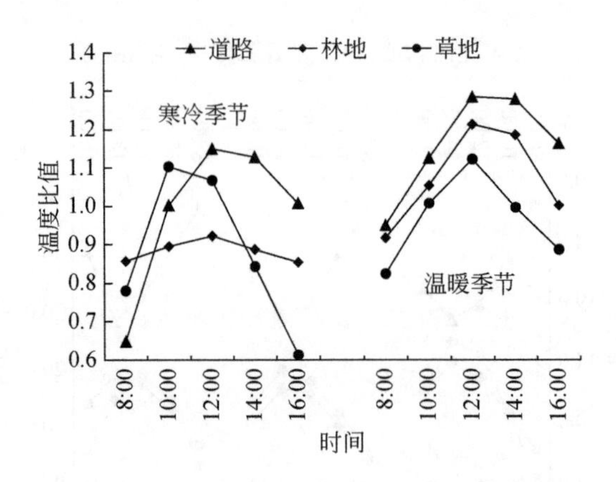

图 4-3　日间不同景观类型的地表、空气温度比值变化的季节特征

4.1.3　居住区景观热环境监测

玉泉新城是 2009 年新建成的高档社区。园区内主要的景观类型为绿地和道路，绿地包括草地、林地，道路是指楼顶、铺装地表等半透-不透水面（图 4-4 和表 4-4）。

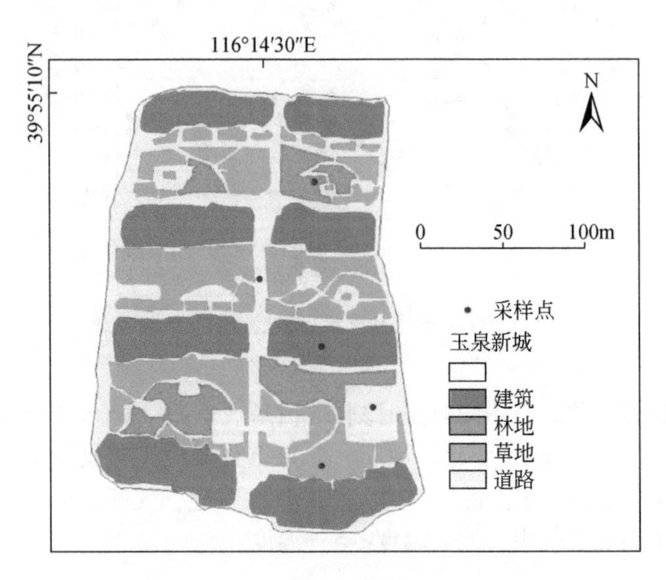

图 4-4　玉泉新城居住监测点空间分布

表 4-4　玉泉新城景观类型分布面积

景观类型	面积/m²	比例/%	样点个数
草地	11045.1	25.0	1
林地	7409.8	16.8	1
楼顶	13048.1	29.5	1
道路	12714.3	28.7	2

图 4-5 中为监测时间内，5 个采样点平均地表、空气温度和相对湿度随时间变化。8：00～16：00 时段内，林地、草地温度变化范围是 13.0～21.0℃，相对湿度是 14.0%～32.0%，且同时段内林地、草地的相对湿度值近似。采样点 2、3

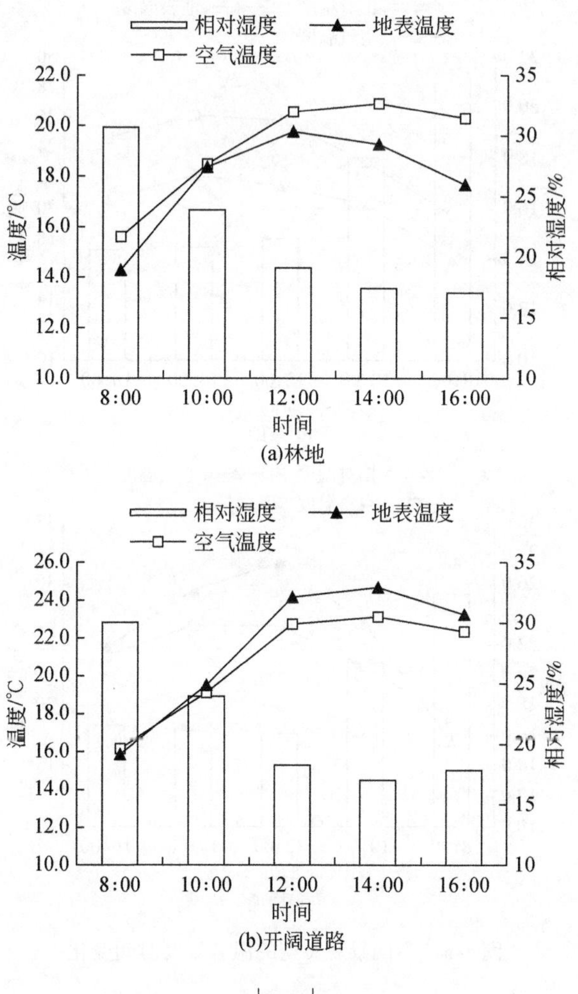

(a)林地

(b)开阔道路

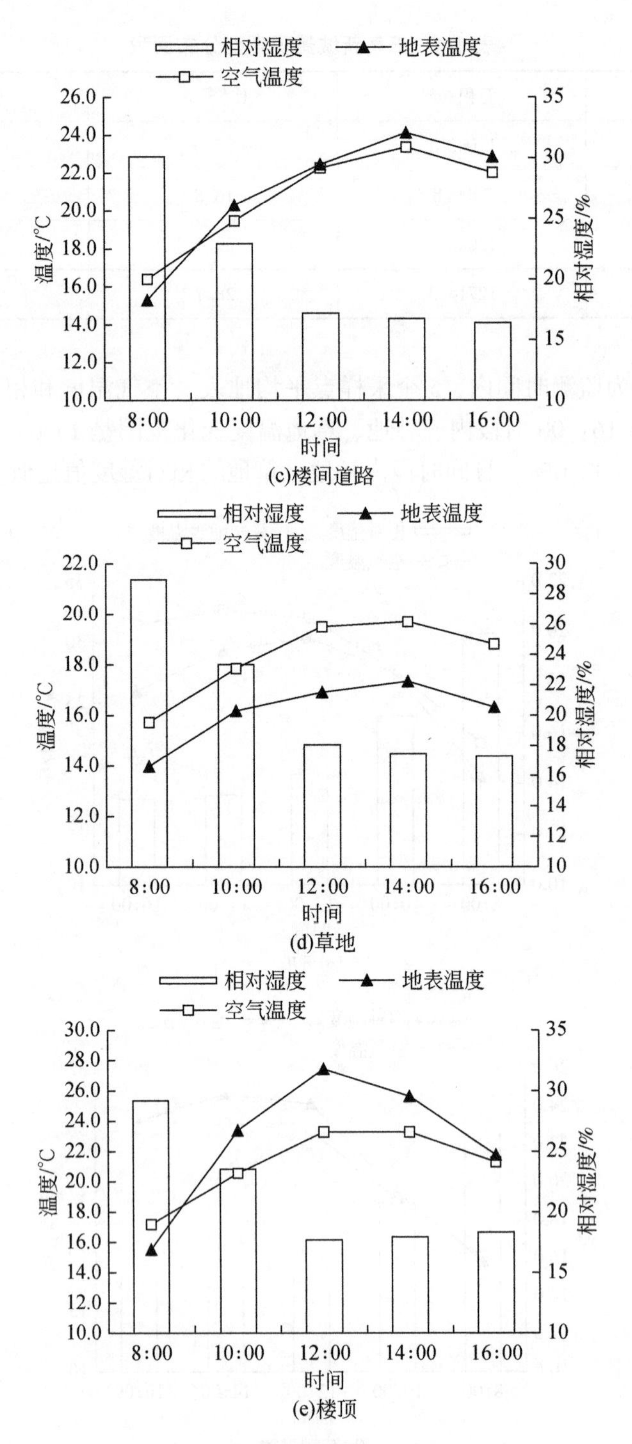

图 4-5　不同景观类型的温、湿度时间变化

同属于道路景观，温湿度波动范围和随时间变化规律相似。但采样点 2 的地表、空气温度曲线拐点更明显，数值更大。考虑到采样点 2 处于完全开阔的环境，不受建筑物和乔木的遮阴影响，接收辐射能量多；采样点 3 是楼间道路，建筑物遮阴效应明显，由于缺乏天空可视角数据，无法定性解释两个道路监测点温度变化的不同点。城市居住区中，草地是乔灌木混合人工草地，分布在楼间，实验中草地长为 90m，宽为 70m，形状近似规则长方形，采样时操作人员站于靠近楼的一侧。因此，草地完全处于建筑物阴影之下。地表与空气温度曲线近似平行；相对湿度则是递减变化。楼顶表面材质是水泥，楼顶温度波动频繁、幅度大，12：00 达到最高值，而空气温度曲线变化与草地类似。居住区内，林地、草地与道路、楼顶表面距离不超过 200m，而 12 次试验的日间平均最高地表温度依次为楼顶>道路>林地>草地，平均最高空气温度依次为楼顶>道路>林地>草地，相对湿度值近似相等。

4.2 水体降温功能的梯度监测

4.2.1 数据和方法

城市水体能有效地缓解城市热岛效应，河流廊道作为城市水体类型之一，缓解热岛效应潜力巨大，可增加室外环境的稳定性、舒适性，从而改善城市热环境。目前，在相关研究中主要以绿化带的温湿效应反映河流廊道降温。昆玉河是京密引水渠下游河段，从颐和园昆明湖连通到玉渊潭八一湖，长约为 10km，流经西北四环至西三环区域。本章所述实验地点选择昆玉河流经的蓝靛厂北路与老营房路相交道路，昆玉河与其岸边防护林看作整体，沿着河流方向上在蓝靛厂北路与老营房路交叉口附近以 150m 为间隔取 3 个点（样点 1 ~ 3）；垂直河流方向上向西依次距离昆玉河 50m、100m、150m、400m、600m 处设置为样点 4 ~ 8（表 4-5 和图 4-6）；按照河流流经方向样点 1 ~ 3，垂直河流方向上样点 4 ~ 8 的顺序，实地监测日间道路的温度、湿度等指标。沿河流方向，河流流经居住、公园、商业区等建筑单元，沿岸以滨河公园为主，属于市民休憩场所。河流流向方向的道路景观受行道树遮阴影响明显，而垂直河流方向上高大的建筑群也对道路热环境有一定干扰。

已有观测数据证实，在夏季，公园水体对周边的环境有一定降温作用，而面积和布局是城市水体影响小气候的重要因素，水体面积越大对环境影响越大。昆玉河是京密引水渠下游，河宽约为 30m，连通颐和园昆明湖和玉渊潭公园八一

表 4-5　昆玉河廊道样点分布

地点	编号	景观类型	备注
蓝靛厂北路	1	道路	沥青马路
	2	道路	沥青马路
	3	道路	沥青马路
老营房路	4	道路	沥青马路
	5	道路	沥青马路
	6	道路	沥青马路
	7	道路	沥青马路
	8	道路	沥青马路

图 4-6　昆玉河廊道岸边道路监测点

湖，流经建筑密集区。昆玉河流经的蓝靛厂北路段，两岸城市环境相似，沿河分布滨河公园，东西两侧均建筑密集人类活动频繁。因此，实验在蓝靛厂北路段西侧进行，其结果仍适用于蓝靛厂北路东侧城市环境。昆玉河沿岸是沥青马路，与自然的林地、草地相比，吸收太阳辐射能力强、储存热量多；同时，机动车在行驶过程中的排热、轮胎摩擦地面等行为也会增加道路景观的热量来源，使地表、空气升温。道路监测点景观特征见表 4-6，样点 1 ~ 4 周围没有明显的高大建筑物，表中平均高度指路旁树木平均高度，样点 5 ~ 8 平均高度指周边建筑物平均高度，平均宽度指沥青马路宽度。

表 4-6　昆玉河岸边道路景观特征

方向	顺序	平均高度 H/m	与河流距离/m	平均宽度 W/m	H/W
南北	1	6	8	10	0. 6
	2	6	8	10	0. 6
	3	6	8	10	0. 6
东西	4	6	50	18	0. 6
	5	16	100	21	0. 8
	6	33	150	21	1. 6
	7	33	400	21	1. 6
	8	33	600	21	1. 6

使用北京观象台的逐时气温数据作为参考数据，实验所得为实测数据，对比相同时间段内（8：00 ~ 16：00）的日间平均空气温度、相对湿度（图 4-7）。实地观测值（气温、相对湿度）高于气象站参考数据说明周边环境不同，气温和

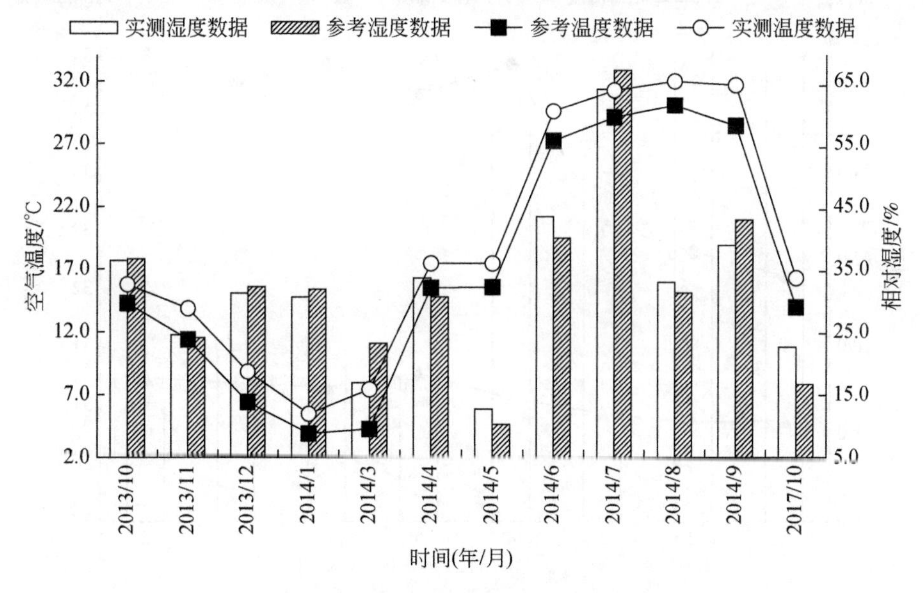

图 4-7　实测温湿度数据、北京站气象数据随时间变化

湿度不同；实测数据与参考数据较高的一致性则表明景观的温度、湿度改变遵循大的气候背景。河流廊道沿岸道路 5 ~ 9 月是高温月，年最高气温出现在 8 月，最低气温是 1 月。

4.2.2 水体降温的梯度效应

昆玉河廊道岸边 8 个道路监测点的日均地表、空气温度和相对湿度如图 4-8 所示。日均地表温度分布有明显的方向性，道路样点 1 ~ 3 明显低于监测道路 4 ~ 8，即沿河流方向地表温度低于垂直河流方向。地表温度热源主要来自太阳辐射，河流方向上的道路景观受行道树遮阴影响而吸收较少的太阳辐射能，垂直方向的道路接收更多太阳辐射能而地表温度高。表明与太阳辐射导致地表升温相比，河流廊道降温幅度小。根据空气温度差异，可以将监测点分为两组：监测点 1 ~ 4 和 5 ~ 8。样点 4 距离河流约 50m，与河流沿岸的道路空气温度近似相等，说明廊道降温效应能够延伸到 50m 范围。样点 5 ~ 8 有小幅度的升温，可见河流廊道周边空气温度与距离远近有关，河流向外 700m 范围内，道路景观空气温度差异在 1℃左右。由于相对湿度的测量精度是±3%，各样点的日均相对湿度大致相等。600m 范围内，道路对河流热效应的相对湿度响应一致。昆玉河流经两岸是密集

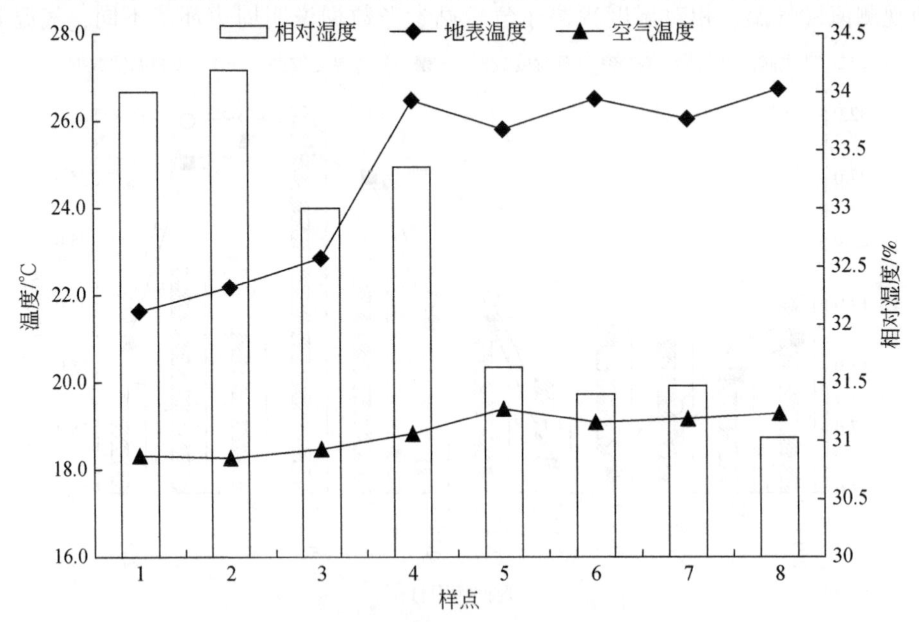

图 4-8 各监测样点实测的温湿度数据

的建筑群，楼间道路宽约为10m。河流降温效应随着距离的远近发生改变，进入建筑区内部，道路热环境的影响因素增多，如大气湍流、峡谷效应、建筑物遮阴等，5～8监测点的升温过程需要相应的参数进一步分析其原因。

图4-9显示，河流廊道岸边道路气温和相对湿度的变化规律呈现季节性差异，因此，对道路景观日间的地表、空气温度取平均值，以2014年1月、4月、7月和10月的道路热环境数据分别代表其四季，其中2014年7月增加18：00时段，日间一共6次监测。使用线性拟合方法补充2014年1月当日缺失的8时数据。样点1～8的日间温度均值，并对比河流廊道热效应的梯度变化。日间道路景观温度变化曲线是单峰变化，1月、4月、7月道路地表温度都在14：00达到最高值，8：00时段是最低温度值，而到了2014年10月，道路地表温度却是在16：00时最大，与以前相比稍有延迟；空气温度变化的拐点都是14：00时段，与地表温度相比，空气温度变化缓慢。随着气候背景转暖，地表、空气温度曲线趋于分离，1月其温度相近，7月时地表与空气温度虽然改变规律一致，但温差达10℃。

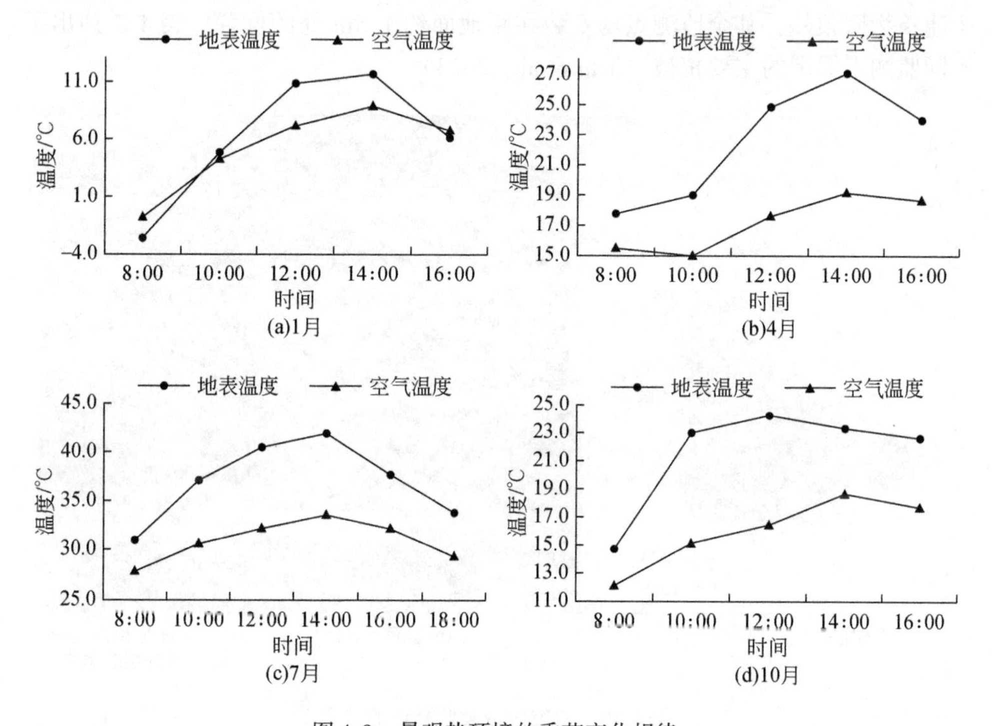

图4-9 景观热环境的季节变化规律

4.3 城市绿地降温功能和阈值分析

4.3.1 植被温湿度的监测方法

城市植被通过降温增湿作用发挥着重要的气候调节作用，而不同季节的气候调节能力不同，与温度和湿度的耦合关系尚不清楚。因此，本书研究对2013～2022年北京植被和不透水面区域的温湿度进行了10年的监测。并通过构建降温强度（CI）和降温效率（CE）以及增湿强度（HI）和增湿效率（HE）指标来量化植被的气候调节能力。

研究地点选择在北京市五环路上的中国科学院生态环境研究中心园区内，共设置8个监测点（图4-10），可分为不透水面和绿地两种景观类型。A～C监测点周边景观类型为不透水面，D～H监测点周边景观类型为植被。除监测点C位于建筑物屋顶外，其余监测点均安装在距地面约1.5m处的位置。表4-7列出了不同监测点周围的主要植被（Yan et al., 2023）。

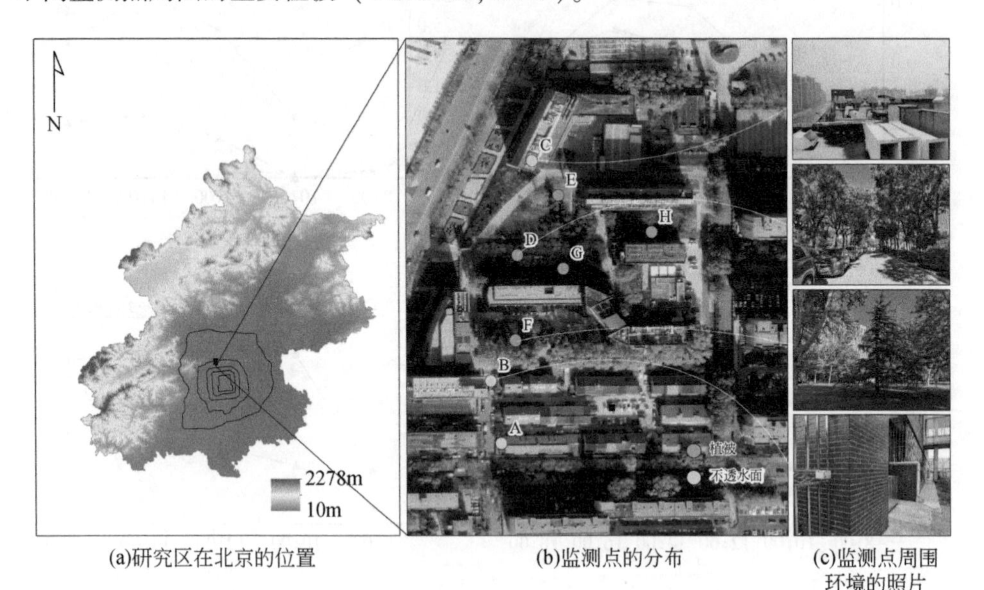

图4-10　研究区域及监测点的位置

表 4-7　监测点周边的主要植被类型

监测点	主要植被类型
E	*Pinus sinensis*, *Rosa xanthina*, *Fraxinus chinensis*, *Populus tomentosa*, *Pinus bungeana*, *Ginkgo biloba*
H	*Diospyros kaki*, *Broussonetia papyrifera*, *Styphnolobium japonicum*, *Prunus cerasifera* "Atropurpurea", *Pinus tabuliformis*, *Pinus bungeana*
D	*Koelreuteria paniculata*, *Ligustrum lucidum*
G	*Ginkgo biloba*, *Hibiscus syriacus*, *Juniperus chinensis*, *Koelreuteria paniculata*, *Sorbaria sorbifolia*
F	*Styphnolobium japonicum*, *Platanus orientalis*, *Diospyros virginiana*, *Pinus bungeana*, *Cedrus deodara*, *Ginkgo biloba*, *Prunus cerasifera* "Atropurpurea"

使用 WatchDog B102 Temp/RH Button 温湿记录仪测量空气温度和相对湿度。为防止仪器受到雨水的影响，将其置于塑料盒下。表 4-8 给出了详细的设备参数。研究对温湿度进行连续 10 年（2013 ~ 2022 年）监测，监测频率为每 30 分钟一次。

表 4-8　WatchDog B102 Temp/RH Button 温湿记录仪的设备参数

传感器	参数
温度测量范围/℃	-20 ~ 85
温度测量精度/℃	±0.6（-15 ~ 65）
相对湿度测量范围/%	0 ~ 100
相对湿度测量精度/%	±5

物候季节的划分根据实际观测，分为春季（3 月 6 日 ~ 5 月 3 日）、夏季（5 月 4 日 ~ 9 月 27 日）、秋季（9 月 28 日 ~ 10 月 30 日）和冬季（10 月 31 日 ~ 3 月 5 日）（Zhong et al., 2012）。以北京地区日出日落时间为基准，将日间定义为 6：00 ~ 18：00，夜间为 18：00 ~ 6：00。

研究构建降温强度（CI）、降温效率（CE）、增湿强度（HI）和增湿效率（HE）四个指标来量化植被的气候调节能力。其中 CI 为不透水面与绿地的空气温度差值（ΔT），HI 为不透水面与绿地的空气相对湿度差值（ΔH）。CE 和 HE 分别表示单位温度下 CI 和 HI 的变化，即 $\Delta T/T$ 和 $\Delta H/T$。本章研究中的背景气候为不透水面的空气温度和相对湿度。运用线性拟合方法计算降温和增湿速率。温湿耦合阈值表示为 CE 和 HE 发生显著变化的背景温度点。同时采用分段线性回归确定降温和增湿阈值。

$$\mathrm{CI}=\Delta T=T^{\mathrm{Impervious}}-T^{\mathrm{Vegetation}}$$

$$HI = \Delta RH = RH^{Impervious} - RH^{Vegetation}$$
$$CE = \Delta T / T^{Background\ climate}$$
$$HE = \Delta RH / T^{Background\ climate}$$

式中，Impervious 代表不透水面，Vegetation 代表绿地，Background climate 代表背景气候。

4.3.2 温湿度的年变化和季节变化

监测点温湿度的年变化特征显示［图 4-11（a）］，2013 ~ 2022 年的温度和相对湿度较为稳定，年际变化较小。绿地的温度（VAT）始终低于不透水面的温度（IAT）。相比之下，绿地（VARH）的相对湿度高于不透水面（IARH），且在夏季尤为明显。

监测点温湿度的季节变化特征如图 4-11（b）和图 4-11（c）所示，全年气温先升高后降低，春、夏、秋、冬四季温度的中位数分别为 14.6℃、26.1℃、14.6℃和 2.0℃。夏季最高，冬季最低，年平均气温 12.9℃。相对湿度也呈现先升高后降低的特征，春、夏、秋、冬四季相对湿度中位数分别为 36.5%、55.8%、61.1%、42.4%。相对湿度秋季最高，春季最低，年平均相对湿度为 49.6%，其中不透水面为 48.3%，绿地为 50.5%。

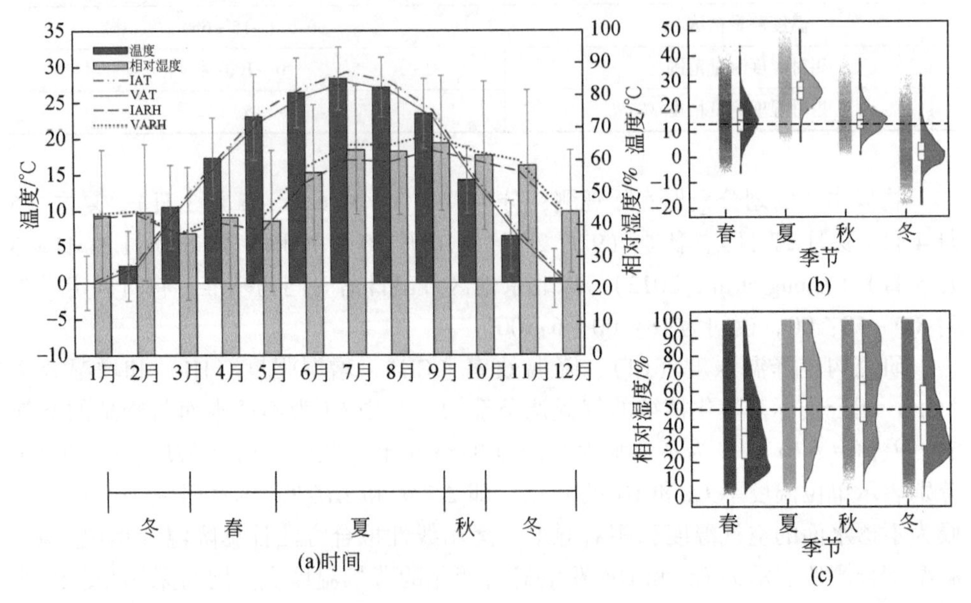

图 4-11 温度和湿度的变化趋势

注：黑色虚线表示 2013 ~ 2022 年温度和湿度的年平均值。

图 4-12 显示了特定时刻植被降温增湿效果的变化。日间和夜间（1.1℃和 0.4℃）的平均 CI 值差异较大。日间 CI 随温度升高而显著增加，而夜间 CI 变化相对较小。春、夏、秋、冬四季日均 CI 值（也是每日最大的 CI 值）分别为 1.8℃、3.2℃、2.2℃、1.0℃，表明植被 CI 值在夏季最高，秋季和春季次之，冬季最低。在日尺度上，夏季 CI 在 7：30～13：30 期间相对较高（>2℃），在中午达到峰值（3.2℃）。其他季节 CI 峰值时间和夏季略有差异，但基本在 11：30～12：30 达到最高峰。HI 与 CI 类似，在夜间没有显著的波动（<3.5%），日间 HI 平均值为 3.6%，夜间 HI 平均值为 2.1%。春、夏、秋、冬四季的 HI 最大值同时刻平均值分别为 4.3%、9.7%、7.3%、2.6%，说明绿地在夏季的 HI 最好，春秋季 HI 其次，冬季最差。在日尺度上，夏季 HI 的时间变化显示 8：00～12：00 的 HI 相对较高（>8%），在 9：30 达到最高峰（9.7%）。

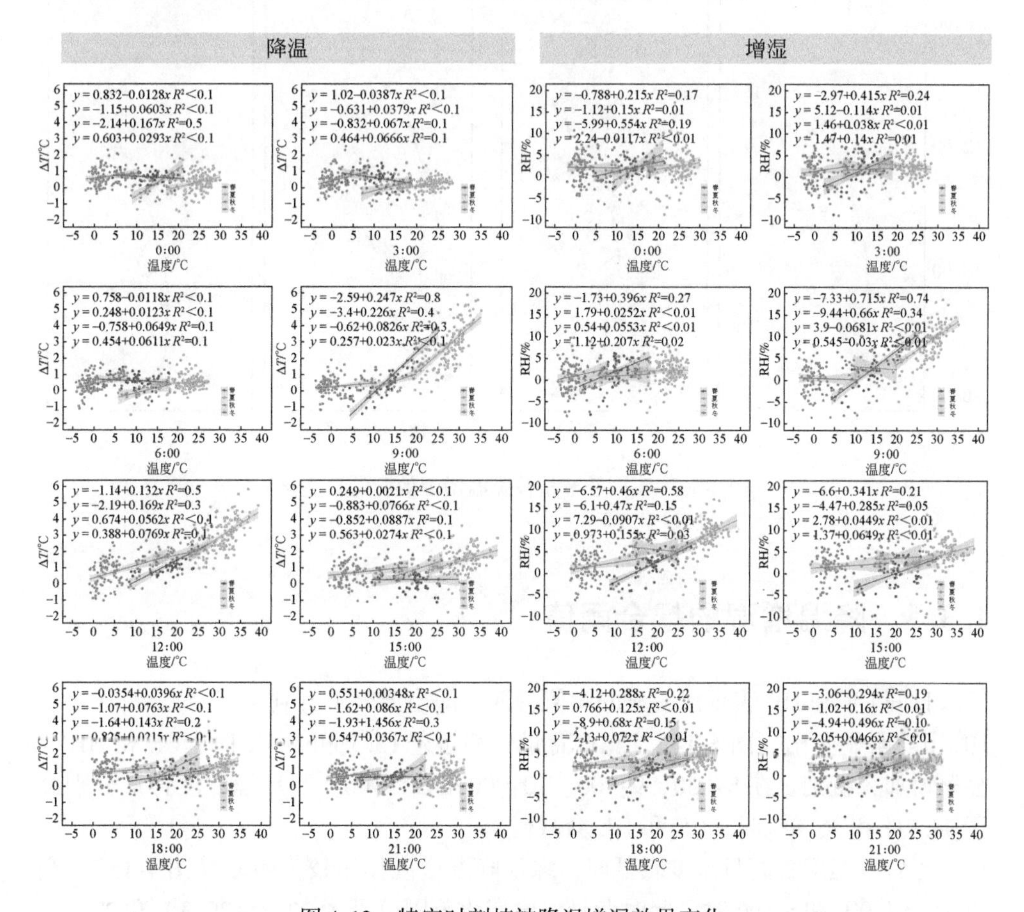

图 4-12　特定时刻植被降温增湿效果变化

不同季节植被降温增湿效应的日变化如图 4-13 所示。随着温度的升高，白天植被的 CE 和 HE 表现出明显的季节差异，而夜间变化不明显。春、夏、秋、冬四季白天的 CE 最大值分别为 0.24、0.25、0.17 和 0.10，HE 最大值分别为 0.72、0.80、0.69 和 0.23。春季和秋季的 CE 和 HE 在不同时段有所差别，春季 8：00 ~ 12：30 的 CE 和 5：00 ~ 14：00 的 HE 高于秋季。

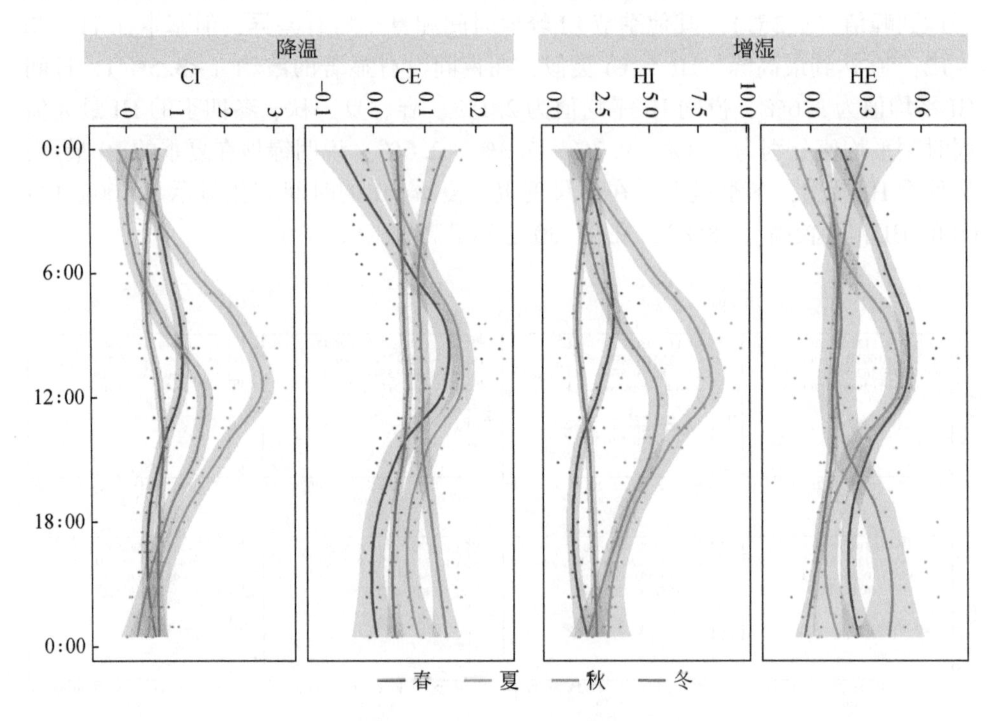

图 4-13　不同季节植被降温增湿效应的日变化

4.3.3　降温增湿的耦合阈值

日间 CE 和 HE 表现出明显的阈值特征。即当温度上升到某一个点时，CE 和 HE 出现明显变化（图 4-14）。温度背景分别超过 15.1 和 8.5℃时，CE 和 HE 会显著增加，特别是在 8：30、9：00、10：00 和 11：00。当环境湿度背景分别高于 34.7% 和 35.8% 时，CE 和 HE 会减弱。

当背景温度较高且湿度较低时，绿地降温增湿作用较为明显（图 4-15）。当 CI 大于 4.0℃和 5.0℃时，此时背景温度变化范围分别为 22.3 ~ 29.3℃和 27.1 ~ 38.9℃，背景湿度变化范围分别为 12.9% ~ 68.7% 和 15.0% ~ 58.2% 。当 HI 高于

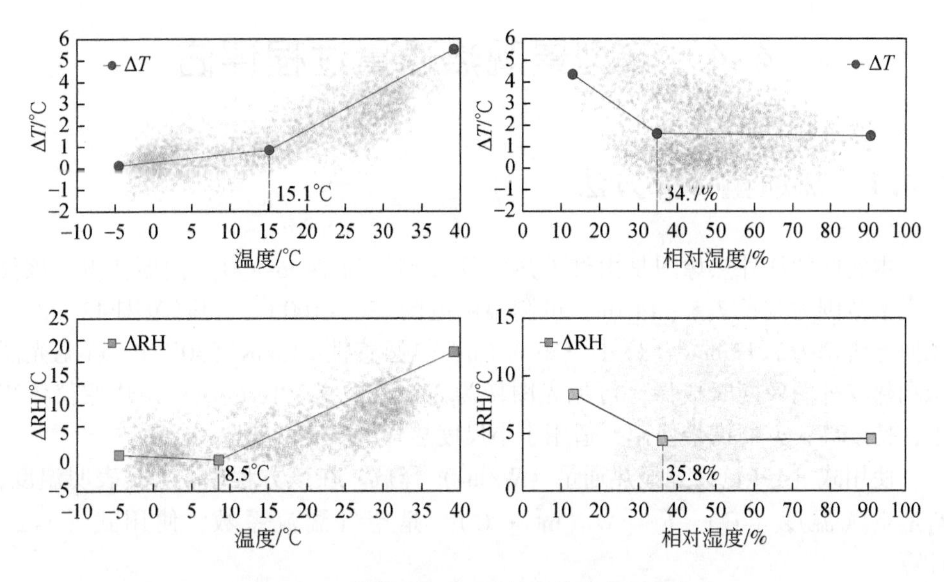

图 4-14 植被 CE 和 HE 的阈值温度和湿度

20%时，背景温度和湿度范围分别为 25. 2 ~ 33. 1℃和 37. 5%~68. 7%。

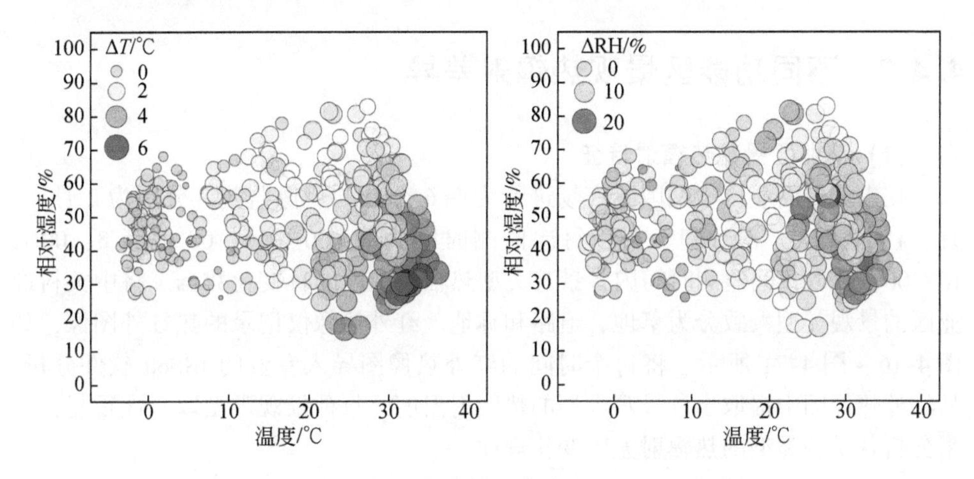

图 4-15 温度-湿度耦合效应的 CI 和 HI 阈值

4.4 典型景观热通量过程评估

4.4.1 热通量计算方法

本实验的红外热像图是由红外热像仪（型号为 Testo-890）拍摄获得，该仪器光谱范围为波长 7.5～14μm，可测温度范围−30～100℃，视野范围 42°×32°，几何分辨率为 1.13mrad，最小焦距 0.1m，热敏感性<40mK（30℃）。可见光图像和热红外图像同时成像，可见光图像为 310 万像素。Testo-890 型热像仪体积小，精度高，方便携带使用，适用于小尺度热辐射温度的获取。

使用式（4-1）计算显热通量（W/m^2）释放。在该方程中，T_s是表明温度，T_a是空气温度（℃），h_c［$W/(m^2 \cdot ℃)$］是空气湍流系数，使用式（4-2）计算。

$$H=h_c(T_s-T_a) \tag{4-1}$$

$$h_c=\begin{cases}5.6\times4.0, v<5\\7.2\times v^{0.78}, v\geqslant5\end{cases} \tag{4-2}$$

4.4.2 不同功能区景观热辐射差异

（1）商业区景观热辐射特征

在中关村商业区中钢国际广场进行为期 6 个月的热像监测，分别为 2 月、3 月、4 月、7 月、8 月和 9 月，每次监测时间为 8：00～16：00 或者 8：00～18：00，获取日间监测时间内各景观类型热辐射温度的日变化数据。将中关村商业区的景观类型大致分为草地、道路和林地。红外热像仪记录的热红外图像，如图 4-16～图 4-21 所示。将每个时间的红外热像图导入专业的 IRSoft 软件分析，从红外热像图中提取出各景观类型的热辐射温度，每种景观类型取 3 次重复，用来分析各景观类型的热辐射温度变化规律。

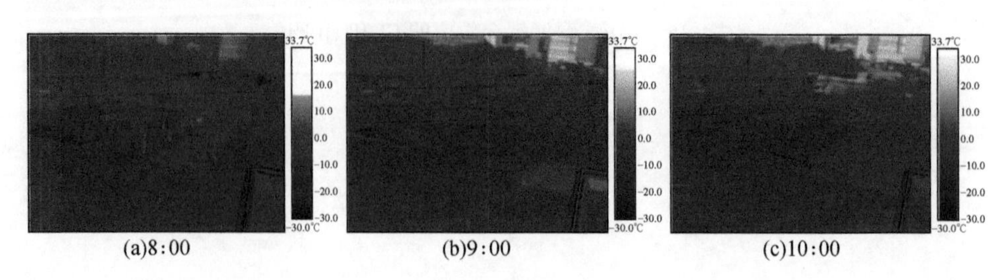

(a)8:00　(b)9:00　(c)10:00

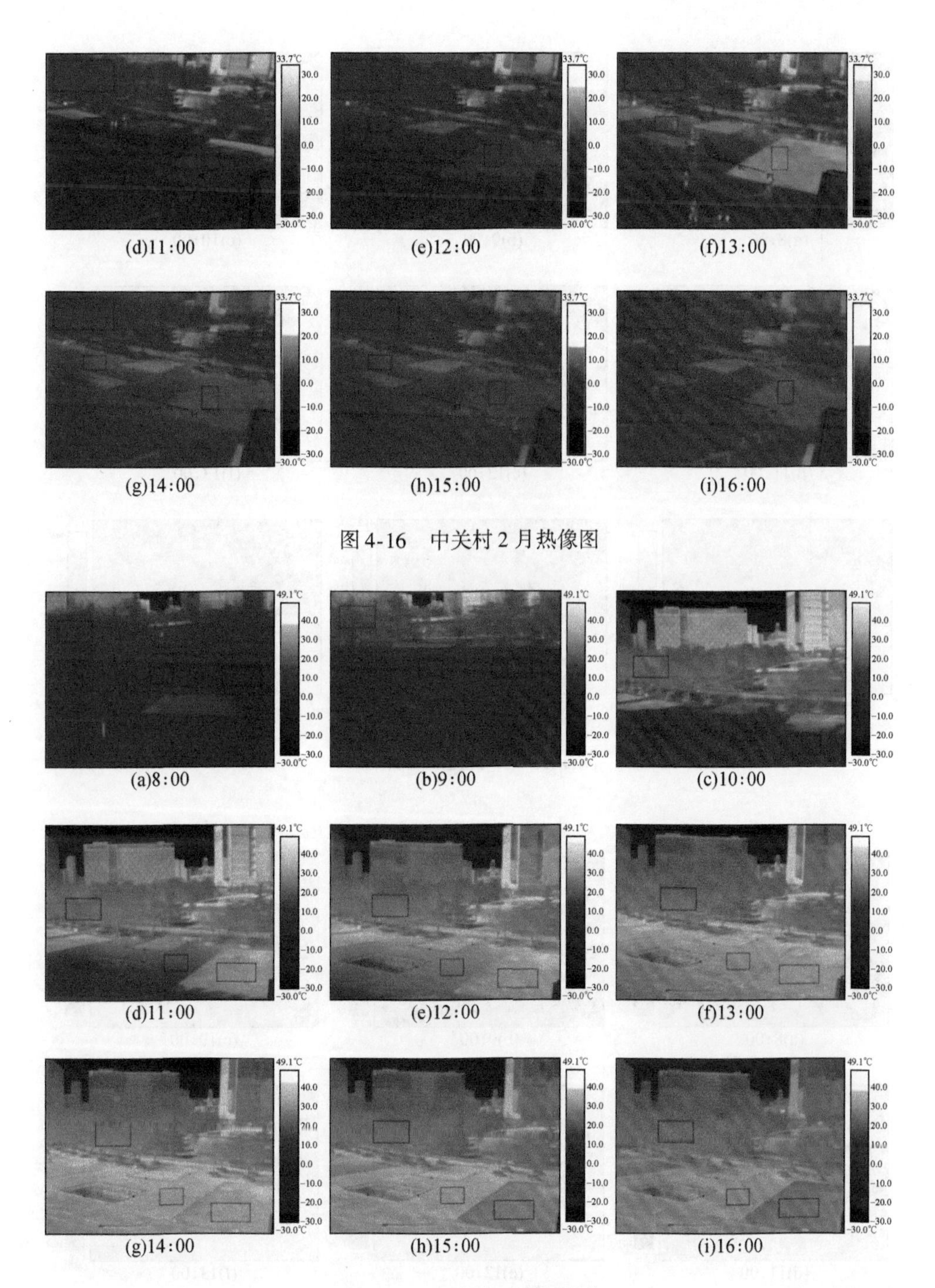

(d)11:00　(e)12:00　(f)13:00

(g)14:00　(h)15:00　(i)16:00

图 4-16　中关村 2 月热像图

(a)8:00　(b)9:00　(c)10:00

(d)11:00　(e)12:00　(f)13:00

(g)14:00　(h)15:00　(i)16:00

图 4-17　中关村 3 月热像图

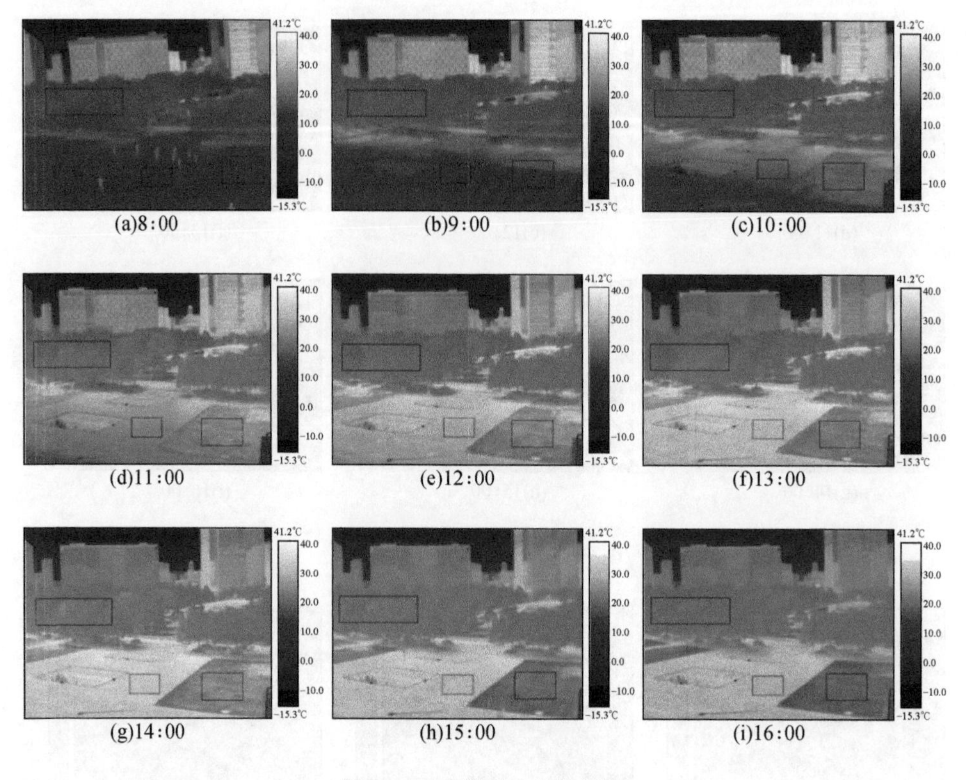

图 4-18　中关村 4 月热像图

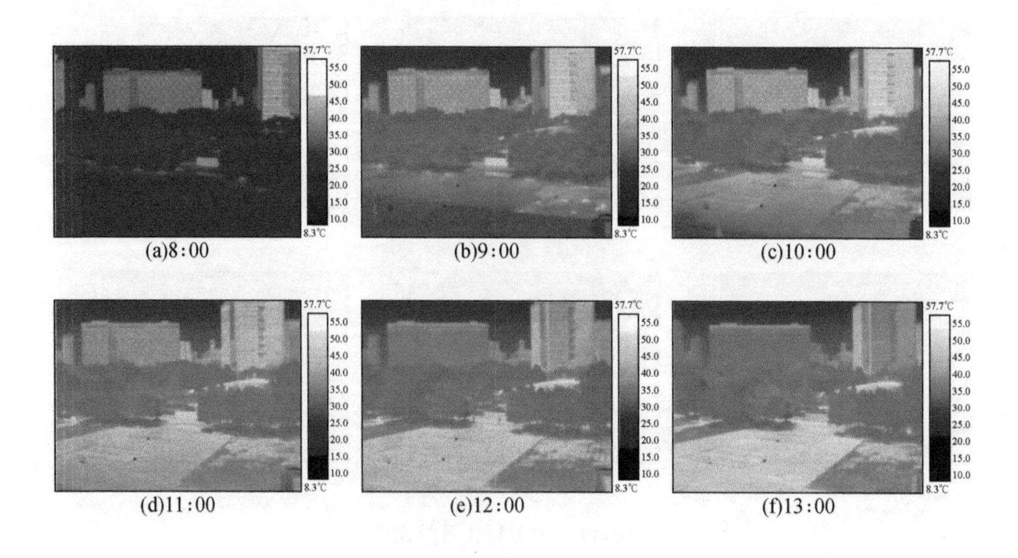

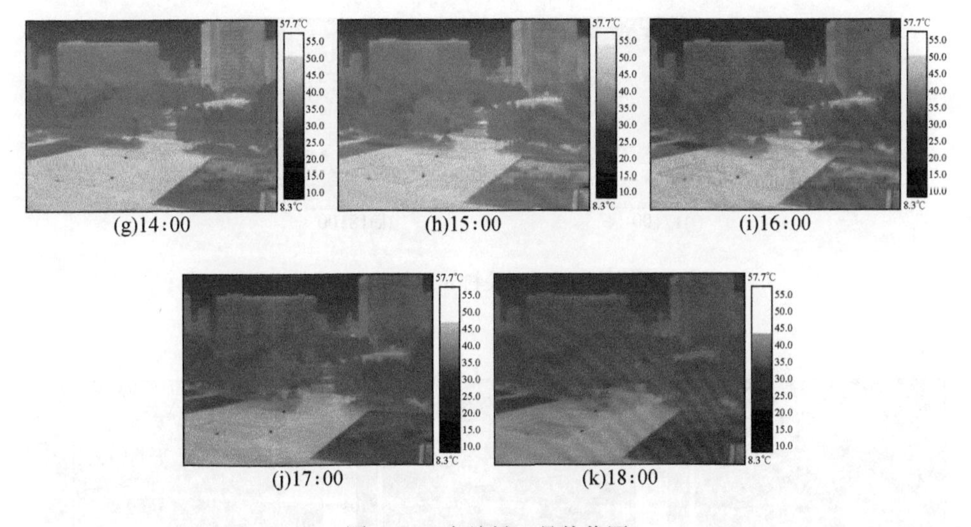

图 4-19　中关村 7 月热像图

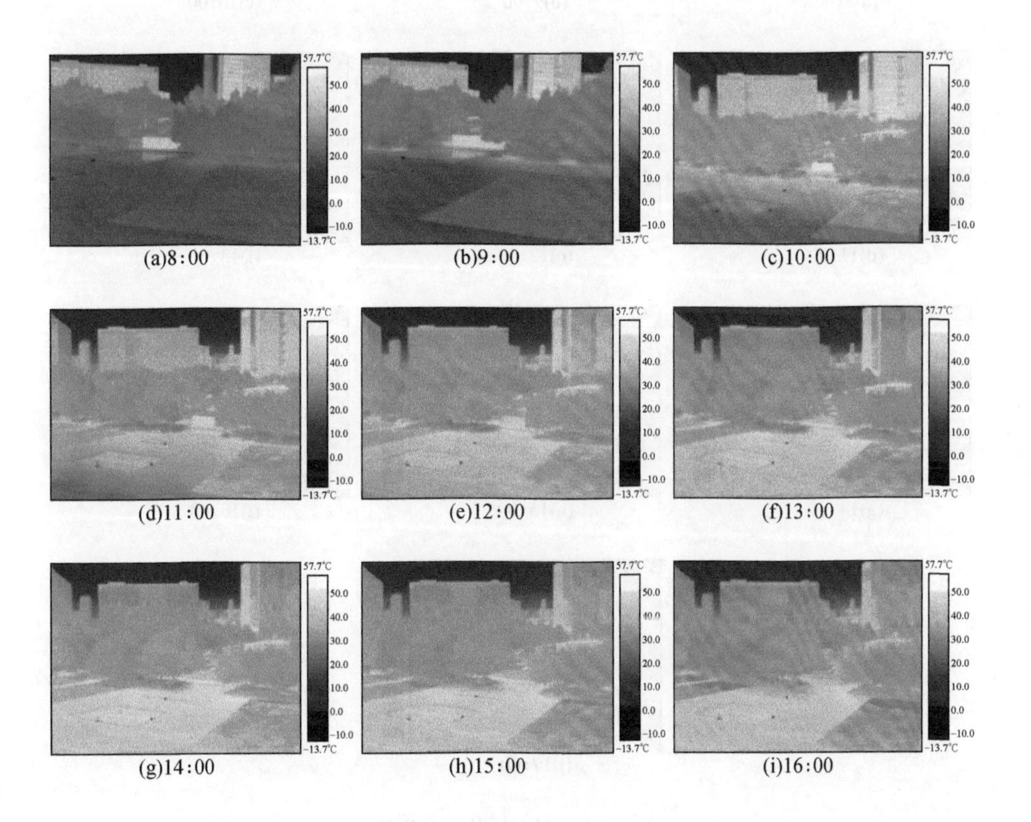

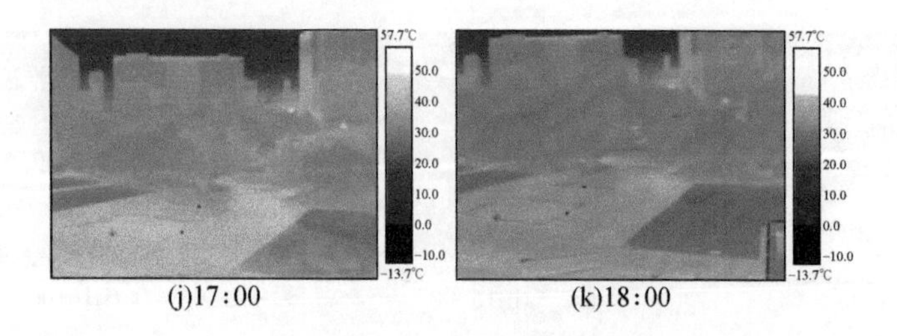

图 4-20　中关村 8 月热像图

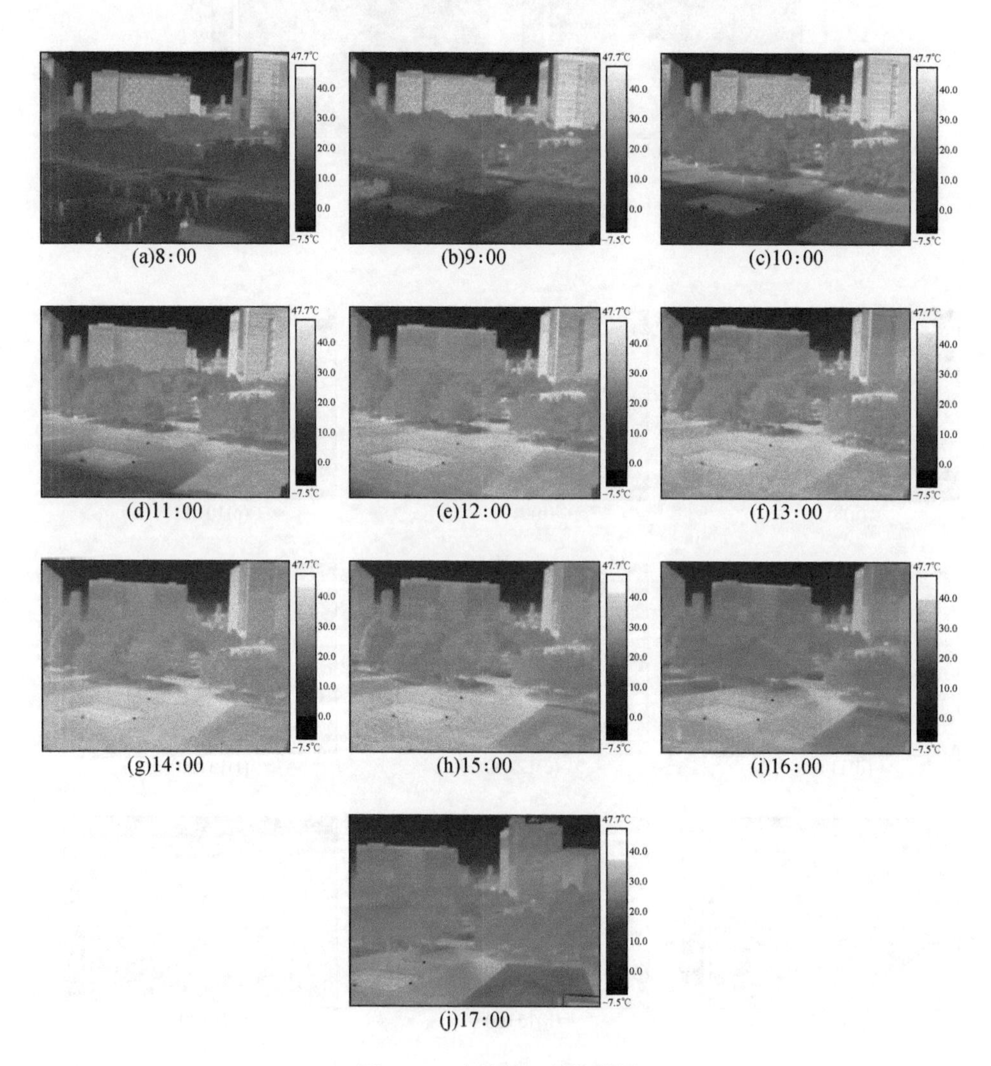

图 4-21　中关村 9 月热像图

图 4-22 和图 4-23 显示中关村商业区内道路、草地和林地热辐射温度的日均变化。2 月至 9 月中关村商业区内道路、草地和林地的热辐射温度均呈现出先上升，7 月达到最大值，之后开始呈现下降的变化趋势。

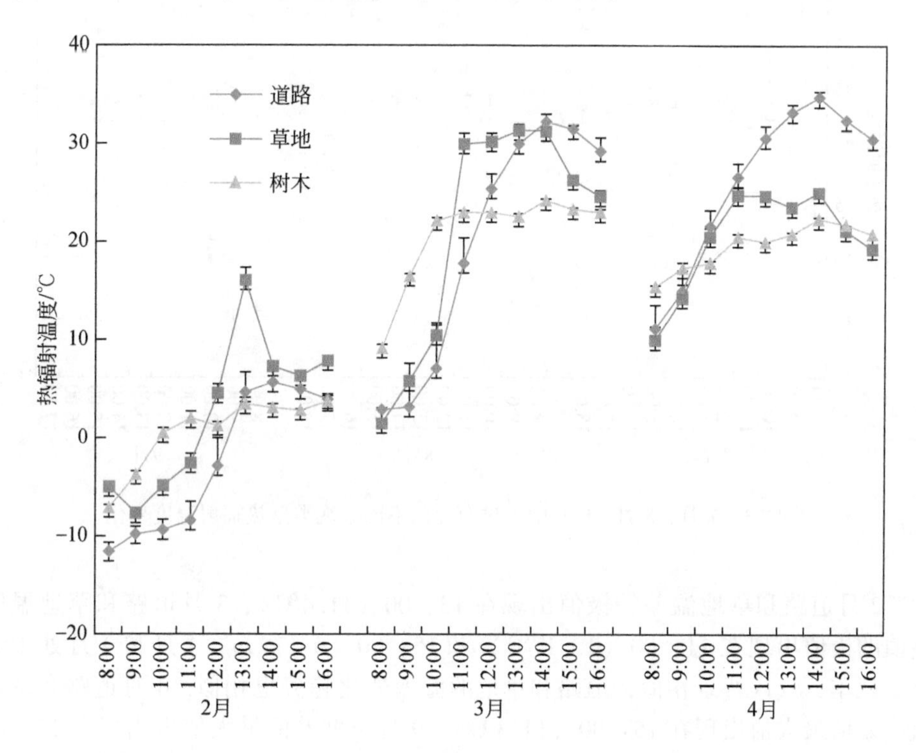

图 4-22　2 月、3 月、4 月中关村商业区不同景观类型热辐射温度变化

从图中可以看出，上午 8：00 ~ 11：00，2 月、3 月、8 月、9 月各景观类型的热辐射温度树木>草地>路面，4 月和 7 月道路和草地的热辐射温度相近。中午 12：00 以后，除去 2 月热辐射温度草地>路面>树木，其余月份均为路面>草地>树木，道路的热辐射温度大多在 14：00 达到一天中的最大值；草地的热辐射温度也多在 13：00 ~ 14：00 达到最大；树木热辐射温度日间变化幅度较道路和草地小，同样在 14：00 左右达到最大值，此时也是各景观类型之间热辐射温度差异最大的时候。

图 4-24 显示了中关村道路和草地、道路和树木的热辐射温度差值的日间变化。道路和草地的热辐射温度差值在不同月份之间存在差别，2 月和 3 月的变化趋势较一致，4 月和 9 月变化趋势一致，7 月和 8 月变化趋势一致，这与监测时的季节有关。2 月和 3 月气温低，道路的热辐射温度低，草地基本处于干枯状态，从而影响了草地的热辐射温度变化，导致道路和草地热辐射温度差的变化波

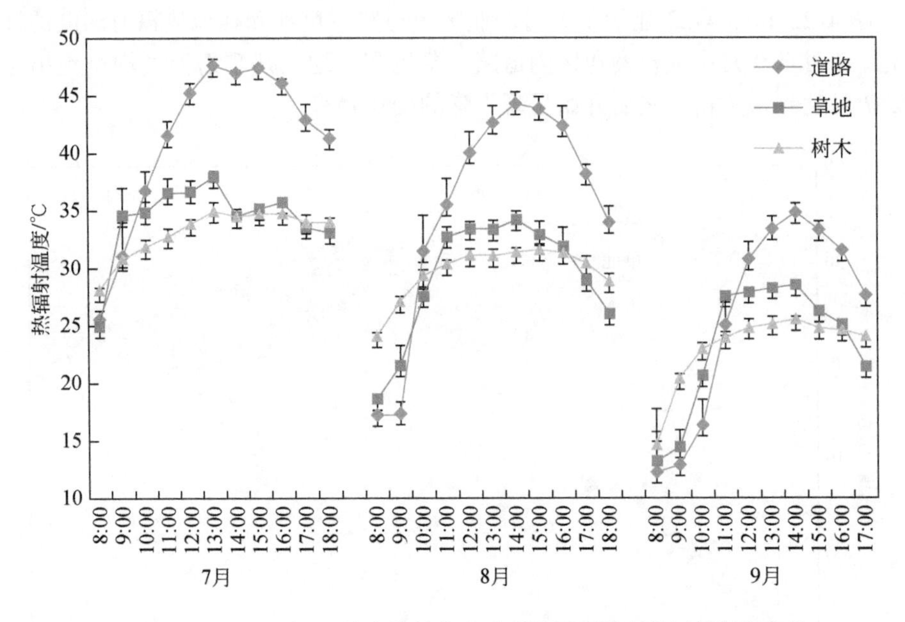

图 4-23　7 月、8 月、9 月中关村商业区不同景观类型热辐射温度变化

动。2 月道路和草地温差的极值出现在 13：00（11.4℃），3 月道路和草地温度差值的极值出现在 11：00（12.17℃）和 15：00（5.17℃）。4 月和 9 月处于春季和秋季，气候背景相似，道路和草地的温差变化趋势也相似，4 月道路和草地温度差值最大值出现在 15：00（11.3℃），9 月温度差值最大值也出现在 15：00（7.07℃）。7 月和 8 月北京处于夏季，空气温度也处于全年最高的水平，早上 8 点道路和草地的热辐射温度相差不大，8：00～9：00 时间段道路的热辐射温度低于草地，9 点以后道路的温度增加得比草地快，热辐射温度差值也逐渐增大，7 月温差最大值出现在 14：00（12.47℃），8 月温差最大值出现在 15：00（10.93℃）。

道路和树木的热辐射温度差值变化趋势一致，差值变化稳定，上午热辐射温度差值先下降然后开始上升，2 月道路和树木的热辐射温度差值最大值出现在 11：00（10.43℃），3 月道路和树木的温差最大值出现在 10：00（15.07℃），4 月温差最大值出现在 15：00（11.23℃），7 月温差最大值出现在 14：00（12.47℃），8 月温差最大值出现在 15：00（10.93℃），9 月温差最大值是出现在 15：00（7.07℃）。道路和草地、道路和树木热辐射温度差值在 7 月和 3 月出现最大值。

（2）文教区景观热辐射特征

在中国科学院生态环境研究中心进行为期 5 个月的热像监测，分别为 3 月、

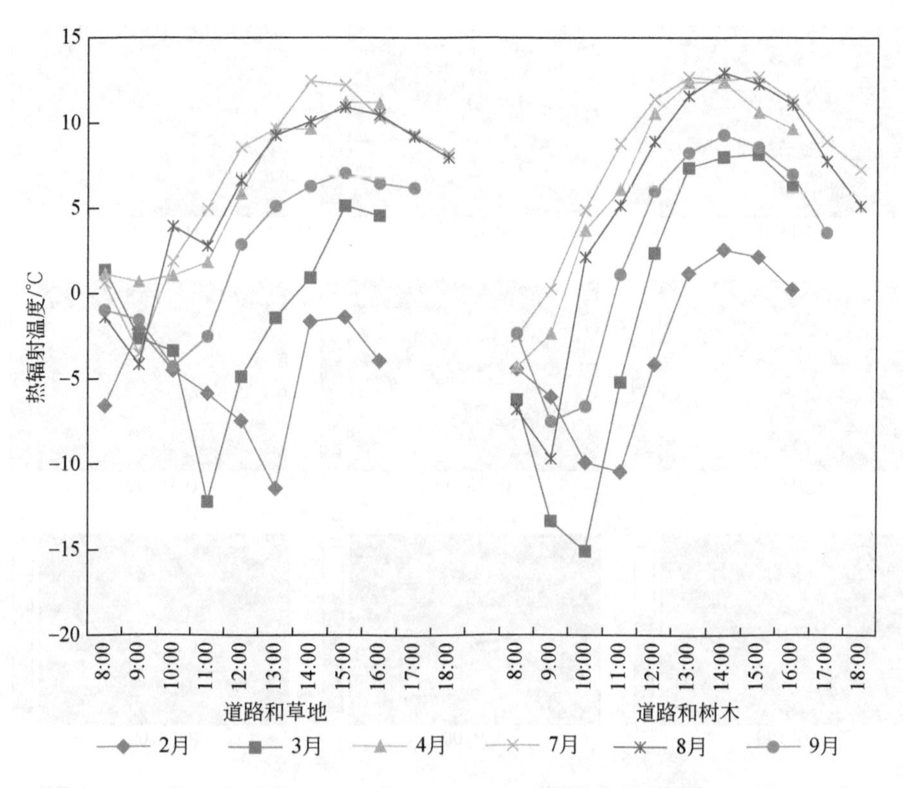

图 4-24　中关村道路和草地、道路和树木热辐射温度差值变化

4 月、7 月、8 月和 9 月，每次监测时间为 8：00 ~ 16：00 或 8：00 ~ 18：00，获取日间监测时间内各景观类型热辐射温度的日变化数据。将中国科学院生态环境研究中心的景观类型大致分为草地、道路、林地和墙面。红外热像仪得到热红外图像，如图 4-25 ~ 图 4-29 所示。将每个时间的红外热像图导入专业的 IRSoft 软件分析，从红外热像图中提取出各景观类型的热辐射温度，每种景观类型取 3 次重复，分析各景观类型的热辐射温度变化规律。

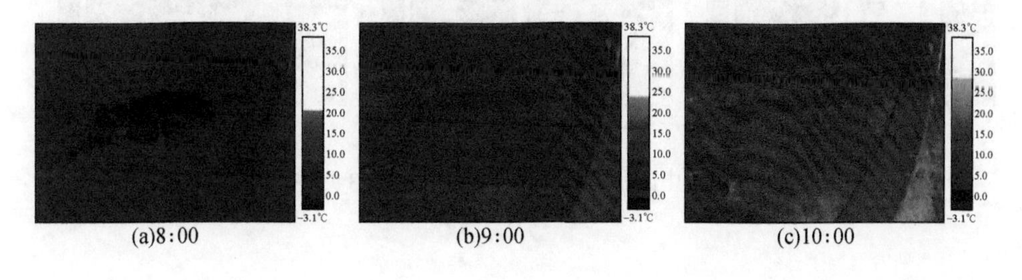

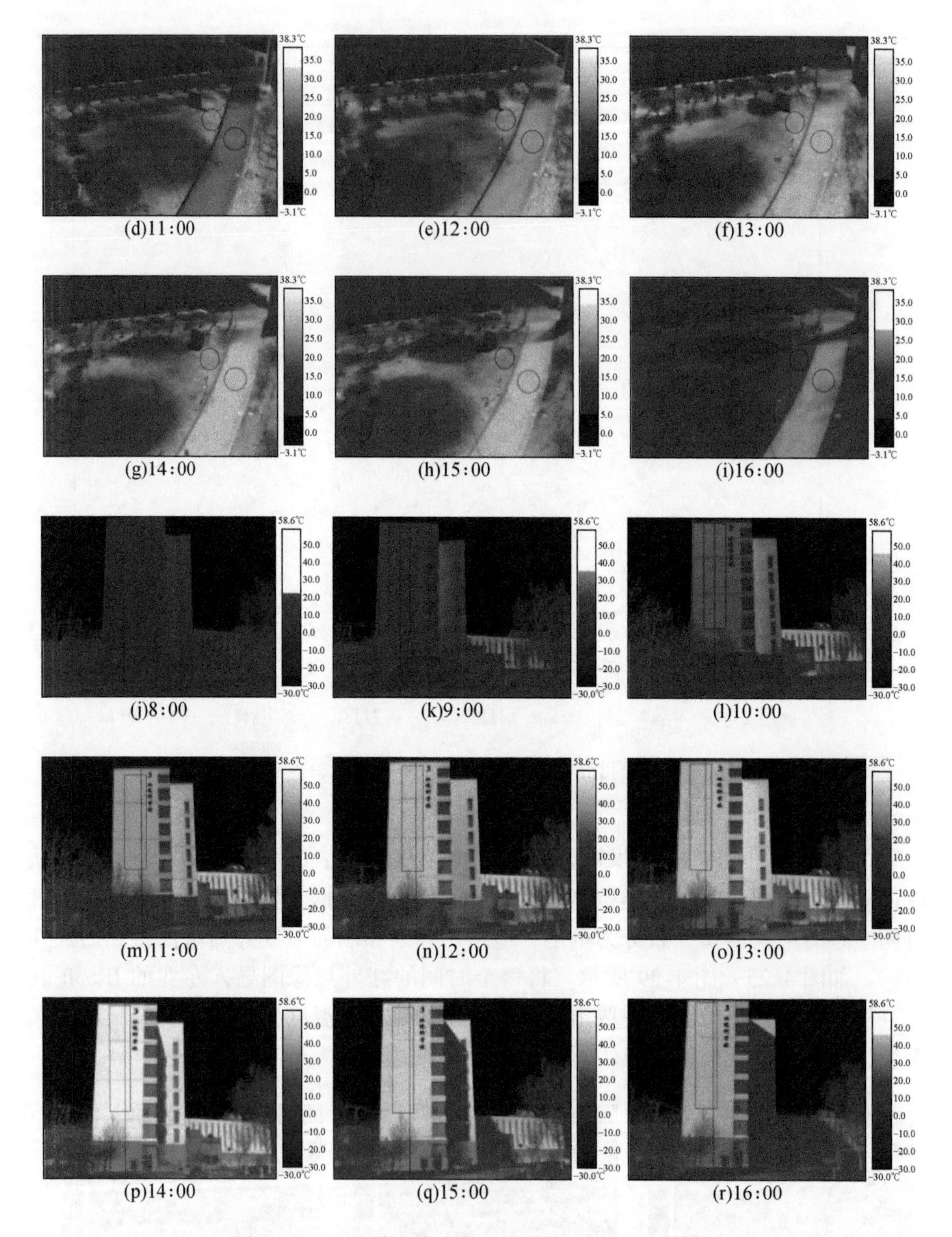

(d)11:00 (e)12:00 (f)13:00

(g)14:00 (h)15:00 (i)16:00

(j)8:00 (k)9:00 (l)10:00

(m)11:00 (n)12:00 (o)13:00

(p)14:00 (q)15:00 (r)16:00

图 4-25 中国科学院生态环境研究中心 3 月热像图

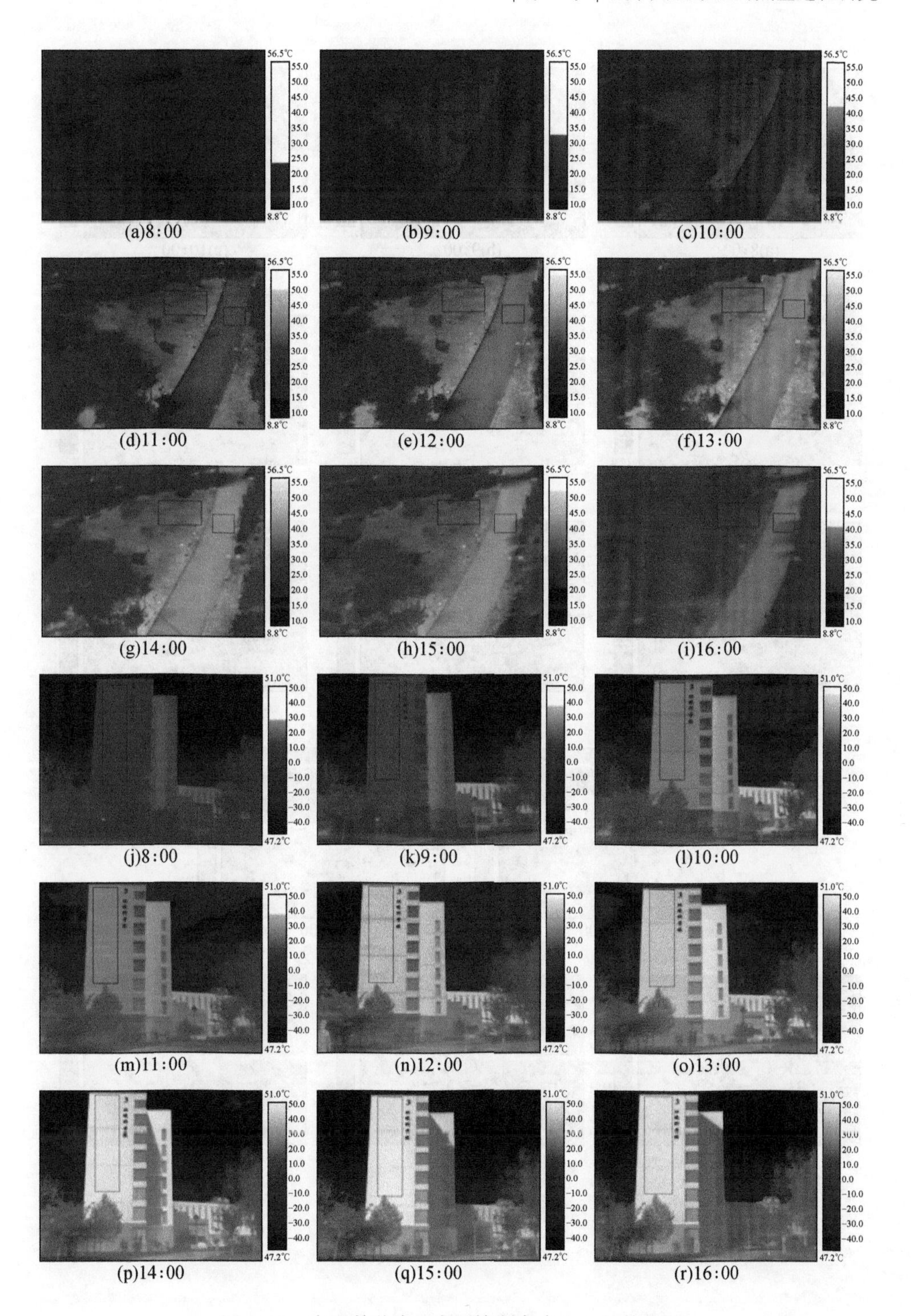

图 4-26　中国科学院生态环境研究中心 4 月热像图

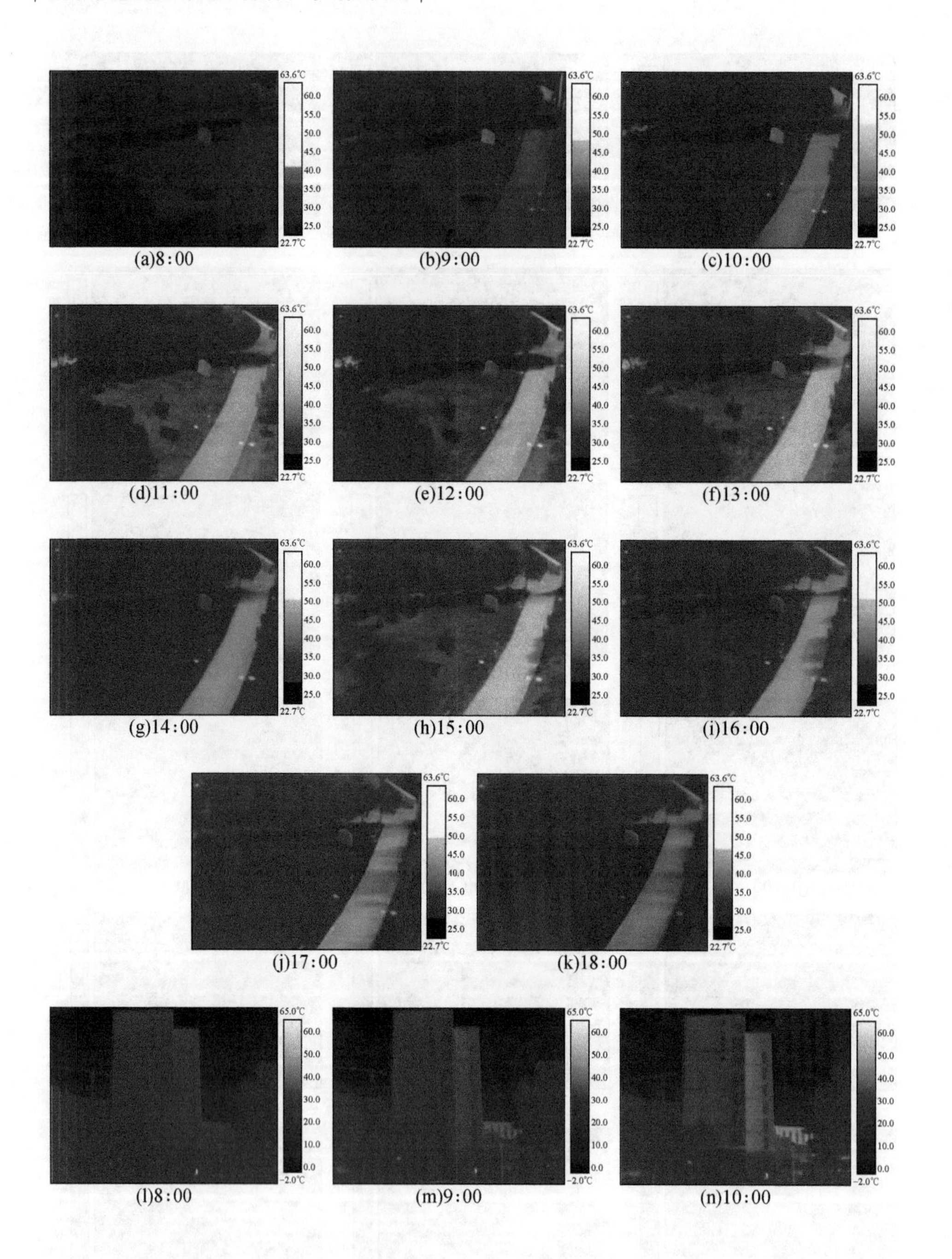

(a)8:00 (b)9:00 (c)10:00
(d)11:00 (e)12:00 (f)13:00
(g)14:00 (h)15:00 (i)16:00
(j)17:00 (k)18:00
(l)8:00 (m)9:00 (n)10:00

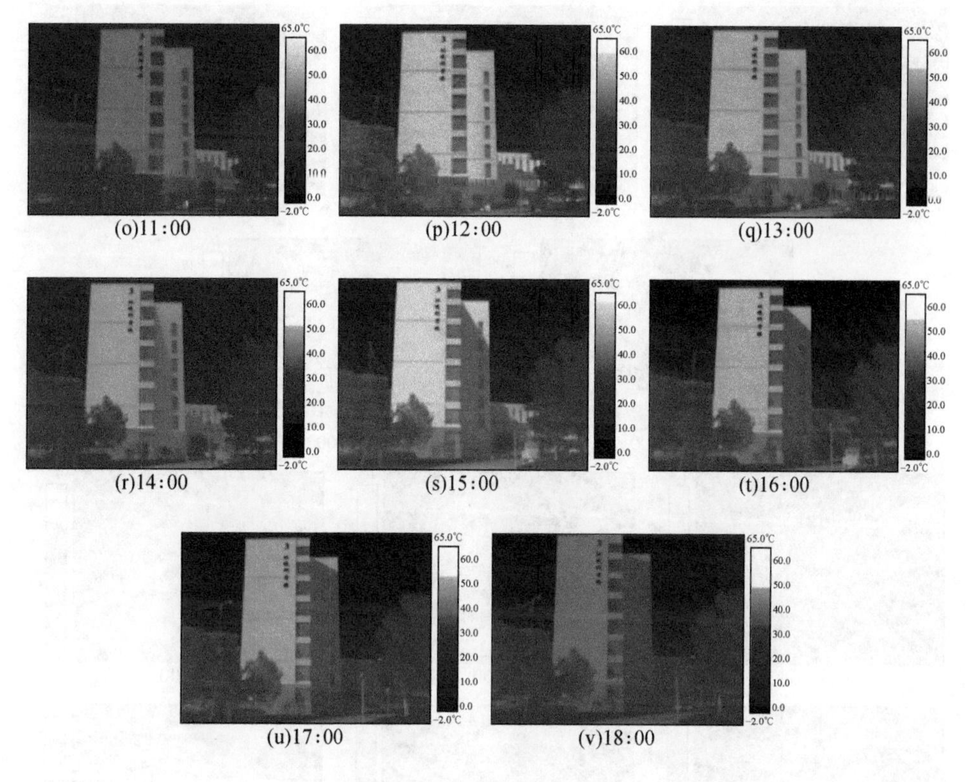

图 4-27　中国科学院生态环境研究中心 7 月热像图

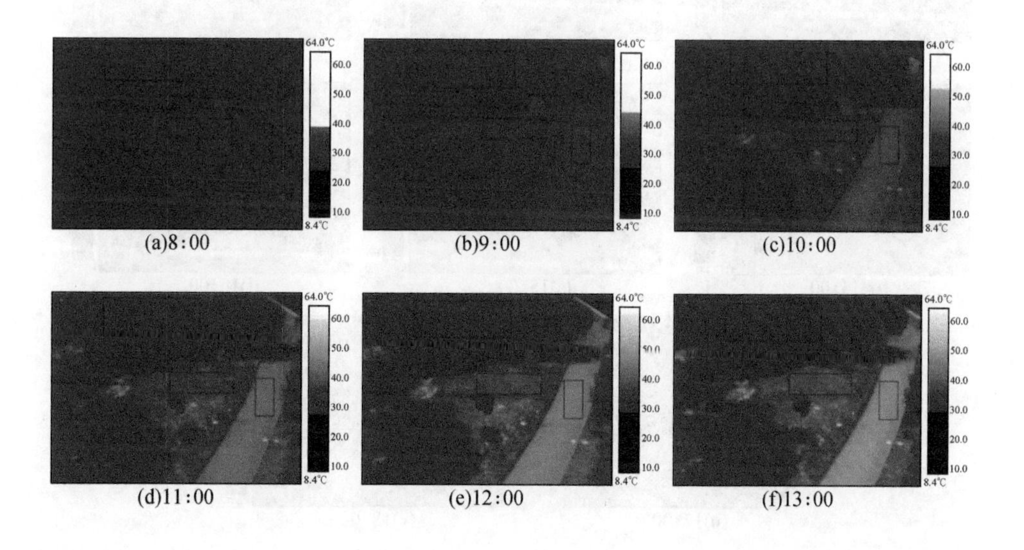

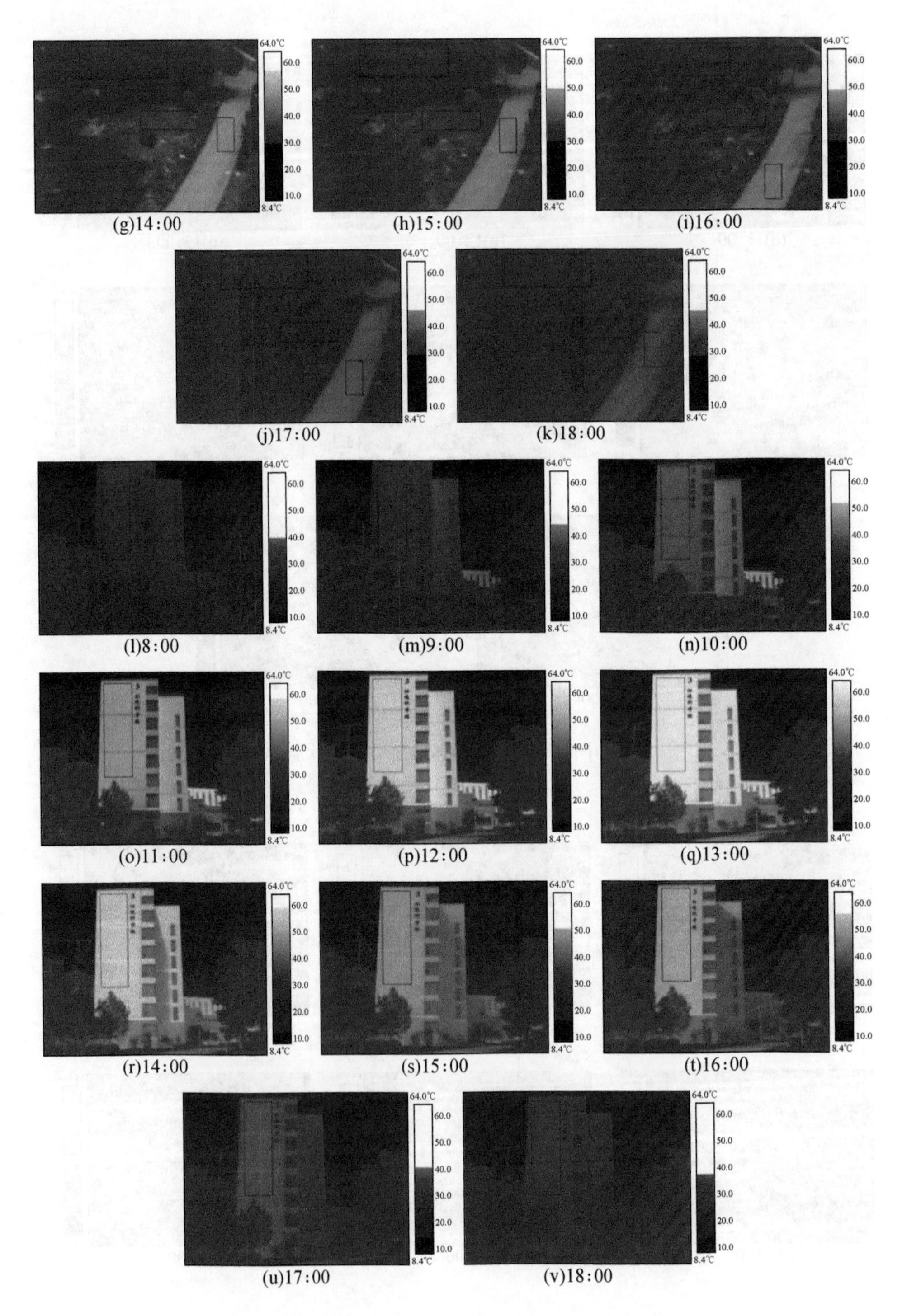

图 4-28　中国科学院生态环境研究中心 8 月热像图

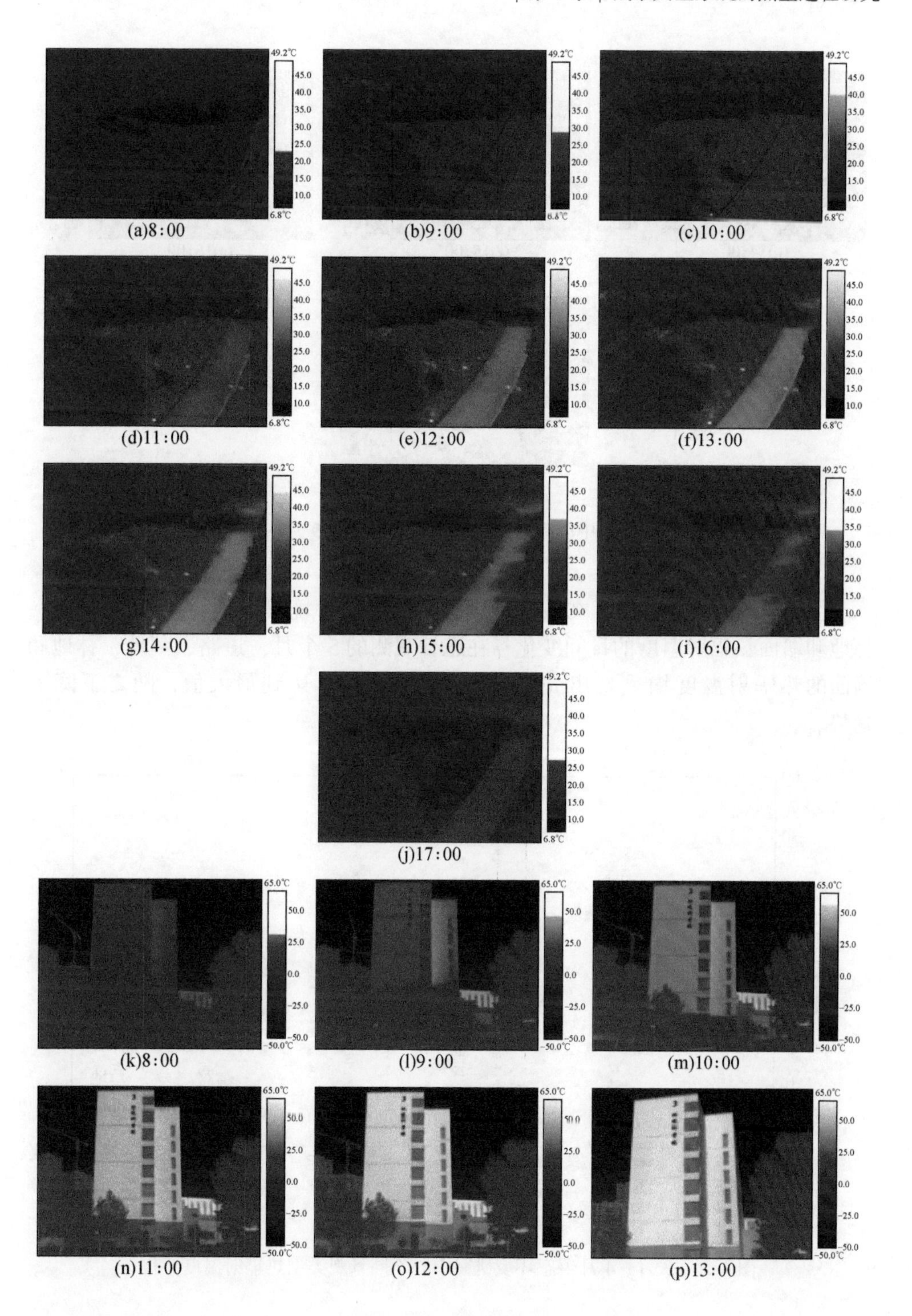

(a)8:00 (b)9:00 (c)10:00 (d)11:00 (e)12:00 (f)13:00 (g)14:00 (h)15:00 (i)16:00 (j)17:00 (k)8:00 (l)9:00 (m)10:00 (n)11:00 (o)12:00 (p)13:00

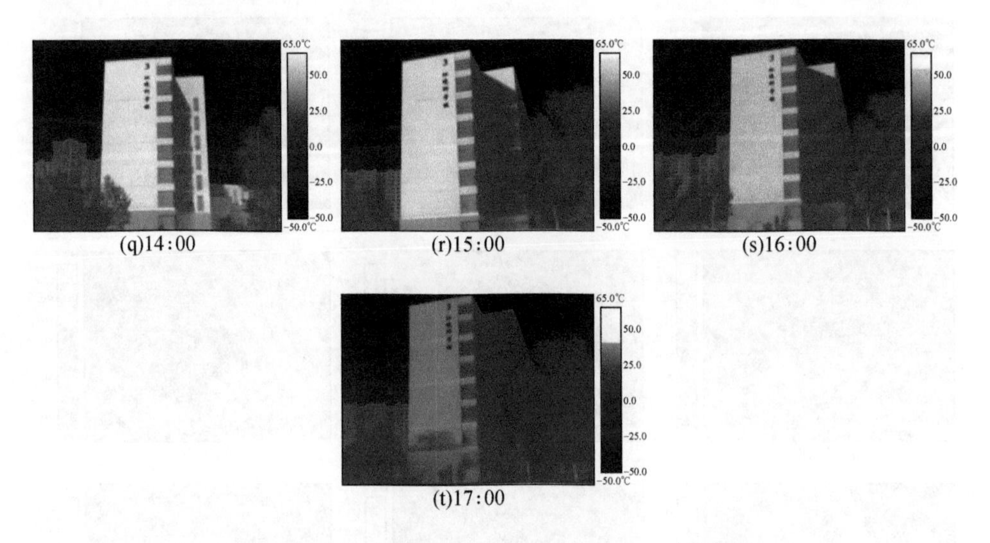

图 4-29　中国科学院生态环境研究中心 9 月热像图

图 4-30 和图 4-31 显示文教区中国科学院生态环境研究中心内道路、草地、林地和墙面热辐射温度的日间变化。在进行观测的 5 个月，道路、草地、林地和墙面的热辐射温度均呈现出先上升，在 7 月、8 月达到最大值，随之下降的趋势。

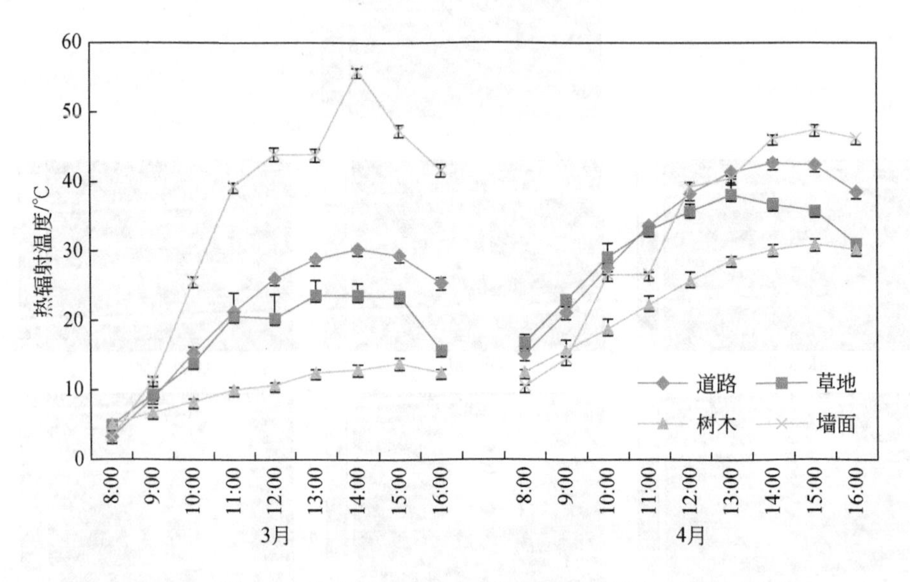

图 4-30　3 月、4 月生态环境研究中心不同景观类型热辐射温度变化

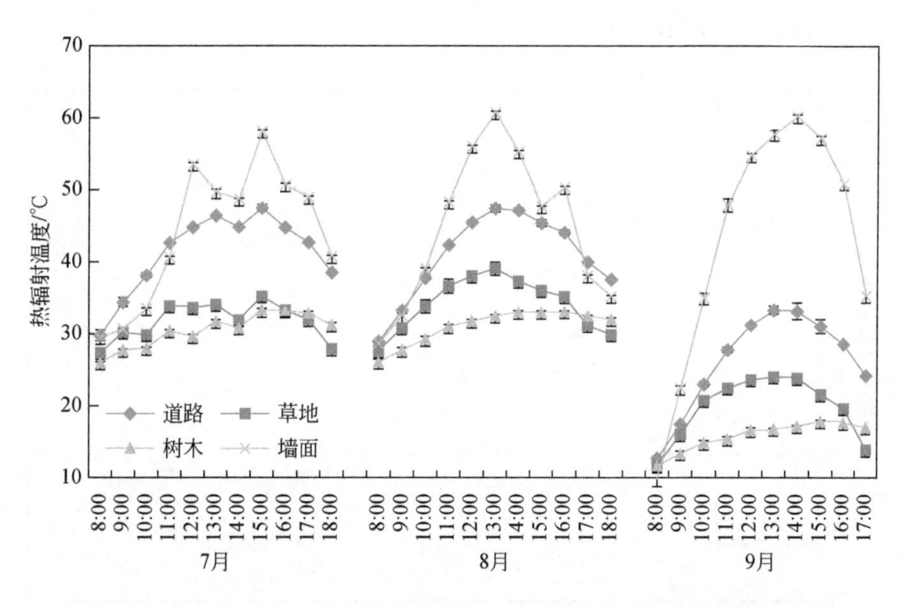

图 4-31　7 月、8 月、9 月生态环境研究中心不同景观类型热辐射温度变化

由图 4-26 和图 4-27 可以看出，上午 8：00～11：00，3 月、7 月、8 月、9 月各景观类型的热辐射温度墙面>道路>草地>树木，其中 7 月道路和草地的热辐射温度值相近，4 月墙面温度变低，低于草地和道路，7 月墙面的热辐射温度低于道路。12：00 之后，除 4 月道路、草地和墙面的热辐射温度差异较小外，其余月份均呈现出墙面>路面>草地>树木的特征，墙面的热辐射温度在 14：00～15：00达到一天中的最大值，道路的热辐射温度基本均在 13：00～14：00 达到一天中的最大值，草地的热辐射温度同样在 13：00 或 14：00 达到一天中的最大值，树木热辐射温度一天的变化幅度小于墙面、道路和草地，多在 15：00～16：00达到最大值，此时各景观类型之间热辐射温度差异最大。墙面的热辐射温度变化范围最大。

图 4-32 显示中国科学院生态环境研究中心道路和草地、道路和树木、墙面和道路、墙面和草地、墙面和树木之间的热辐射温度差值的变化。道路和草地的热辐射温度差值变化趋势相同，温差程度存在差别，3 月和 4 月相近，8 月和 9 月相近，7 月差值最大。3 月和 4 月温差整体上呈现上升趋势，3 月在 16：00 出现最大的差值 9. 67℃，4 月同样在 16：00 达到温差最大值 7. 5℃；7 月道路和草地的热辐射温度差值呈现出先升后降的趋势，在 14：00 达到最大差值 12. 9℃；8 月道路和草地的热辐射温度差值也呈现先上升后下降的趋势，在 14：00 达到最大差值 9. 8℃；9 月道路和草地的热辐射温度的差值整体表现上升的趋势，并在

16：00 达到最大差值 10.27℃。

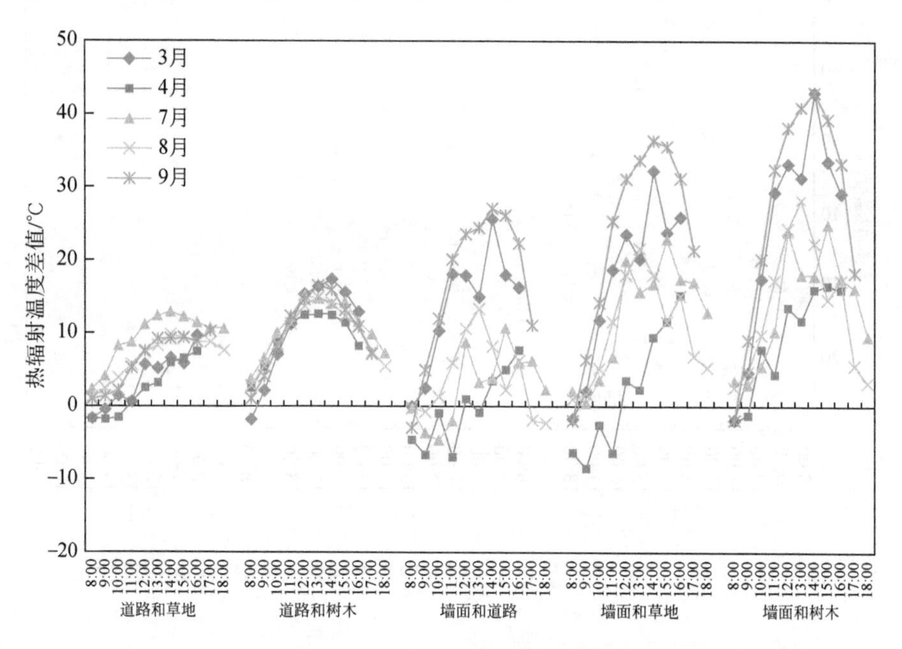

图 4-32　生态环境研究中心不同景观类型热辐射温度差值变化

各月份道路和树木的热辐射温度差值变化趋势一致，都呈现先升后降的趋势，说明道路和树木的热辐射温度差值保持稳定。3 月道路和树木的热辐射温度差值最大值是 14：00 的 17.37℃；4 月道路和树木的热辐射温度差值最大值出现在 13：00（12.67℃）；7 月道路和树木的热辐射温度差值最大值出现在 12：00（15.2℃）；8 月道路和树木的热辐射温度最大差值出现在 13：00（14.93℃）；9 月道路和树木的热辐射温度最大差值出现在 13：00（16.5℃）。

墙面和道路、墙面和草地、墙面和树木各月份之间的热辐射温度差值变化趋势相同。3 月墙面和道路、墙面和草地、墙面和树木都表现双波峰的变化趋势，墙面和道路的最大温差出现在 14：00（25.63℃），墙面和草地的最大温差出现在 14：00（32.27℃），墙面和树木的最大温差出现在 14：00（43℃）；4 月墙面和道路、墙面和草地、墙面和树木都表现出波动上升的趋势，墙面和道路的最大温差出现在 16：00（7.73℃），墙面和草地的最大温差出现在 16：00（15.23℃），墙面和树木的最大温差出现在 14：00（43.03℃）；7 月墙面和道路、墙面和草地、墙面和树木热辐射温度差值变化趋势与 3 月相似，出现两个波峰，墙面和道路的最大温差出现在 15：00（10.7℃），墙面和草地的最大温差出现在 15：00（22.93℃），墙面和树木的最大温差出现在 15：00（24.93℃）；8

月墙面和道路、墙面和草地、墙面和树木热辐射温度差值呈现先升后降，然后小幅度上升再下降的变化趋势，墙面和道路的最大温差出现在 13：00（13.37℃），墙面和草地的最大温差出现在 13：00（21.67℃），墙面和树木的最大温差出现在 13：00（28.3℃）；9 月墙面和道路、墙面和草地、墙面和树木热辐射温度差值先上升再下降呈现单峰变化，墙面和道路的最大温差出现在 14：00（27.1℃），墙面和草地的最大温差出现在 14：00（36.37℃），墙面和树木的最大温差出现在 14：00（43.03℃）。

（3）公园区景观热辐射特征

在奥林匹克森林公园进行为期 5 个月的热像监测，分别为 3 月、4 月、7 月、8 月和 9 月，每次监测时间为 8：00 ~ 16：00 或者 8：00 ~ 18：00，获取日间监测时间内各景观类型热辐射温度的日变化数据。将奥林匹克森林公园的景观类型分为草地、道路、水体三类。红外热像仪记录的热红外图像，如图 4-33 ~ 图 4-37 所示。将每个时间的红外热像图导入专业的 IRSoft 软件分析，从红外热像图中提取出各景观类型的热辐射温度，每种景观类型取 3 次重复，分析各景观类型的热辐射温度变化规律。

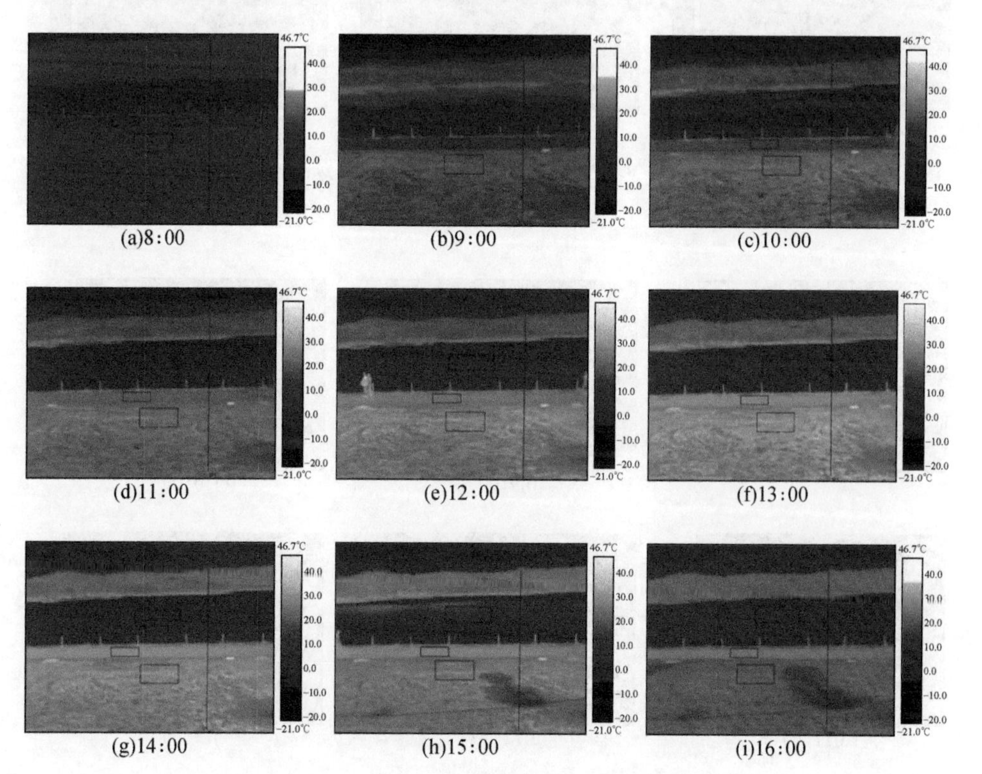

图 4-33　奥林匹克森林公园 3 月热像图

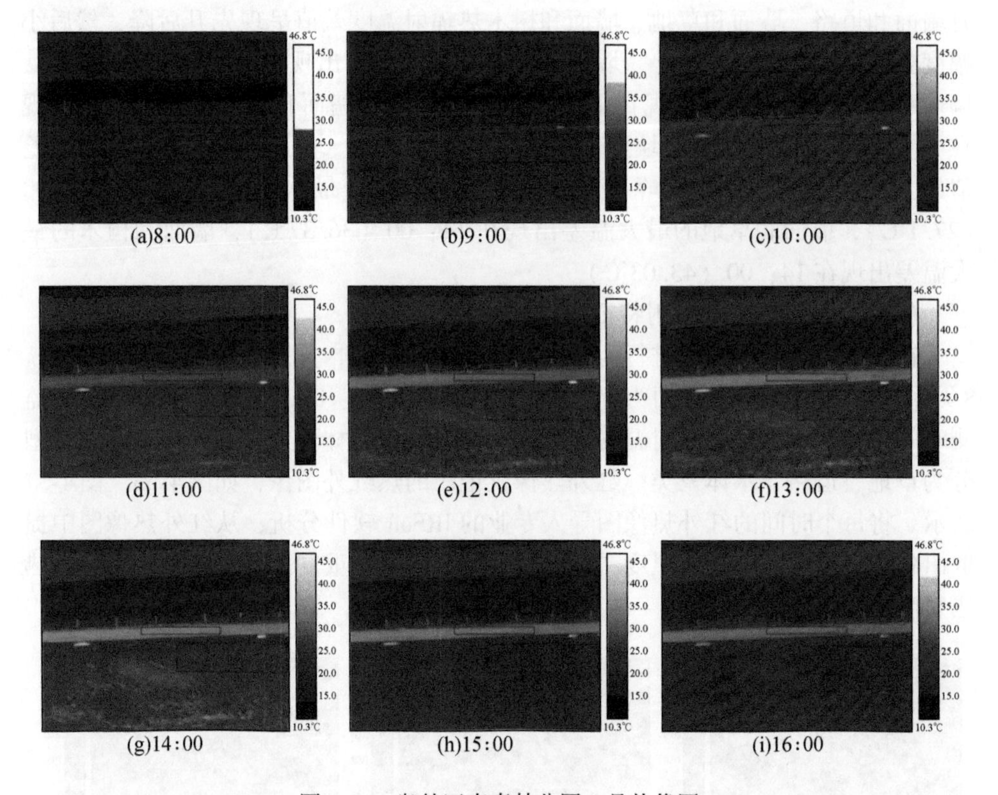

(a)8:00 (b)9:00 (c)10:00

(d)11:00 (e)12:00 (f)13:00

(g)14:00 (h)15:00 (i)16:00

图 4-34　奥林匹克森林公园 4 月热像图

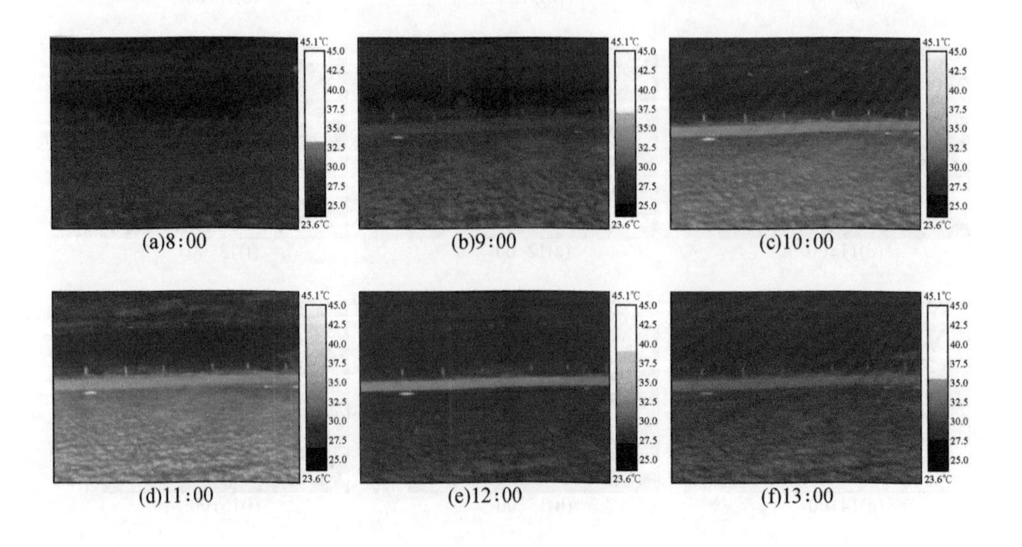

(a)8:00 (b)9:00 (c)10:00

(d)11:00 (e)12:00 (f)13:00

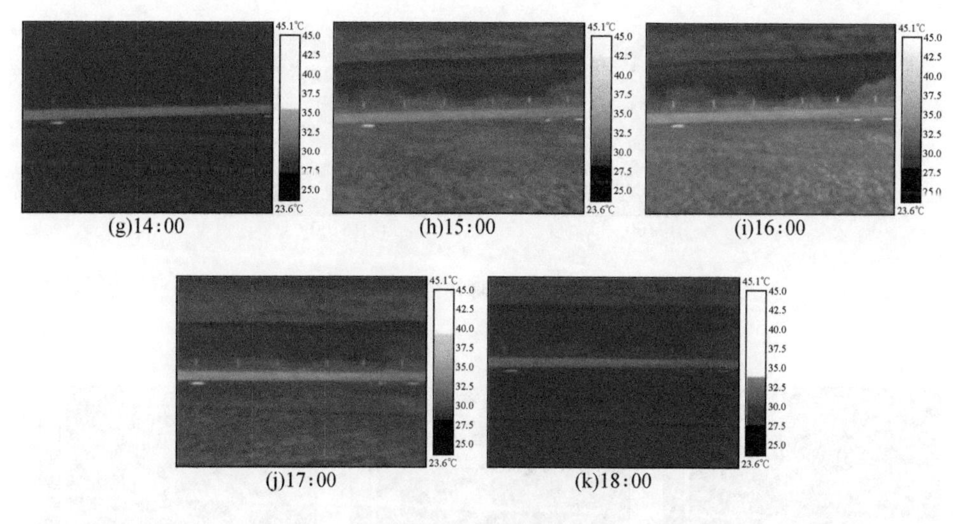

(g)14:00 (h)15:00 (i)16:00

(j)17:00 (k)18:00

图 4-35 奥林匹克森林公园 7 月热像图

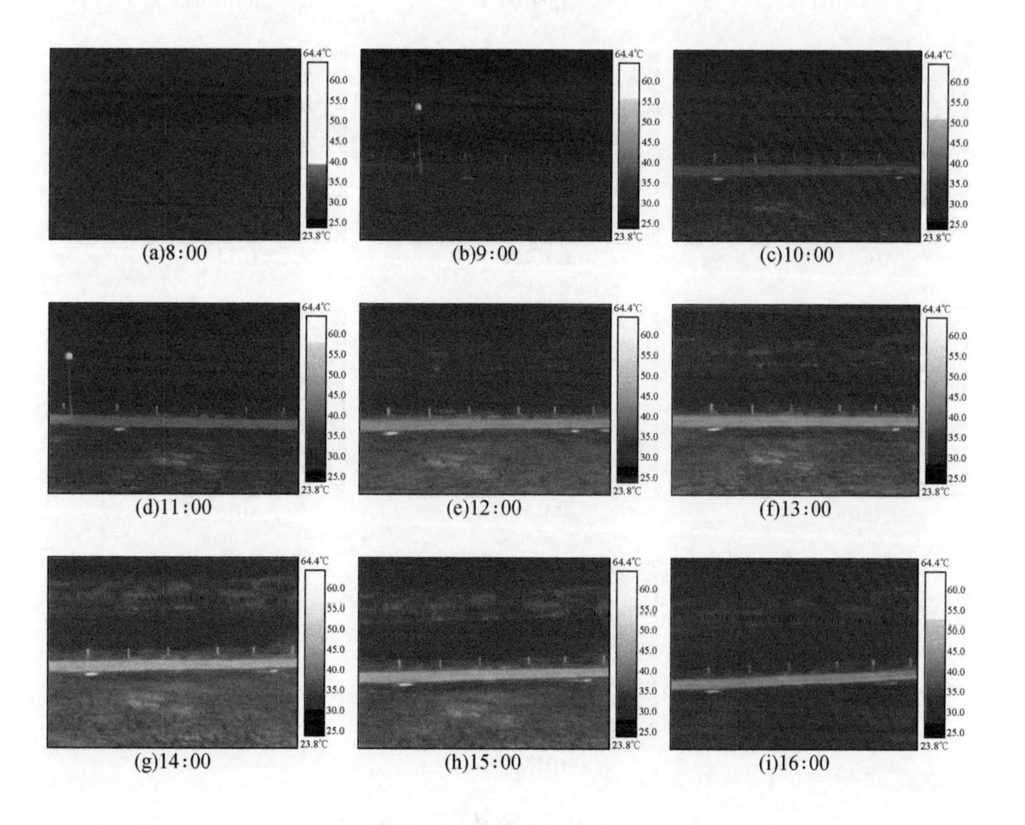

(a)8:00 (b)9:00 (c)10:00

(d)11:00 (e)12:00 (f)13:00

(g)14:00 (h)15:00 (i)16:00

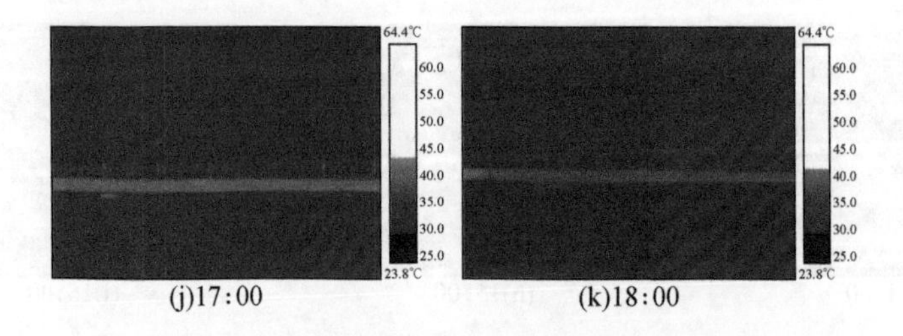

图 4-36　奥林匹克森林公园 8 月热像图

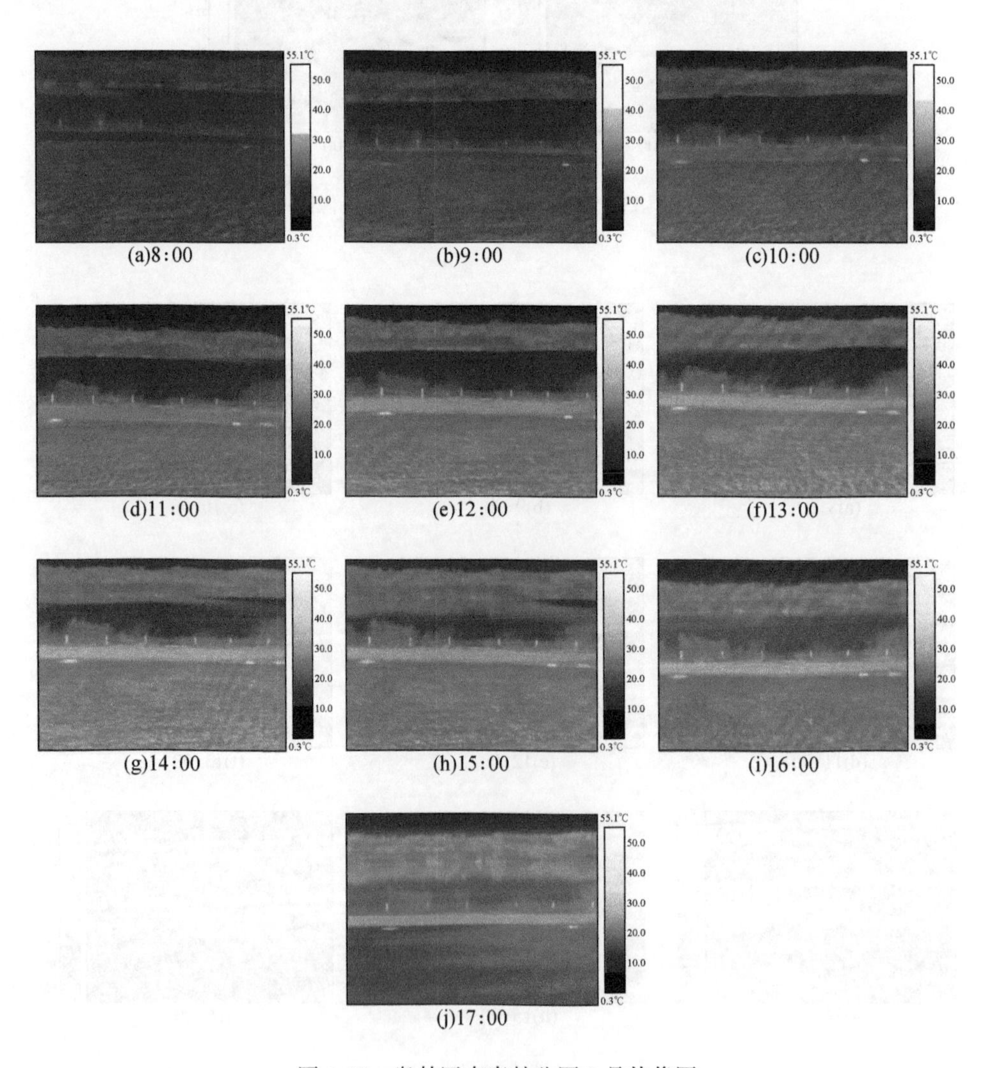

图 4-37　奥林匹克森林公园 9 月热像图

图 4-38 和图 4-39 显示城市公园奥林匹克森林公园内道路、草地和水体热辐射温度的日间变化。进行观测的 5 个月，奥林匹克森林公园内道路、草地和水体的热辐射温度均呈现出现上升，8 月达到最大值，9 月开始下降的变化趋势。由图 4-34 和图 4-35 可以看出，在 8：00 ~ 11：00 时间段，2 月、3 月、7 月、8 月、9 月各景观类型的热辐射温度草地>路面>水体，8 月道路的热辐射温度大于草地，道路和草地的热辐射温度差别较小。12：00 之后，除去 3 月热辐射温度草地和道路差别较小，其他几个月份都是道路>草地>水体，道路的热辐射温度多在 14：00 达到一天中的最大值，草地的热辐射温度也多在 13：00 或 14：00 达到一天中的最大值，水体热辐射温度一天的变化幅度相较于道路和草地小，同样在 15：00 ~ 16：00 达到最大值，此时也是各景观类型之间热辐射温度差异最大的时候。

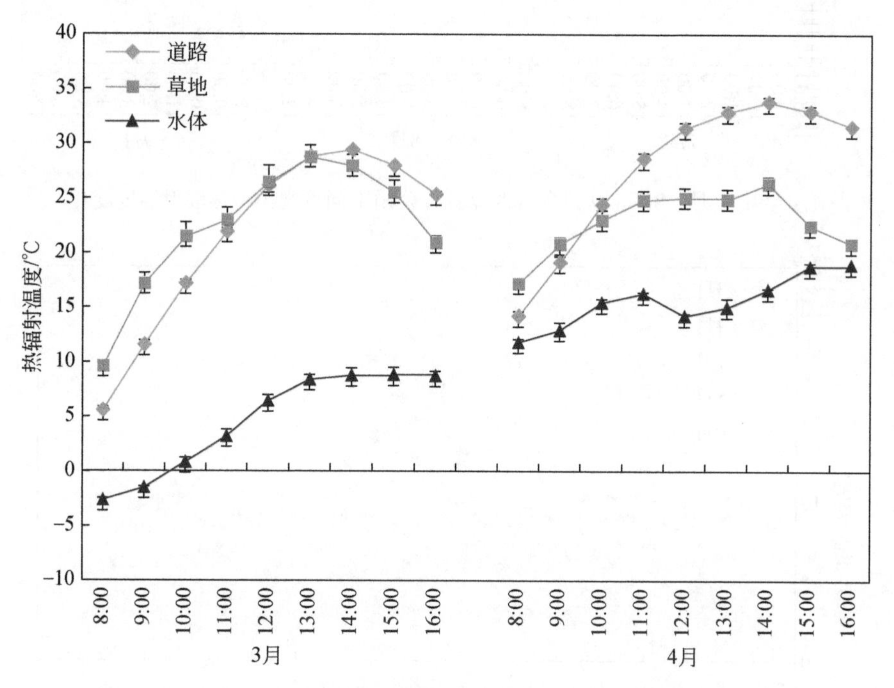

图 4-38　3 月、4 月奥林匹克森林公园不同景观类型热辐射温度变化

图 4-40 显示了奥林匹克森林公园的道路和草地、道路和水体、草地和水体之间的热辐射温度差值的日均变化。结果显示道路和草地的热辐射温度差值不同月份之间变化趋势相同，整体上呈现出上升的趋势。3 月在 16：00 出现最大的差值 4. 37℃；4 月也是在 16：00 达到温差最大值 10. 67℃；7 月道路和草地的热辐射温度差值出现波动变化；8 月道路和草地的热辐射温度差值呈现出先上升后下

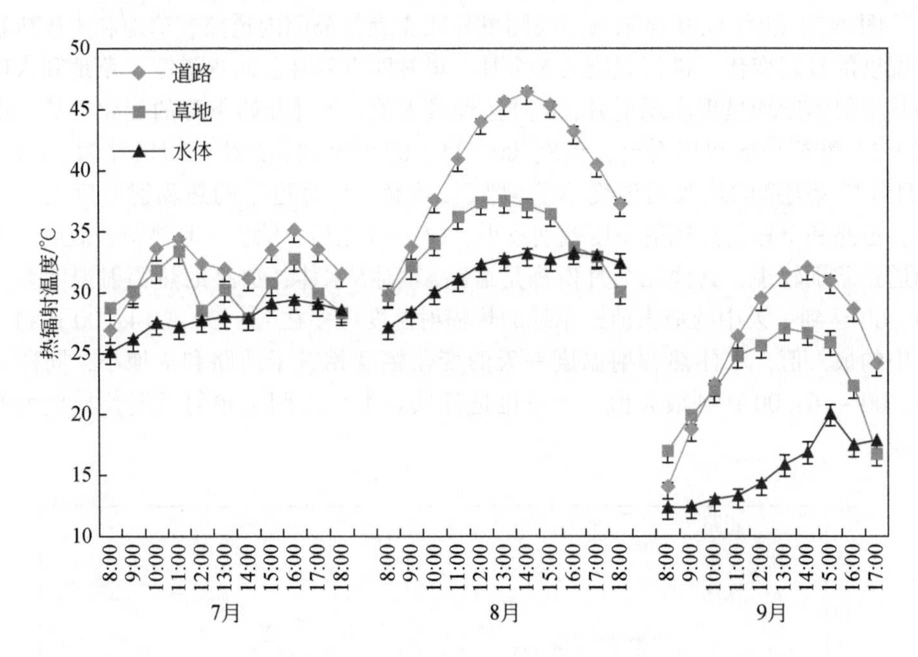

图 4-39　7 月、8 月、9 月奥林匹克森林公园不同景观类型热辐射温度变化

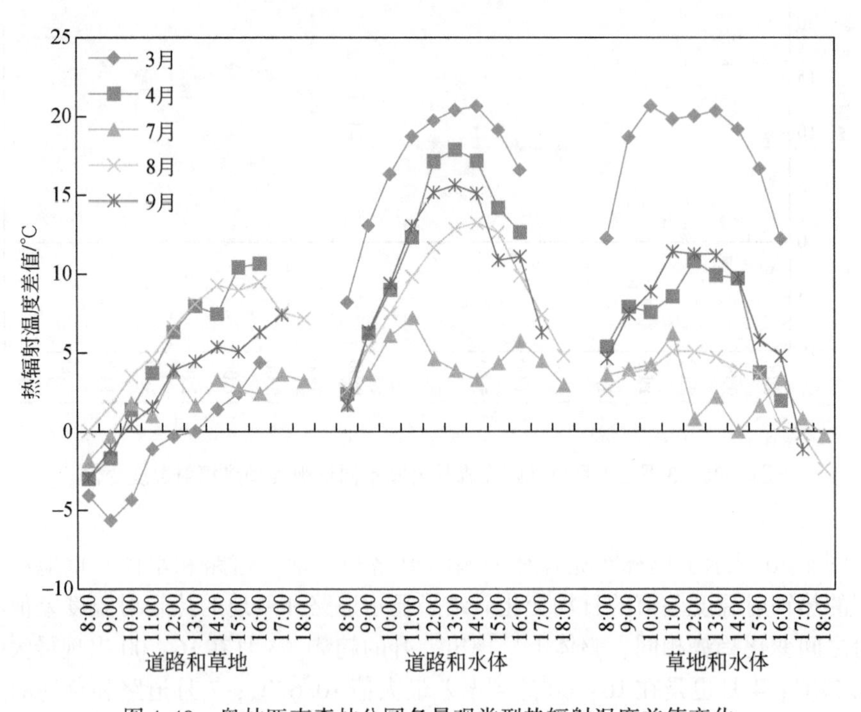

图 4-40　奥林匹克森林公园各景观类型热辐射温度差值变化

降的趋势，在 16：00 达到最大差值 9.5℃；9 月道路和草地的热辐射温度的差值整体表现上升的趋势，并在 17：00 达到最大差值 7.4℃。

各月份道路和水体的热辐射温度差值变化趋势一致，均呈现出先升后降的趋势，除了受到天气影响的 7 月出现波动。3 月道路和水体的热辐射温度差值整体高于其他月份，3 月的最大值出现在 14：00（20.63℃）；4 月道路和水体的热辐射温度差值最大值出现在 13：00（17.9℃）；7 月道路和水体的热辐射温度差值最大值出现在 11：00（7.2℃）；8 月道路和水体的热辐射温度最大差值出现在 14：00（13.23℃）；9 月道路和树木的热辐射温度最大差值出现在 13：00（15.63℃）。

各月份草地和水体的热辐射温度差值变化趋势一致，都呈现出先上升后下降的趋势，除了受到天气影响的 7 月出现波动。3 月草地和水体的热辐射温度差值整体高于其他月份，3 月的最大值出现在 10：00（20.67℃），但是 10：00 ~ 13：00温度差值变化不大；4 月草地和水体的热辐射温度差值最大值出现在 12：00（10.83℃）；7 月草地和水体的热辐射温度差值最大值出现在 11：00（6.2℃）；8 月草地和水体的热辐射温度最大差值出现在 11：00（5.1℃）；9 月道路和树木的热辐射温度最大差值出现在 11：00（11.43℃）。

4.4.3 典型景观热辐射的时间变化

（1）道路

图 4-41 显示城市道路景观热辐射温度的日变化趋势和季节变化趋势，道路景观的热辐射温度呈现先升高再降低的单峰变化。从 8：00 开始，道路的热辐射温度开始升高，在 14：00 左右达到最大值，随后又开始下降。热辐射温度 3 月<9 月<4 月<7 月<8 月，且不同月份，道路热辐射温度变化趋势相同。

（2）草地

图 4-42 显示城市草地景观热辐射温度的日变化趋势，草地景观的热辐射温度呈现先升高再降低的单峰变化。从 8：00 开始，道路的热辐射温度开始升高，在 13：00 ~ 14：00 左右达到最大值，随后又开始下降。热辐射温度 3 月<9 月<4 月<7 月<8 月，7 月和 8 月相差不大。

（3）林地

图 4-43 显示城市林地景观热辐射温度的日变化趋势，草地景观的热辐射温度呈现先升高再降低的单峰变化。从 8：00 开始，道路的热辐射温度开始升高，在 15：00 左右达到最大值，随后又开始下降。热辐射温度 3 月<9 月<4 月<8 月<7 月，7 月和 8 月相差不大。

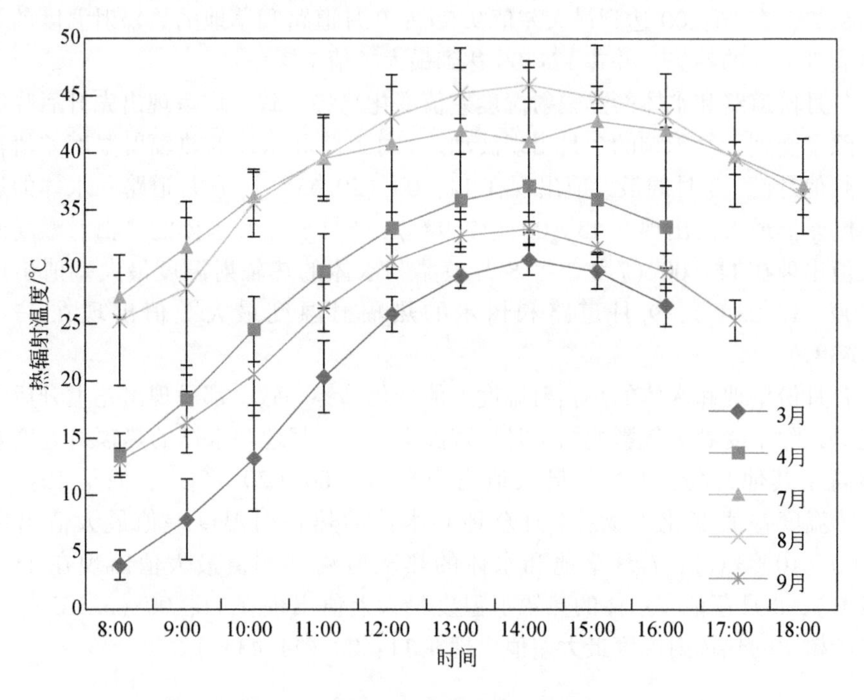

图 4-41　道路景观热辐射温度日变化

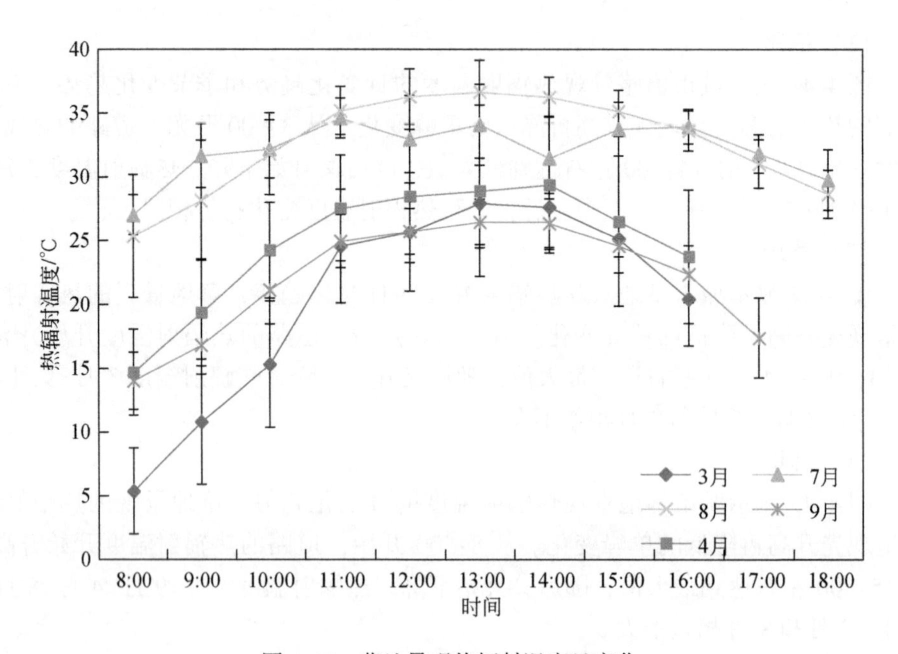

图 4-42　草地景观热辐射温度日变化

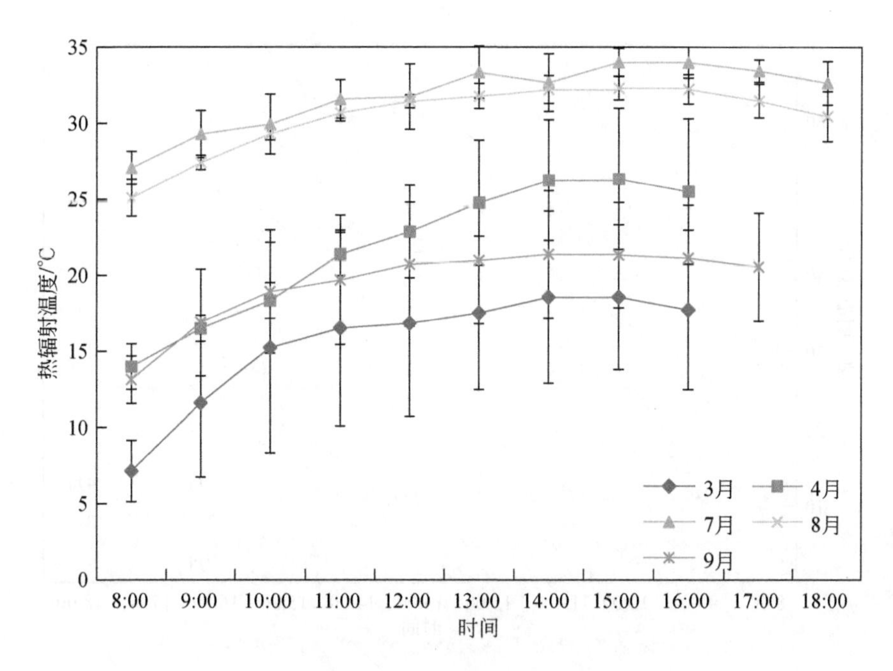

图 4-43 林地景观热辐射温度日变化

（4）墙面（向阳面）

图 4-44 显示城市墙面景观热辐射温度的日变化趋势，墙面的热辐射温度呈现波动升高再降低的变化趋势。3 月、4 月和 7 月墙面的热辐射温度波动升高，在 14：00～15：00 左右达到最大值，随后又开始下降。8 月和 9 月的热辐射温度较平滑地上升，分别在 13：00 和 14：00 达到最大值。热辐射温度 3 月<9 月<4 月<8 月<7 月，7 月和 8 月相差不大。

（5）水体

图 4-45 显示城市水体景观热辐射温度的日变化趋势，水体景观的热辐射温度呈现先升高再保持平稳的变化趋势。从 8：00 开始，水体的热辐射温度开始升高，在 13：00 左右达到一个相对稳定的状态。热辐射温度 3 月<9 月<4 月<7 月<8 月，4 月和 9 月相差不大。

图 4-46 显示北京主要城市景观道路、草地、树木、墙面和水体热辐射温度的变化。从图中可以看出，进行观测的 5 个月，道路、草地、林地、墙面和水体的热辐射温度整体都呈现出先上升，7 月、8 月达到最大值，然后 9 月又开始下降的变化趋势。

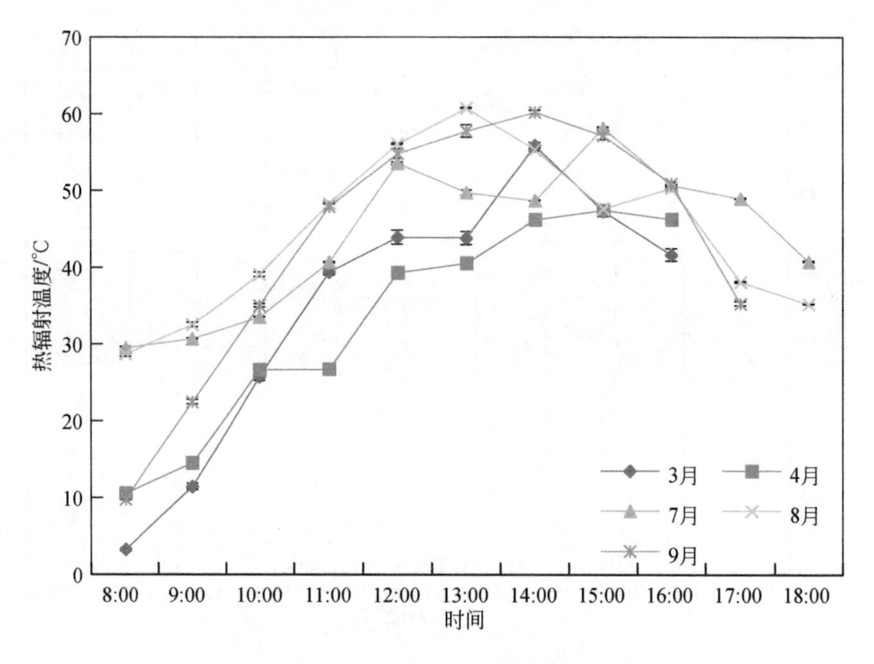

图 4-44　墙面（南）热辐射温度日变化

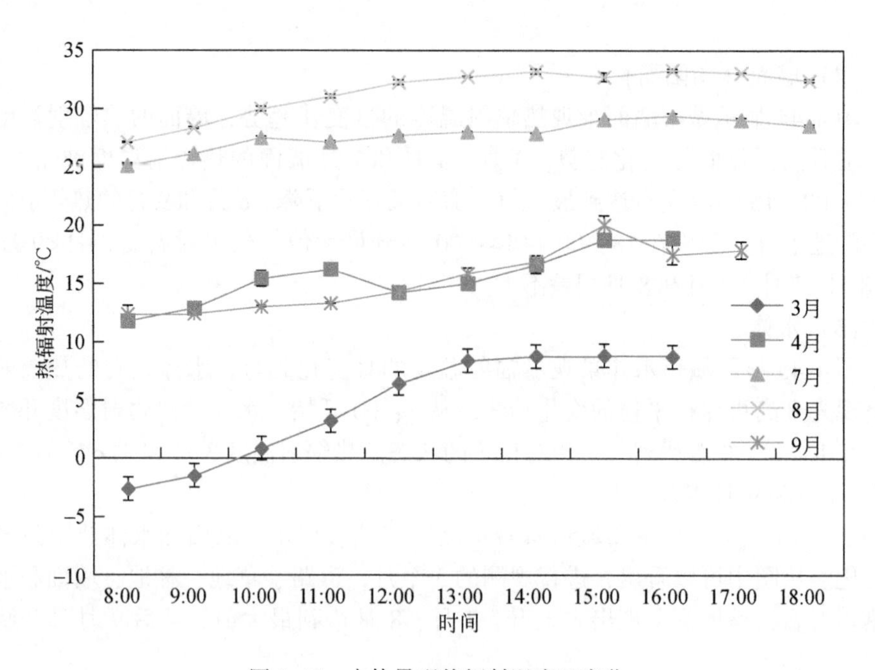

图 4-45　水体景观热辐射温度日变化

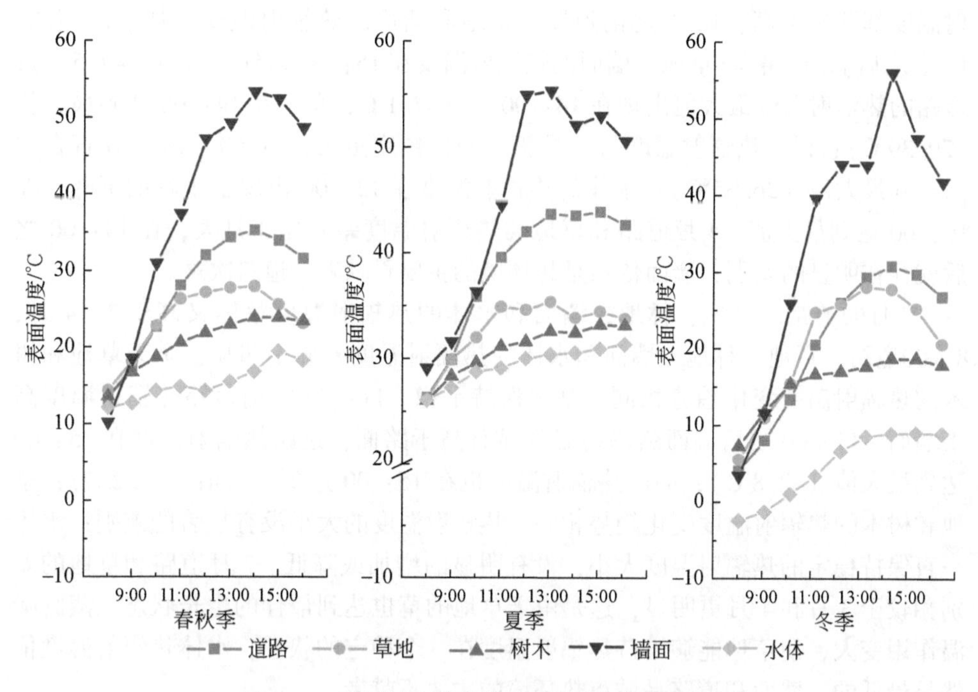

图 4-46　不同城市景观热辐射温度变化差异分析

3 月 8：00 道路、草地、树木、墙面的热辐射温度相差较小，水体的热辐射温度最低，随着太阳辐射的增加各景观类型的热辐射温度都开始上升，墙面的热辐射温度增加速度最大，道路和草地热辐射温度增加速度相同，水体的增长速度最小。3 月的热辐射温度墙面>道路、草地>树木>水体，14：00 之后道路的热辐射温度开始大于草地。道路、草地、树木和墙面都呈现先上升后下降的变化趋势，墙面热辐射温度最大值出现在 14：00（55.93℃），道路的热辐射温度最大值出现在 14：00（30.66℃），草地热辐射温度的最大值出现在 13：00（27.94℃）；而树木的热辐射温度在 14：00 达到最大值（18.57℃），但是从 11：00开始树木的热辐射温度增长十分缓慢；水体热辐射温度从 8：00～13：00 增长速度很快，13：00 之后保持稳定。所以 3 月对城市热环境贡献最大的墙面，草地和路面的贡献相差不大，这主要是由于 3 月草地的草还处于枯草阶段，草地呈现出来的是枯草和裸土混合状态，缺少活草存在时的蒸散发降温作用，所以道路和草地是城市热环境第二位贡献者。

与 3 月相比，4 月道路、草地、林地、墙面和水体的热辐射温度整体较 3 月有所上升。8：00 开始，各景观类型的热辐射温度差异不大，总体的热辐射温度变化趋势与 3 月相似。接受太阳照射后，道路、草地、林地、墙面和水体的热辐射温度都开始增高，12 点之前道路、草地和墙面的热辐射温度增加速度相同，12 点之后墙面>路面>草地。墙面的热辐射温度在 15：00 达到最大值（47.5℃）；道路的热辐射温度最大值出现在 14：00，为 37.1℃；草地在 14：00 达到最大值（29.39℃）；树木热辐射温度与 3 月相比变化幅度更大，8：00～15：00 直在增高达到最大值（26.35℃）；水体的热辐射温度在 12：00 出现了小幅的下降，在 16：00 达到最大值。4 月道路和草地的热辐射温度差异比 3 月大，在 14：00 之后就存在明显的差别，墙面依然是热环境的主要贡献者，道路次之。

7 月的道路、草地、林地、墙面和水体的热辐射温度整体又高于 3、4 月，8：00道路、草地、林地、墙面和水体的热辐射温度差异不明显，全天草地和树木的热辐射温度变化趋势相同，基本保持平稳。11：00 之前道路热辐射温度高于墙面，11：00 之后墙面热辐射温度显著高于路面；道路热辐射温度在 15：00 达到最大值（42.8℃）；墙面热辐射温度也在 15：00 达到最大值（58.2℃）；草地和树木的热辐射温度变化趋势相同，热辐射温度的大小没有显著的差别；水体一直保持稳定的热辐射温度大小，没有明显的增加或降低。7 月道路和草地的差别相较于 3 月和 4 月更明显，这是由于草地的草也达到最佳的生长状态，蒸腾降温作用变大，使草地能够维持热辐射温度在一个稳定的状态，水体热辐射温度依然是最低的，墙面和道路是城市热环境的主要贡献者。

8 月开始，道路、草地、树木、墙面和水体的热辐射温度整体略高于 7 月的热辐射温度，道路、墙面和树木的热辐射温度变化规律与前几个月相似，草地的热辐射温度变化幅度比 7 月大。8：00 时，道路、草地、树木、墙面和水体的热辐射温度基本相同差别不大。增温速度墙面>道路>草地>树木、水体，墙面热辐射温度在 13：00 达到最大值（60.8℃）；道路的热辐射温度在 14：00 达到最大值（45.98℃）；草地的热辐射温度同样也是在 13：00 达到最大值（36.67℃）；树木和水体的变化趋势相同，只有小幅度的上升，基本维持一个稳定的状态。8 月树木和水体的热辐射温度没有明显的差别，墙面的热辐射温度是最高的，道路次之；草地热辐射温度高于树木和水体。

9 月道路、草地、树木、墙面和水体的热辐射温度整体低于 8 月，但墙面的最高温度与 8 月相同。8：00 道路、草地、树木、墙面和水体的热辐射温度相近，增温速度墙面>道路、草地>树木>水体，11：00 之后道路的增温速度大于草地；墙面热辐射温度在 14：00 达到最大值（60.27℃）；道路的热辐射温度在 14：00 达到最大值（33.34℃）；草地的热辐射温度是在 13：00 达到最大值（26.48℃）；水体的热辐射温度最低，变化幅度小。

4.4.4 景观热辐射温度关键参数

(1) 日均温度

道路、草地、树木和水体 4 种景观类型日均温度季节变化趋势一致，均呈先上升后下降的单峰变化；道路和水体的热辐射温度日平均值最高值均出现在 8 月，最低值均出现在 3 月；树木和草地的热辐射温度日平均值最高值均出现在 7 月，最低值均出现在 3 月；墙面的热辐射温度日平均值在 4 月有小幅度下降，随后开始上升，最大值出现在 8 月，但 7 ~ 9 月的平均热辐射温度相差不大，最小值是 4 月。除了墙面的日平均热辐射温度，其他 4 种景观类型的日平均温度季节变化趋势与气温一致，均呈先上升后下降的单峰变化趋势，其中草地和树木与气温的变化趋势最相近。夏季墙面和道路的日平均温度高于日平均气温；道路和树木的日平均温度与平均气温相近，夏季（7 ~ 8 月）差值最大，3 月墙面和水体与气温差值最大，分别为 15.91℃ 和 -14.23℃；4 月墙面和水体与气温差值最大，分别为 10.65℃ 和 -6.94℃；7 月墙面与气温差值最大，道路次之，分别为 10.93℃ 和 5.03℃；8 月墙面与气温差值最大，道路次之，分别为 12.59℃ 和 6.64℃；9 月墙面与气温差值最大，水体次之，分别为 19.07℃ 和 -8.7℃（图 4-47）。

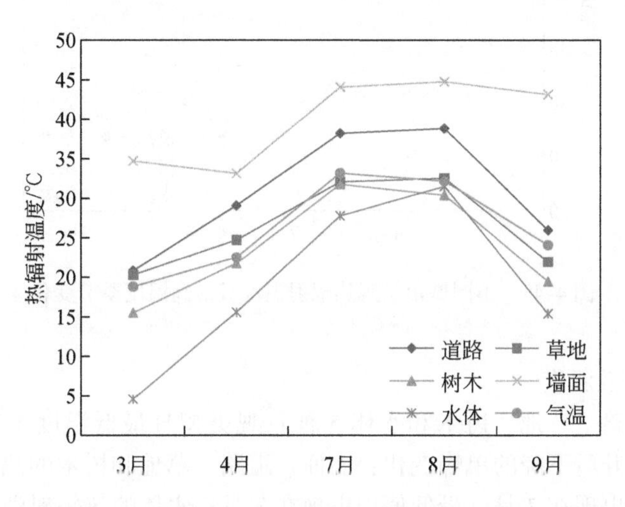

图 4-47 不同城市景观热辐射温度日平均温度季节变化

(2) 日最高温度

道路、草地、树木和水体 4 种景观类型日最高温度季节变化趋势一致，均呈先上升后下降的单峰变化；道路、草地和水体的热辐射温度日最高温度最大值均出现在8月，最低值均出现在3月；树木的热辐射温度日平均值最高值均出现在7月，最低值均出现在3月；墙面的热辐射温度最高值在4月有小幅度下降，随后开始上升，最大值出现在8月，但7~9月的平均热辐射温度相差不大，最小值在4月，这与上述日平均温度相似。除了墙面的日最高热辐射温度，其他4种景观类型的日平均温度季节变化趋势与气温一致，均呈先上升后下降的单峰变化趋势，其中草地和树木与气温的变化趋势最相近，墙面相差最多。夏季墙面和道路的日平均温度高于日平均气温；道路和树木的日平均温度与平均气温相近，夏季（7~8月）差值最大，3月墙面和水体与气温差值最大，分别为33.28℃和-13.78℃；4月墙面和道路与气温差值最大，分别为21.87℃和11.47℃；7月墙面与气温差值最大，道路次之，分别为22.58℃和7.18℃；8月墙面与气温差值最大，道路次之，分别为23.73℃和8.91℃；9月墙面与气温差值最大，水体次之，分别为31.35℃和-8.85℃（图4-48）。

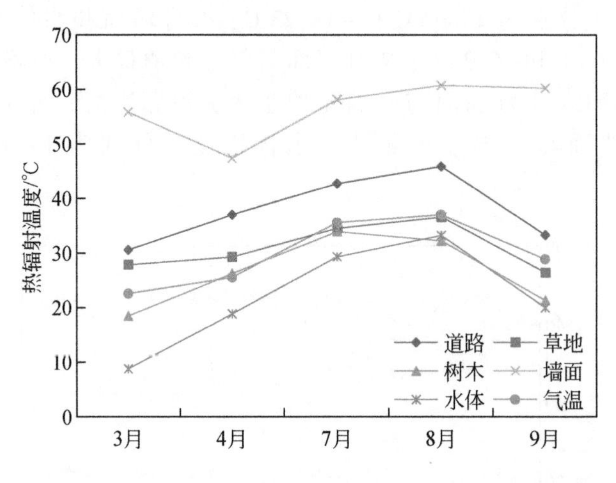

图4-48　不同城市景观热辐射温度日最高温度季节变化

(3) 日最低温度

墙面、道路、草地、树木和水体5种景观类型日最低温度季节变化趋势一致，均呈先上升后下降的单峰变化；墙面、道路、草地和树木的热辐射温度日最低值最大值均出现在7月，最低值均出现在3月；水体的热辐射温度日最低值最大值出现在8月，最低值均出现在3月。5种景观类型的日最低温度季节变化趋势与气温一致，均呈先上升后下降的单峰变化趋势。3月和4月气温值高于所有类型的景观。3月水体与气温差值最大，为-16.13℃，墙面和道路次之，分别为-10.26℃和-9.6℃；4月墙面和水体与气温差值最大，分别为-6.95℃和

-5.42℃；7月墙面和水体与气温差值最大，分别为1.54℃和-2.86℃；8月墙面与气温差值最大，水体次之，分别为2.95℃和1.38℃；9月墙面与气温差值最大，水体次之，分别为-7.35℃和-4.75℃（图4-49）。

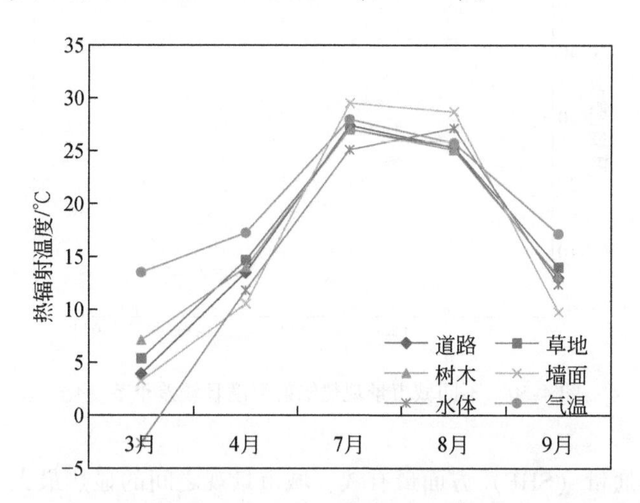

图4-49　不同城市景观热辐射温度日最低温度季节变化

（4）日较差

墙面、道路和草地热辐射温度日较差均大于气温日较差，墙面和道路显著大于气温的日较差，草地7月之前明显大于气温日较差，7月之后与气温差别不大；树木7月之前明显大于气温日较差，7月之后小于气温的日较差；水体除了3月高于气温，其他月份都明显低于气温的日较差。5种景观类型的日最低温度季节变化趋势与气温一致，均呈先下降后上升的单峰变化趋势。3月墙面和道路与气温日较差差值最大，分别为43.55℃和17.6℃；4月是墙面和道路与气温差值最大，分别为28.55℃和15.22℃；7月墙面与气温差值最大，道路次之，分别为21.04℃和7.75℃；8月也是墙面与气温差值最大，道路次之，分别为20.78℃和9.32℃；9月是墙面与气温差值最大，道路次之，分别为38.7℃和8.55℃。综上所述，除了墙面以外，道路、草地、树木和水体的日平均温度、日最高温度、日最低温度和日较差的变化特征与气温的相同，人造景观墙面和道路的日平均温度、日最高温度和日较差明显大于气温的日平均温度、日最高温度和日较差（图4-50）。

4.4.5　不同功能区景观热通量的贡献差异

综合上述监测数据发现，墙面和道路是热源，水体和绿色植被是热汇，水体

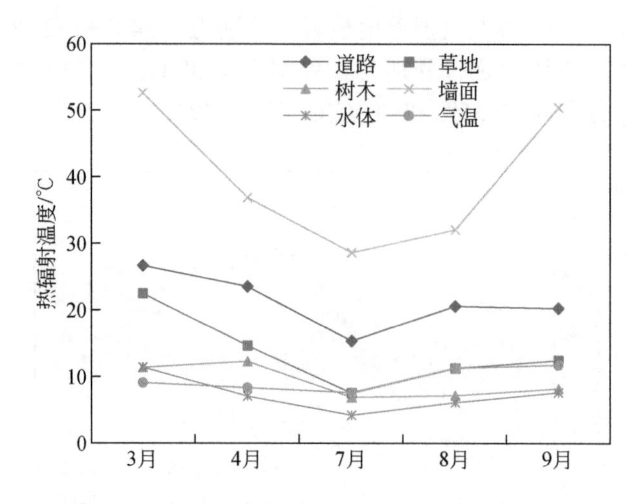

图 4-50 不同城市景观热辐射温度日较差季节变化

在减少地表热通量（SHF）方面最有效。城市景观之间的显热最大差异发生在下午（当地时间 12：00 ~ 14：00），这是显热达到其每日最大值的时间（图 4-51）。具体的季节变化表明：①不同季节不同道路 SHF 的日变化相同。但是 SHF 早上变化很大，下午变化很小。与冬季相比，夏季早晨的道路释放的 SHF 量最高，这与路面接收到的太阳辐射量直接相关，不同季节（春秋季，夏季和冬季）道路的 SHF 比为 2 ∶ 3 ∶ 2。②白天绿色植被的温度低于其他城市景观的温度，并且 SHF 通常为负，这表明绿色植被具有降温作用。这主要是由于植物蒸腾作用导致潜热能量的损失。冬季裸露草地改变了草地热力特征，以及植被生长特性综合导致冬季草地 SHF 较高。不同季节（春秋季，夏季和冬季）草地的 SHF 比为 -1 ∶ -0. 4 ∶ 4. 7。树木的 SHF 日变化与草地相似，但 SHF 值较低，这意味着树木具有较好的降温效果。不同季节（春秋季，夏季和冬季）树木的 SHF 比为 -1 ∶ -0. 5 ∶ -0. 9。③水体的 SHF 的昼夜变化总体上是稳定的，但 SHF 在春秋季和冬季会波动。此外，不同季节水体的 SHF 差异较大。SHF 在夏季最高，冬季最低。结果表明，水体始终是城市中的“冷岛”，并且在冷却周围环境方面起着重要作用。此外，与绿色植被相比，水具有更好的降温效果。不同季节（春秋季，夏季和冬季）水体的 SHF 比为 -1 ∶ -0. 3 ∶ -1. 6。

4. 4. 6 小结

1）在所有季节，墙面和道路的不透水表面都是热源，树木和水体是热汇。而草地分别在夏季是热汇，春秋季和冬季充当热源，草地不是推荐的气候适应

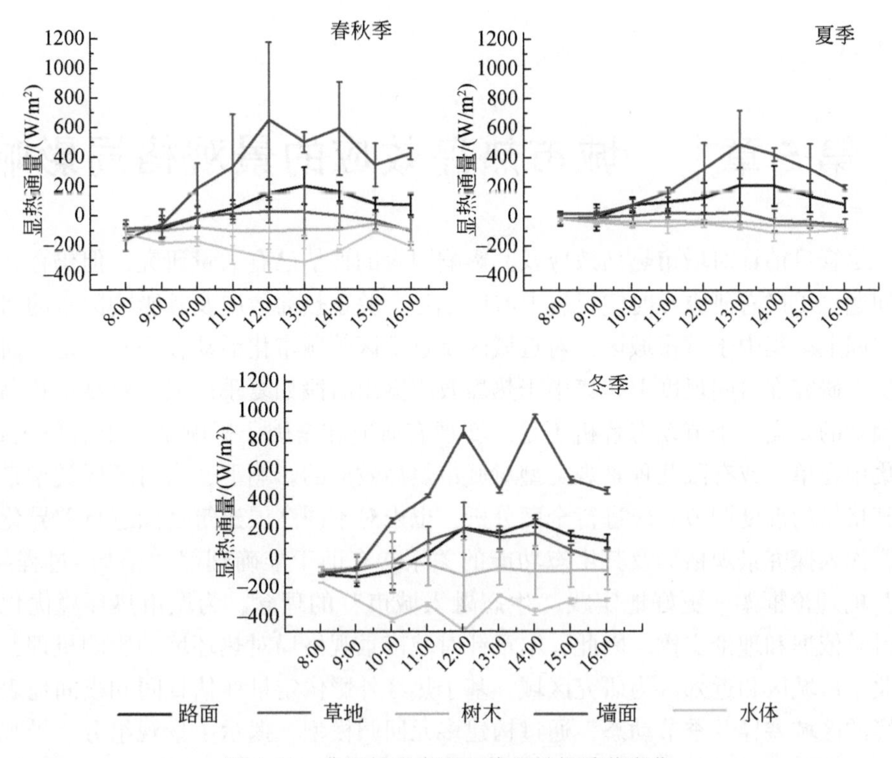

图 4-51　典型景观类型显热通量的季节变化

方法；

2）墙面的 SHF 的季节变化最大，其次是水，而树木的 SHF 的季节变化最小。城市景观之间的 SHF 差异最大发生在 12：00 和 14：00 之间，SHF 达到了其每日最大值；

3）热源与 SHF 的比值表现出明显的昼夜和季节变化。因此，建议将这些比率用作模型的调整参数，以便在对城市表面能通量进行建模时获得更可靠的结果；

4）该研究对于了解不同城市景观的热通量动态并节省冷却能源具有重要价值。

第5章　城市热岛效应的景观格局影响

尽管目前针对城市热岛效应及其影响因素的评估已有大量研究，但仍存在以下问题：①已有研究在时空尺度上有所不足。关于热岛效应及其影响因素的研究在空间上多集中于城市城区，对近城区及近郊区等城市化活动较强烈的地区研究较少；研究在时间尺度上多集中于热岛效应突出时段如夏季白天，对城市热岛影响因素的昼夜、季节动态解析不足。②现有研究在全因子影响解析上有所欠缺，多集中在单一或有限几种景观类型对城市热岛效应的影响上，未对不同类型景观及其格局的温度调节效应进行全面分析，也未对不同高层建筑之间进行差异化分析。深入探究景观格局及其生态功能的关系，有助于准确理解“格局-过程-功能”的理论框架，更好地实践“生态融入城市”的理念，为城市热环境优化提供科学依据和理论支撑。因此，本章针对城市景观格局对热环境的影响机理，选择北京市城区和近郊区为研究区域，基于热红外影像定量评估日间和夜间地表热环境的区域差异及季节动态，通过构建多元回归模型，揭示了景观组分、景观格局和人为热强度对热岛效应的贡献。

5.1　景观类型对热岛效应的影响

5.1.1　植被与热岛效应强度的关系

以植被组分为横坐标，日间热岛效应强度为纵坐标，绘制散点图并进行线性拟合（图5-1）。结果显示，随着草地比例的上升，近城区及近郊区日间热岛效应强度呈现先升高后持平的趋势，拐点在15%附近。进一步对比分析草地覆被低于15%的网格空间位置及景观组成情况，发现此部分区域主要分布在近郊区，地表景观绝大部分由林地及草地覆盖，建筑、水体及不透水面分布极少或无分布，此区域内草地比例的上升伴随着林地比例的减少。因此草地面积少于15%所体现出的“增温作用”主要是由于林地面积的减少，与其他研究中草地对热岛的降温作用并不冲突。

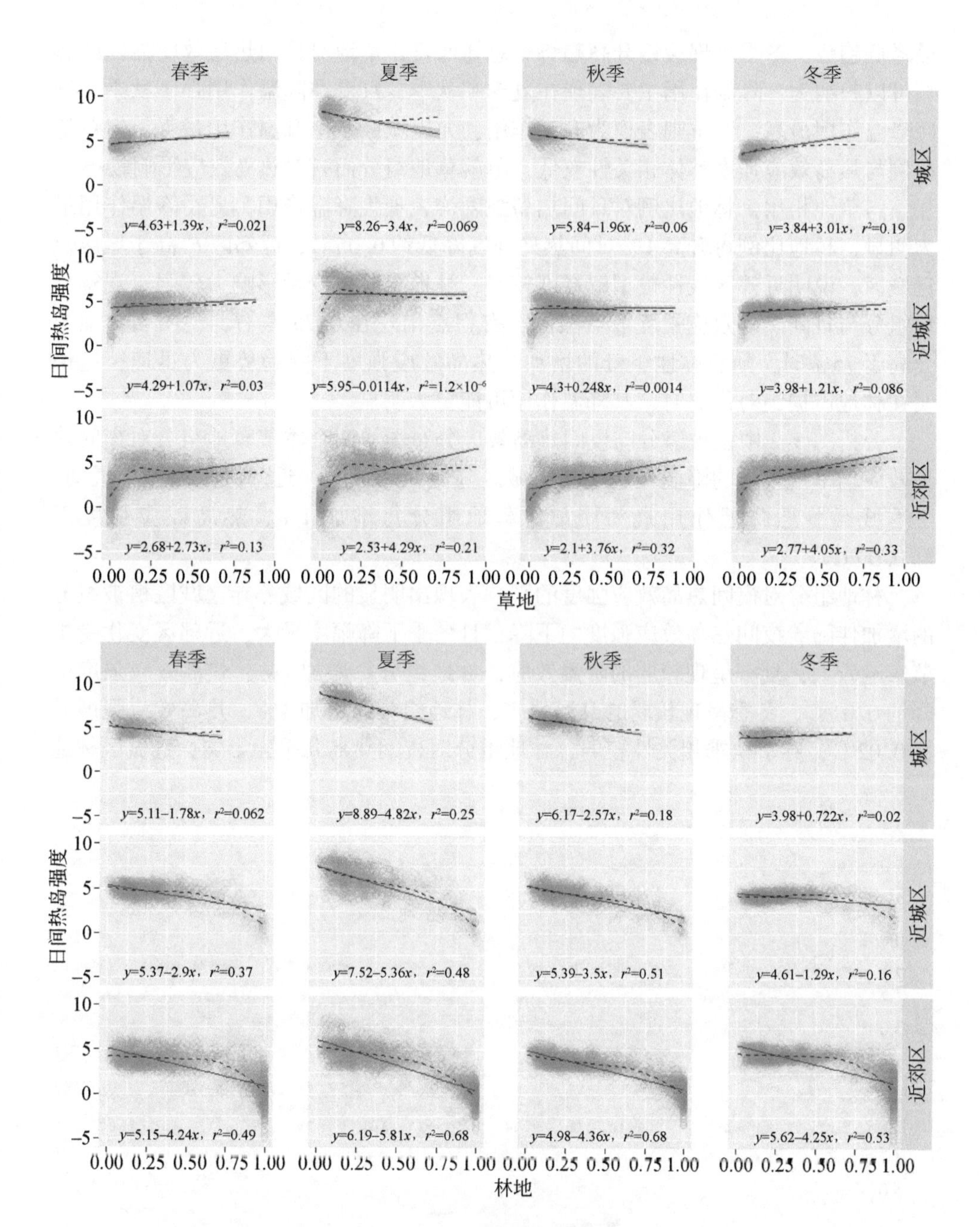

图 5-1　植被组分与日间热岛效应强度的关系

在高于 15% 草地覆被的网格中，随着草地比例的增加，夏季日间热岛有缓慢降低趋势，冬季呈现缓慢升高趋势。总体而言，草地对日间热岛效应强度的影响可以归纳为：降温作用主要表现在夏季和秋季，且夏季降温作用强于秋季，城区降温作用最高；冬季则表现为升温作用，尤以城区冬季升温作用最强。但草地比例与热岛效应强度整体相关性较低，单就草地组分而言对热岛效应影响较小。

与草地相比，林地比例对日间热岛强度均表现为降温作用，夏季降温作用最为明显，林地比例每升高1% 日间热岛强度降低约0.05℃；近郊区 R^2 高于城区及近城区，说明近郊区线性模型解释度较好，林地组分单变量影响力较强。观察林地组分与日间热岛效应强度散点图像，有拐点出现在0.75 左右，说明当林地组分高于75%时，随着林地组分的增加，热岛效应强度下降趋势更为迅速，这说明在林地占据绝对优势时，其降温作用可能更为明显。

分析图5-2 中植被组分与夜间热岛效应分布图，四个季节草地组分对夜间热岛效应均呈现较强的降温作用，其中城区降温作用最强，近郊区降温作用最弱。冬季城区草地降温作用最为明显，草地组分每增加1%，热岛效应强度下降0.09℃。

林地组分对夜间热岛效应强度的影响表现出明显的区域分异：城区植被组分的增加伴随着夜间热岛效应强度的下降，且冬季下降幅度最大；近郊区变化受季节影响较大，夏季呈现较弱的降温效应，林地组分每增加1%，热岛效应强度下降约0.01℃，冬季呈现较弱的升温效应，林地组分每增加1%，热岛效应强度升高0.02℃，春季秋季相关性较弱，林地组分对夜间热岛几乎无影响；近城区林地

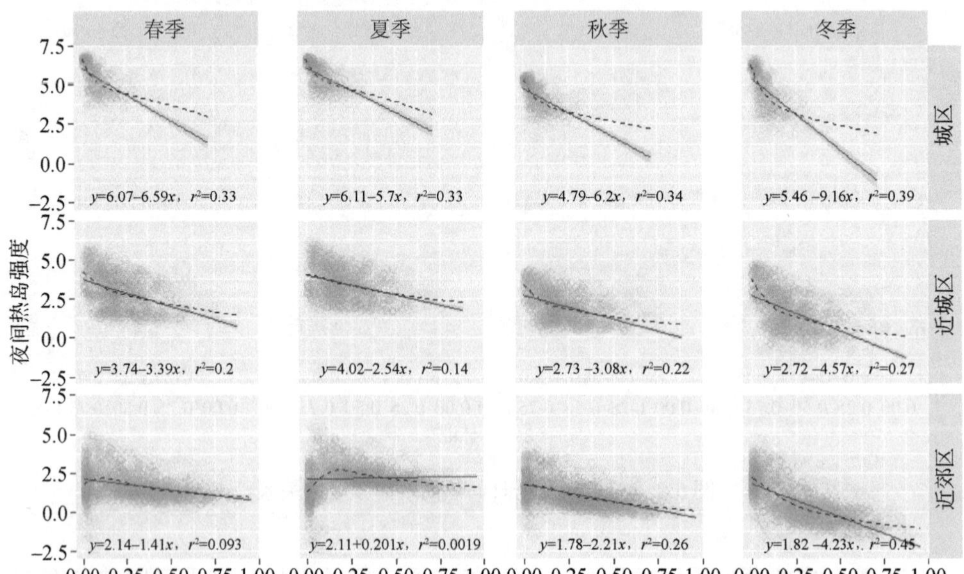

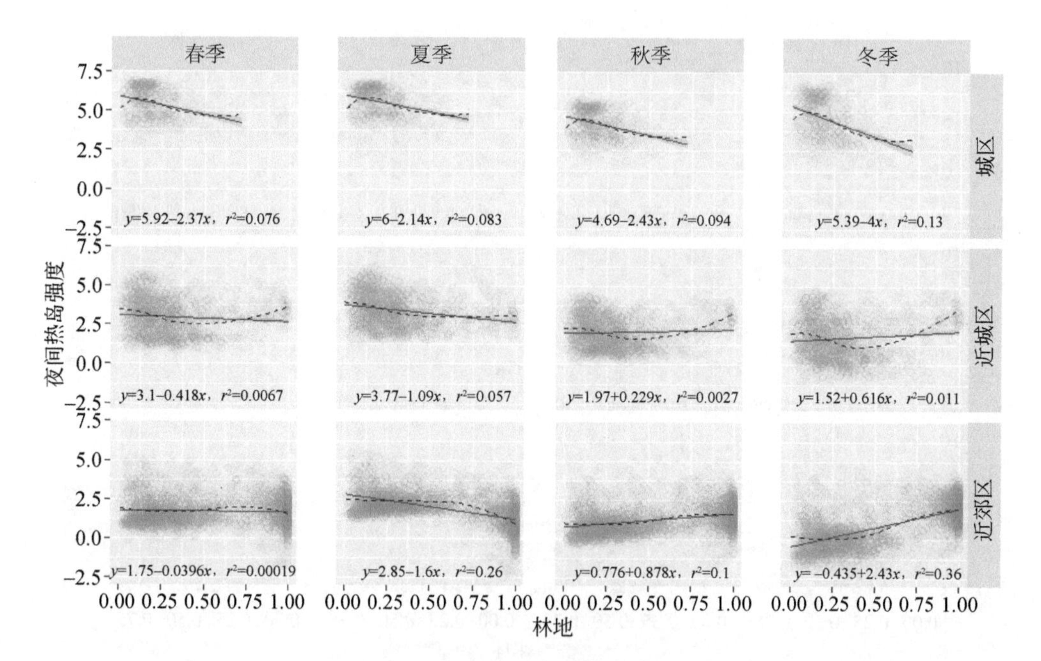

图 5-2　植被组分与夜间热岛效应强度的关系

组分在四个季节与夜间热岛效应相关性均较弱。对比草地及林地组分对热岛效应强度的影响及其规律，在两种植被类型中，林地组分对日间热岛效应强度影响较大，草地组分对夜间热岛效应强度影响较大。

5.1.2　水体与热岛效应强度的关系

图 5-3 显示，水体组分在四个季节日间热岛效应中均表现了明显的降温作用。就不同区域水体降温作用差异而言，城区降温作用最强，近城区次之，近郊区最少。但由于北京地表水体覆盖较少，绝大多数网格水体比例均低于 0.1，仅就线性拟合结果来看，水体对日间热岛效应的解释度较低。水体组分对日间热岛效应的降温作用存在较大的季节差异，降温作用在夏季和春季表现较为明显，秋冬季降温作用较弱。有研究发现水体对林地和草地的降温作用有联合增强效果，考虑到北京地处温带城市林地多为落叶乔木，夏季和春季水体降温作用的增强可能是与此有关。从 R^2 值来看，水体组分对城区日间热岛效应具有较高的解释度，对近城区及近郊区解释度较低。水体对夜间热岛起到较弱增强作用，随着水体组分的增加，夜间热岛效应强度缓慢增强。与日间相比，水体组分与夜间热岛强度的散点更为分散，水体对夜间热岛强度影响力较弱。

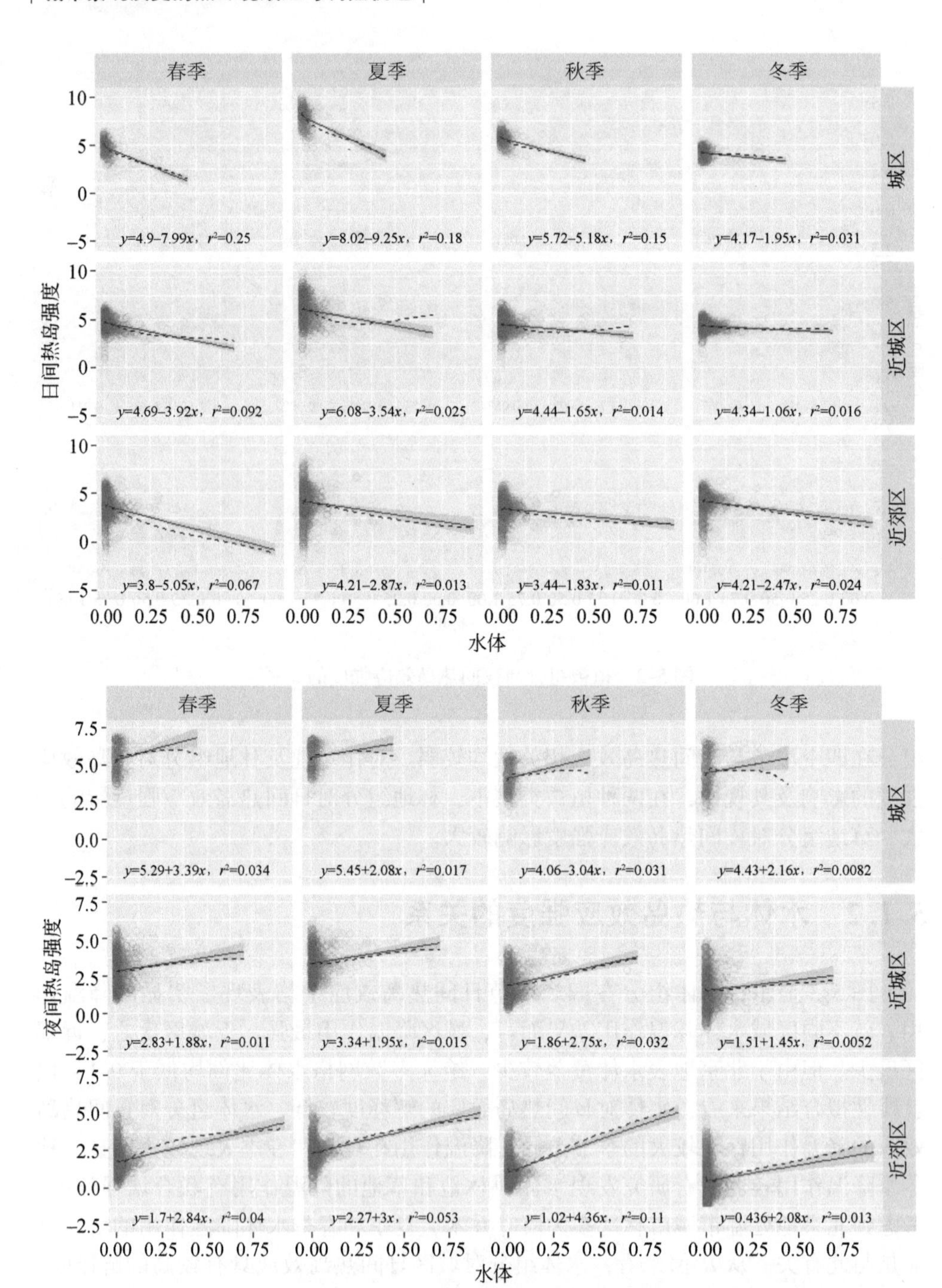

图 5-3　水体组分与热岛效应强度的关系

5.1.3 不透水面与热岛效应强度的关系

如图 5-4 所示，不透水面对日间热岛效应的影响在近郊区最高，近城区次之，城区最低。不透水面对夏季热岛的增温作用最大，近城区不透水面比例每升高 1%，夏季热岛效应强度增加 0.1℃。分析日间热岛强度的变化趋势，随着不透水面比例的增加，日间热岛效应强度先迅速升高，后趋于平缓，拐点位于 10% 附近。即当不透水面比例低于 10% 时，随着不透水面比例的增大，地表温度迅速升高，当不透水面比例高于 10% 后，地表温度变化趋于平缓，但当外部太阳辐射较高时（夏季），地表温度随着不透水面比例的升高继续增大。不透水面对城区和近城区夜间地表温度的解释强度最高，近郊区较低。

不透水面与夜间热岛效应的关系显示，随着不透水面比例的增加，夜间热岛效应大致呈现先降低后升高的趋势，拐点位于 20% 附近。参考遥感图像观察对应区域的位置及景观组分特征，不透水面比例<20% 的区域多位于近城区及近郊区，人口密度较低，建筑类型以单层建筑为主。相比于城区，此部分区域三维结构较简单，热量容易逸散，且夜间人为热排放较低。同时，不透水面的特性决定了其相比于自然地表具有更低的潜热通量，表面温度更容易随气温降低。不透水面比例高于 20% 的区域多位于城区及近城区，不透水面比例的增加伴随着非单

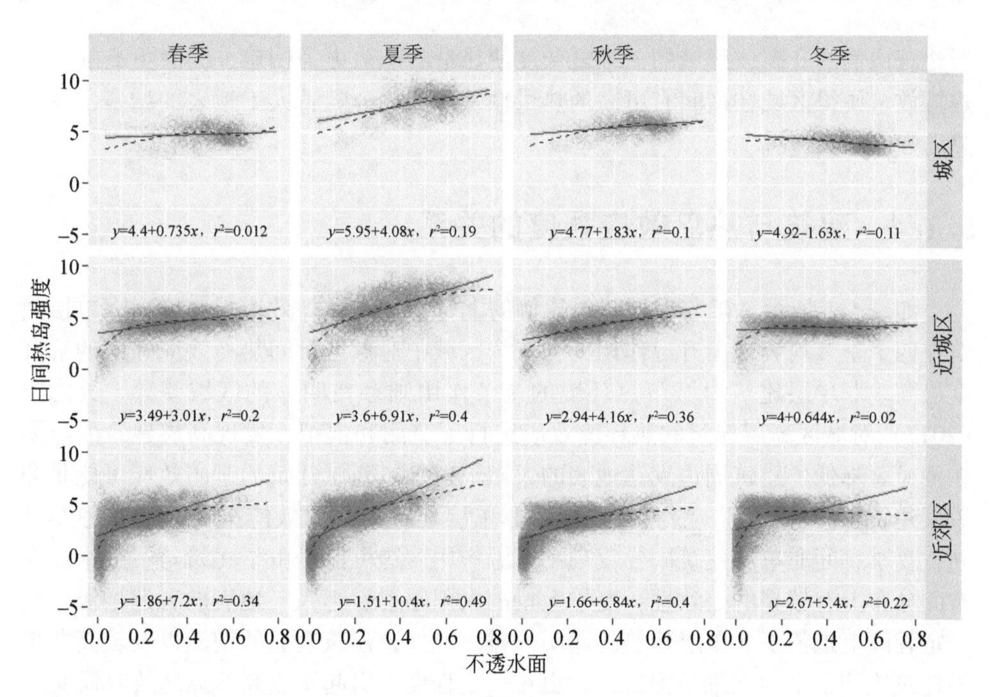

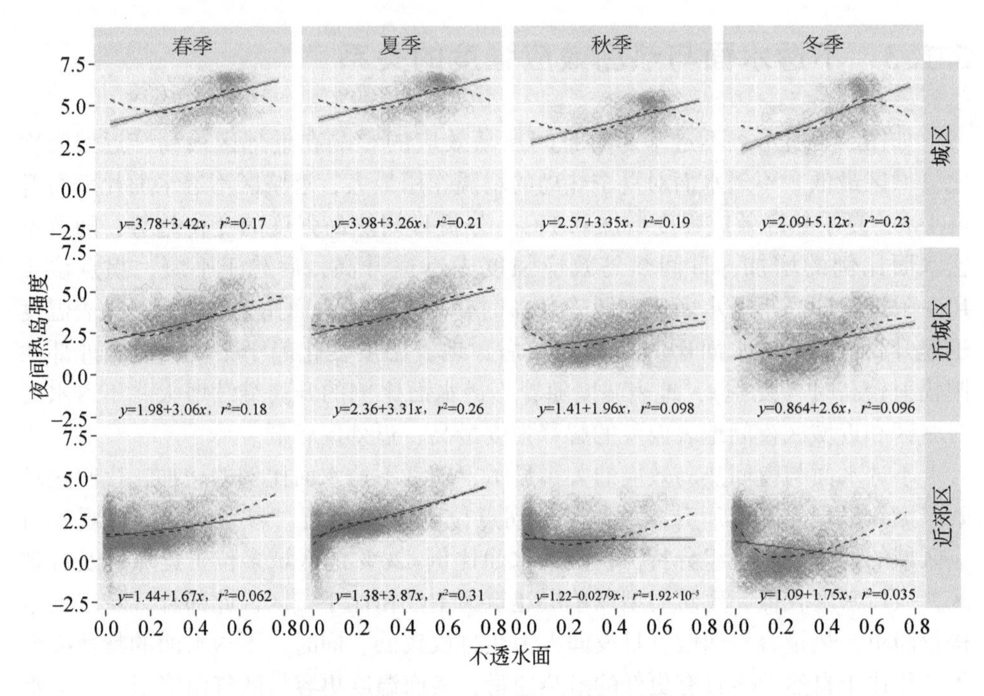

图 5-4　不透水面组分与热岛效应强度散点图及其拟合

层建筑比例的升高，区域的三维复杂度使热量的逸散更为困难，同时更高的人为热排放量使得区域在夜间有更高的热量输入。因此，随着人工地表的增多，夜间热岛强度增大。

5.1.4　建筑与热岛效应强度的关系

如图 5-5 所示，随着单层建筑比例的上升，日间热岛效应强度增大。单层建筑在四个季节均表现出升温作用，在三个区域中对城区日间热岛效应强度的解释度最高。非单层建筑对城市热环境的调节作用则存在明显的区域差异。吴志丰（2017）对城区高层建筑的热环境效应进行了监测和模拟，发现高层建筑的遮阴作用显著降低了建筑周边到达地表的太阳辐射量。高层建筑的遮阴效应可能是非单层建筑“降温效应”的主要原因。非单层建筑的降温效应主要表现在冬季日间，夏季日间非单层建筑同样表现出升温作用。这可能是由于建筑与不透水面在空间分布上有较高的一致性，夏季大量的太阳辐射引起人工地表的普遍增温，在一定程度上抵消了非单层建筑的遮阴效益。此外，建筑墙面的增温以及较高非单层建筑比例带来的三维结构复杂性也在一定程度上引起了更高的热岛效应强度。

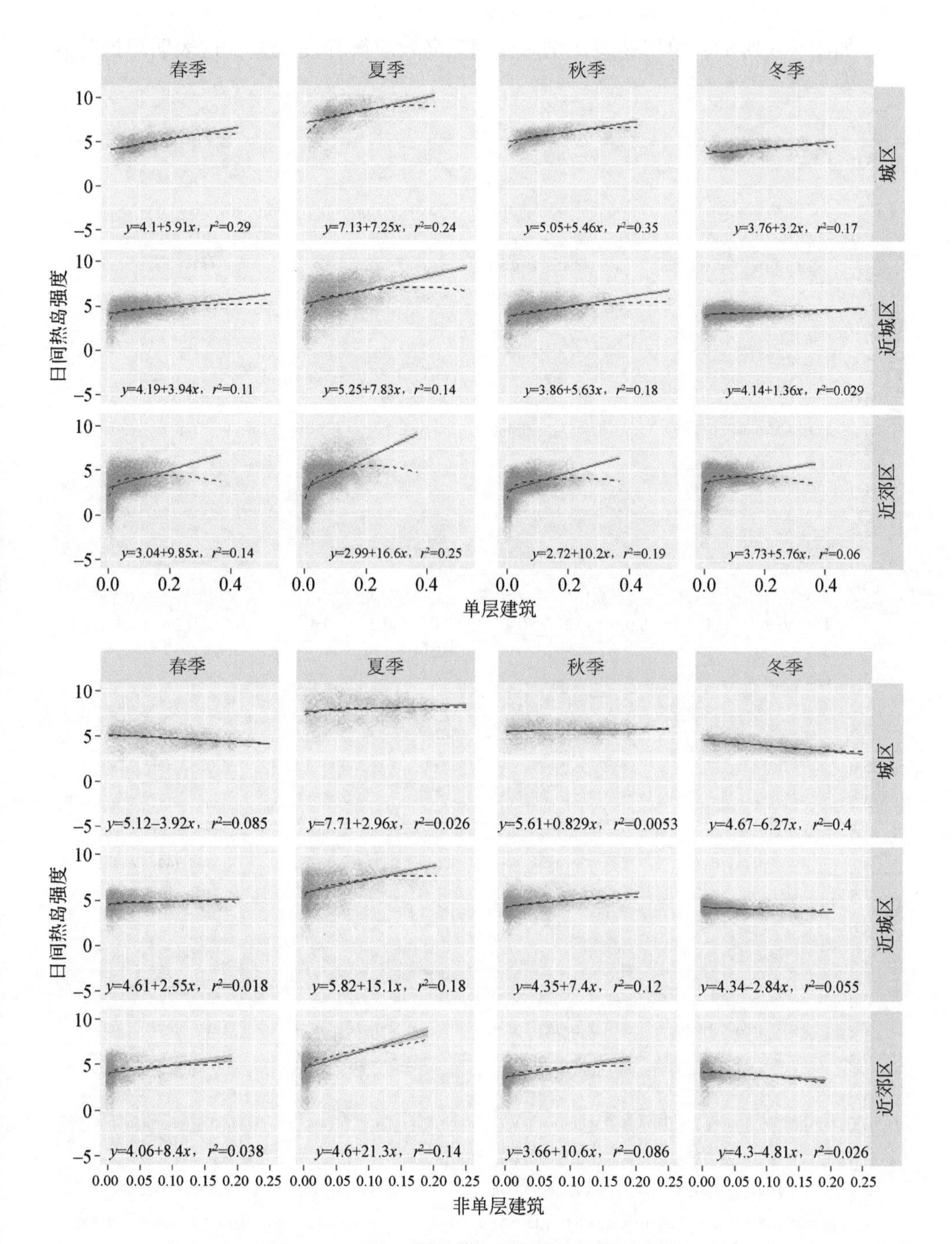

图 5-5　建筑组分与日间热岛效应强度的关系

如图 5-6 所示，单层建筑比例对夜间热岛效应解释度较差，这表明单层建筑

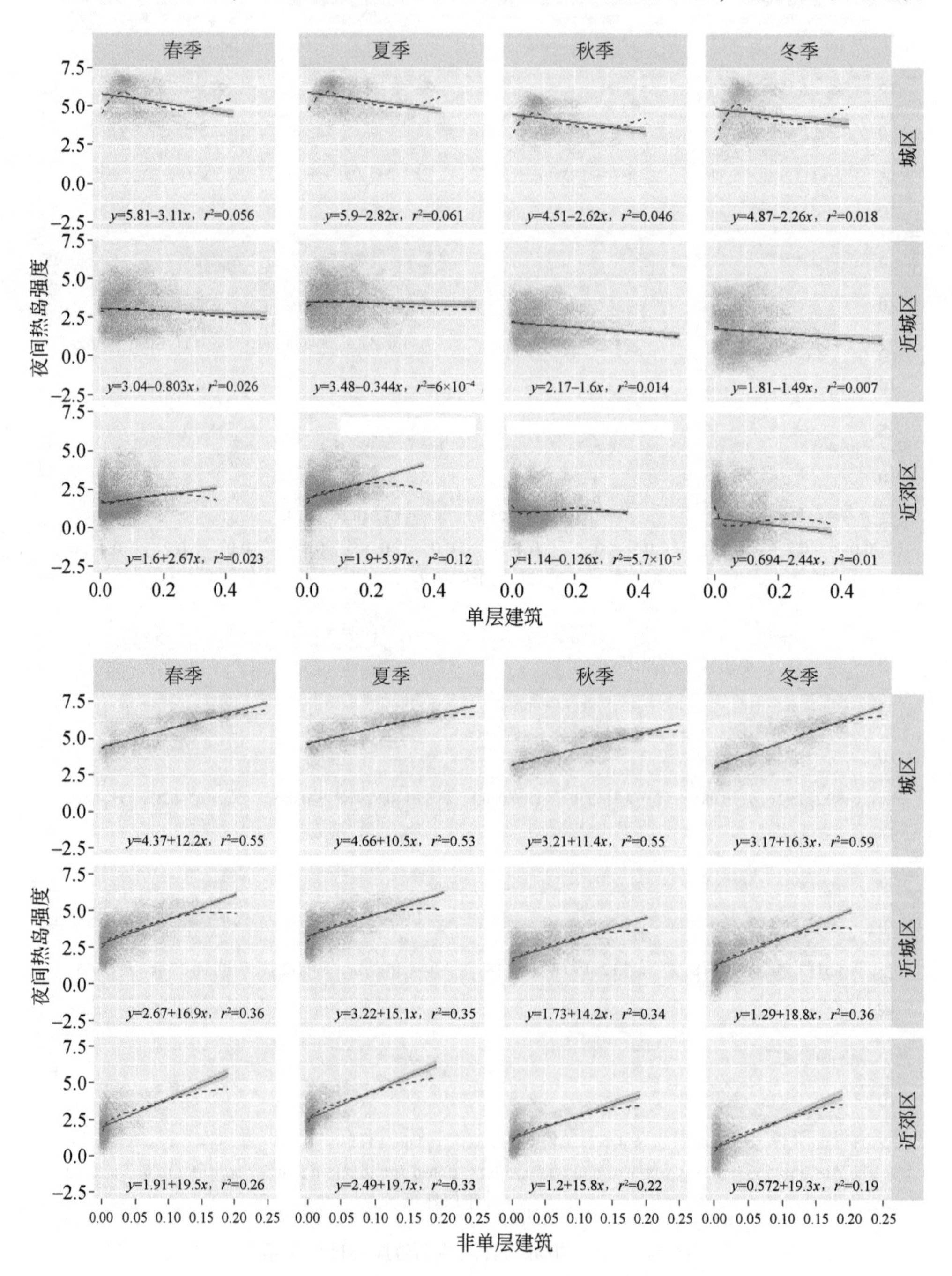

图 5-6　建筑组分与夜间热岛效应强度的关系

对夜间热岛的影响很弱。非单层建筑与夜间热岛效应强度之间存在着明显的线性关系。非单层建筑单变量对城区夜间热岛的解释度即达到 0.5 以上，这表明非单层建筑是城区夜间热岛的主要影响因素。这可能是因为非单层建筑是夜间人类活动的主要场所，非单层建筑与人为热释放之间存在着较强的相关关系。此外，非单层建筑引起城市三维结构复杂化，导致热量逸散困难，也使夜间热岛效应强度随着非单层建筑比例的增加而增大。关于非单层建筑与人为热之间的相关关系，将在本书第 6 章 6.2 节中进行详细分析。

5.1.5 影响热岛强度的关键景观类型

(1) 日间热岛的景观组分关键影响因子

以夏季日间近城区为例，对景观组分因子及热岛效应强度进行逐步回归分析。将景观组分因子作为自变量，近城区夏季日间热岛效应强度作为因变量，通过逐步回归的方法进行变量的筛选与主要变量的提取，结果如表 5-1 所示。当仅引入林地组分单变量时，模型解释度即达到了 0.457；之后再引入草地组分、水体组分、不透水面组分，模型解释度提升不大，多引入 3 个变量，模型解释度仅提升了不到 0.1。因此，在分析景观组分对近城区夏季日间热岛效应的影响时，我们发现仅通过单变量林地组分即可得到较高的代表性，在实际计算及多因子模型构建时，为了计算的便捷性以及避免引入过多变量引起的模型过拟合问题，可以使用林地单变量来进行景观组分的表征。

表 5-1 近城区景观组分与夏季日间热岛效应的逐步回归结果

项目	变量引入	R	R^2
1	林地	0.676	0.457
2	林地，草地	0.721	0.506
3	林地，草地，水体	0.736	0.539
4	林地，草地，水体，不透水面	0.737	0.541

事实上，当针对景观组分与热岛效应强度进行精细化逐步回归分析时，可以发现，在四个季节和不同城市区域中均表现了这一特性：仅使用 1 ~ 2 个变量即可使模型达到较高的解释度，对所有的景观组分因子有较高的表征效果。在规定引入新变量后，若模型 R^2 变化量小于 0.1，则不再引入新变量，以此获得不同区域、不同季节条件下的景观组分首要（主要）因子，结果如表 5-2 所示。

表 5-2　影响日间热岛效应强度的景观组分关键因子

项目	城区		近城区		近郊区	
季节	主要因子	R^2	主要因子	R^2	主要因子	R^2
春季	单层建筑	0.271	林地	0.359	林地	0.472
夏季	林地	0.310	林地	0.456	林地	0.665
秋季	单层建筑	0.353	林地	0.481	林地	0.681
冬季	非单层建筑	0.423	林地，非单层建筑	0.229	林地	0.525

结果显示，林地是影响近城区及近郊区日间热岛效应的关键因子，随着林地组分的增加，热岛效应强度逐渐降低。影响城区日间热岛效应的关键因子是林地和建筑，对城区夏季日间热岛效应而言，减缓热岛强度的关键是通过调节林地组分来增加其降温效益；对于春季、秋季及冬季城区日间热岛效应而言，合理调控建筑的覆被是减缓城市热岛效应的关键。鉴于城市建设的需要，景观比例不可能无休止地增加，如何在有限的景观比例内进行最优化的空间配置同样是减缓热岛效应的关键。

(2) 夜间热岛的景观组分关键影响因子

通过逐步回归的方法对影响夜间热岛的景观组分首要因子进行提取，结果如表 5-3 所示。总体而言，非单层建筑比例是影响夜间热岛效应的首要因子，这意味着对非单层建筑类型进行最优化配置可以有效缓解夜间热岛效应。除非单层建筑外，草地是影响近城区及近郊区冬季夜间热岛效应强度的关键因子，不透水面是影响近郊区夏季夜间热岛效应的关键因子。

表 5-3　影响夜间热岛效应强度的景观组分关键因子

项目	城区		近城区		近郊区	
季节	主要因子	R^2	主要因子	R^2	主要因子	R^2
春季	非单层建筑	0.561	非单层建筑	0.354	非单层建筑	0.131
夏季	非单层建筑	0.539	非单层建筑	0.380	不透水面	0.323
秋季	非单层建筑	0.571	非单层建筑	0.292	非单层建筑	0.259
冬季	非单层建筑	0.603	草地	0.312	草地	0.500

5.2 景观格局对热岛效应的影响

5.2.1 草地格局与热岛效应强度的关系

(1) 城区草地格局与草地的温度调节功能

在控制草地面积比例的情况下，城区草地类型格局指数与热岛效应的偏相关系数较低（表5-4）。草地类型格局指数与四个季节日间热岛效应强度的偏相关系数均在0.2以下，这表明城区草地格局对日间热岛效应影响很小。凝聚度指数（COHESION）和分离度指数（DIVISION）两种草地类型格局指数对夜间热岛的相关系数达到或接近0.3以上，呈现弱相关关系。其中，COHESION与夜间热岛强度为负相关，这表明草地连接度的升高有助于减缓夜间热岛效应。分离度指数表征斑块的分割程度，取值范围是［0，1），指数为0时，景观由一个斑块组成；越接近1，说明景观的分割程度越严重。分离度指数与夜间热岛强度为正相关，这表明在面积一定的情况下，草地类型下垫面的完整性越高，其降温作用越好。就不同季节而言，草地格局指数对冬季影响度较高，对夏季影响度较低。以上分析表明，草地的分布格局对城区日间热岛影响较弱；草地的完整性和斑块连接度在一定程度上有助于减缓城区夜间热岛效应。

表5-4　城区草地类型格局指数与热岛效应强度的偏相关分析

指数类型	格局指数	日间热岛效应强度				夜间热岛效应强度			
		春季	夏季	秋季	冬季	春季	夏季	秋季	冬季
形状指数	PD	-0.066	0.024	-0.036	-0.035	0.044	0.099	0.049	0.007
	LPI	0.127	0.175	0.165	-0.037	0.095	0.071	0.105	0.139
	ED	-0.088	-0.109	-0.108	0.077	-0.119	-0.055	-0.112	-0.160
	LSI	-0.051	-0.058	-0.076	0.074	-0.141	-0.085	-0.126	-0.170
	PAFRAC	-0.068	-0.071	-0.105	-0.043	-0.102	-0.091	-0.119	-0.136
分离度指数	ENN_MN	0.033	0.041	0.082	-0.005	0.120	0.099	0.124	0.144
	ENN_AM	0.031	0.055	0.071	-0.007	0.126	0.096	0.123	0.151
	ENN_MD	0.026	0.039	0.074	0.018	0.093	0.082	0.103	0.111
	ENN_RA	-0.066	-0.072	-0.040	-0.131	0.105	0.069	0.096	0.103
	ENN_SD	-0.040	-0.046	-0.009	-0.112	0.102	0.067	0.096	0.114
	ENN_CV	0.013	-0.054	-0.035	0.020	-0.086	-0.116	-0.105	-0.107

续表

指数类型	格局指数	日间热岛效应强度				夜间热岛效应强度			
		春季	夏季	秋季	冬季	春季	夏季	秋季	冬季
蔓延度指数	CLUMPY	0.025	-0.063	-0.055	0.051	-0.121	-0.138	-0.148	-0.145
	PLADJ	0.000	-0.093	-0.097	0.058	-0.182	-0.186	-0.208	-0.219
	IJI	-0.131	-0.173	-0.101	0.009	-0.143	-0.155	-0.130	-0.143
	COHESION	0.056	-0.095	-0.088	0.198	-0.368	-0.346	-0.372	-0.399
	DIVISION	-0.090	-0.017	0.016	-0.188	0.329	0.299	0.309	0.338
	MESH	0.069	0.191	0.158	-0.127	0.177	0.140	0.189	0.201
	SPLIT	0.064	0.075	0.107	0.080	0.119	0.111	0.117	0.139
	AI	0.012	-0.076	-0.069	0.055	-0.131	-0.142	-0.157	-0.158
	NLSI	-0.012	0.081	0.072	-0.059	0.134	0.144	0.162	0.165

注：各景观格局指数参见本书表 2-1。

(2) 近城区草地格局与草地的温度调节功能

分形度指标（PAFRAC）与近城区四个季节日间热岛效应强度之间均表现中等正相关关系（表 5-5）。景观形状指数（LSI）、相似邻接百分比指数（PLADJ）、分散并列指数（IJI）三种格局指数与近城区日间热岛效应强度之间呈现中等或弱相关关系；斑块密度（PD）、边界密度（ED）、欧氏距离变异系数（ENN_CV）、聚簇指数（CLUMPY）、聚合度指数（AI）、归一化景观形状指数（NLSI）、分离度指数（DIVISION）等指数与近城区日间热岛效应之间呈现弱相关关系。相比之下，影响近城区夜间热岛效应强度的格局指数较少，仅归一化景观格局指数（NLSI）与四个季节夜间热岛效应强度均呈现弱相关关系。斑块密度指数（PD）在春夏季与近城区夜间热岛效应强度呈现弱相关关系，边界密度（ED）、景观形状指数（LSI）、分形度指数（PAFRAC）仅在夏季与近城区夜间热岛强度呈现弱相关关系。与城区不同，近城区草地格局对日间热岛效应的影响大幅提高。草地总覆被面积的增加使草地分布格局对于日间热岛效应的影响力有所提升。分形度指标（PAFRAC）、形状复杂度指标（LSI）、边界密度指标（ED）、归一化景观形状指数（NLSI）与日间热岛效应强度之间为正相关关系，这表明草地斑块形状和边缘复杂度的提升使其降温效应有所降低。凝聚度指标（COHESION）、相似邻接百分比指数（PLADJ）、聚簇指数（CLUMPY）、聚合度指标（AI）与近城区日间热岛效应之间为正相关关系，这表明在草地总覆被面积较高的情况下，草地斑块的分散分布有助于降温效应的提升。斑块密度（PD）与日间热岛效应之间为正相关关系，分离度指数（DIVISION）与日间热岛效应之间为负相关关系。斑块密度仅计算了单位面积的类型斑块数目，景观类型总面积一定的情况下斑块密度越高，斑块面积越小。在斑块数目和总面积一定的情况下，斑块越离散，分离度指数越高。此时，更可能会出现较大面积的斑块。因此，斑块密度和分离度指数的相关性差异表明，较大的草地斑块面积有利于提升草地对近城区日间热岛的降温效应。对夜间热岛而言，归一化景观形状指数（NLSI）与夜间热岛效应强度的正相关关系表明形状复杂度的增加降低了草地的降温效应。斑块密度（PD）与夜间热岛效应强度的正相关关系表明较大的斑块更有利于提升草地对近城区夜间热岛的降温效应。

表 5-5　近城区草地类型格局指数与热岛效应强度的偏相关分析

指数类型	格局指数	日间热岛效应强度				夜间热岛效应强度			
		春季	夏季	秋季	冬季	春季	夏季	秋季	冬季
形状指数	PD	0.400	0.373	0.388	0.230	0.210	0.295	0.138	0.111
	LPI	−0.118	−0.086	−0.127	−0.112	0.044	0.004	0.074	0.093
	ED	0.327	0.278	0.314	0.238	0.122	0.212	0.072	0.034
	LSI	0.430	0.396	0.428	0.335	0.182	0.282	0.114	0.075
	PAFRAC	0.510	0.481	0.508	0.433	0.095	0.208	−0.024	−0.053
分离度指数	ENN_MN	−0.170	−0.173	−0.167	−0.059	−0.038	−0.076	0.004	0.011
	ENN_AM	−0.146	−0.166	−0.157	−0.076	−0.020	−0.050	0.012	0.022
	ENN_MD	−0.148	−0.161	−0.159	−0.072	−0.034	−0.065	0.007	0.009
	ENN_RA	0.072	0.067	0.078	0.147	−0.008	0.005	−0.036	−0.040
	ENN_SD	−0.058	−0.061	−0.051	0.051	−0.044	−0.063	−0.045	−0.034
	ENN_CV	0.294	0.280	0.291	0.302	0.042	0.104	−0.026	−0.042
蔓延度指数	CLUMPY	0.334	0.284	0.303	0.339	−0.013	0.060	−0.098	−0.122
	PLADJ	0.411	0.344	0.370	0.416	−0.002	0.089	−0.098	−0.124
	IJI	0.143	0.076	0.107	0.212	−0.112	−0.060	−0.174	−0.179
	COHESION	0.440	0.378	0.405	0.434	0.060	0.155	−0.035	−0.063
	DIVISION	−0.300	−0.254	−0.272	−0.273	0.036	−0.031	0.099	0.103
	MESH	−0.154	−0.124	−0.164	−0.156	0.069	0.010	0.112	0.141
	SPLIT	−0.167	−0.120	−0.137	−0.204	−0.013	−0.048	0.009	0.008
	AI	0.351	0.296	0.317	0.349	−0.002	0.076	−0.088	−0.114
	NLSI	0.263	0.277	0.284	0.186	0.303	0.341	0.275	0.261

（3）近郊区草地格局与草地的温度调节功能

如表 5-6 所示，斑块密度（PD）、边界密度（ED）、景观形状指数（LSI）、分形度指数（PAFRAC）、欧氏距离变异系数（ENN _ CV）、聚簇指数（CLUMPY）、相似邻接百分比（PLADJ）、分散与并列指数（IJI）、凝聚度指数（COHESION）、聚合度指数（AI）与近郊区日间热岛强度之间存在中等及正相关关系。有效粒度尺寸（MESH）与近郊区日间热岛强度之间存在负向弱相关关系；欧氏距离振幅（ENN_RA）、归一化景观格局指数（NLSI）与近郊区日间热岛效应之间存在弱正相关关系。

表 5-6　近郊区草地类型格局指数与热岛效应强度的偏相关分析

指数类型	格局指数	日间热岛效应强度				夜间热岛效应强度			
		春季	夏季	秋季	冬季	春季	夏季	秋季	冬季
形状指数	PD	0. 517	0. 577	0. 514	0. 413	0. 239	0. 511	0. 081	-0. 105
	LPI	-0. 169	-0. 207	-0. 193	-0. 178	-0. 035	-0. 147	0. 039	0. 129
	ED	0. 480	0. 528	0. 462	0. 395	0. 190	0. 444	0. 056	-0. 120
	LSI	0. 595	0. 636	0. 597	0. 523	0. 275	0. 534	0. 112	-0. 087
	PAFRAC	0. 557	0. 629	0. 585	0. 530	0. 258	0. 519	0. 096	-0. 145
分离度指数	ENN_MN	0. 058	0. 021	0. 053	0. 081	0. 011	-0. 003	0. 019	0. 029
	ENN_AM	0. 039	-0. 004	0. 026	0. 054	-0. 002	-0. 022	0. 014	0. 039
	ENN_MD	0. 030	-0. 003	0. 024	0. 055	0. 012	-0. 006	0. 029	0. 046
	ENN_RA	0. 277	0. 271	0. 289	0. 283	0. 082	0. 177	-0. 004	-0. 090
	ENN_SD	0. 156	0. 130	0. 161	0. 167	0. 022	0. 053	-0. 020	-0. 051
	ENN_CV	0. 448	0. 475	0. 470	0. 443	0. 165	0. 359	0. 016	-0. 142
蔓延度指数	CLUMPY	0. 458	0. 427	0. 443	0. 436	0. 131	0. 268	0. 014	-0. 102
	PLADJ	0. 487	0. 456	0. 470	0. 459	0. 141	0. 291	0. 017	-0. 108
	IJI	0. 466	0. 475	0. 459	0. 449	0. 181	0. 362	0. 061	-0. 083
	COHESION	0. 485	0. 454	0. 470	0. 458	0. 156	0. 303	0. 035	-0. 088
	DIVISION	-0. 156	-0. 187	-0. 156	-0. 125	-0. 041	-0. 126	0. 012	0. 097
	MESH	-0. 248	-0. 296	-0. 270	-0. 260	-0. 037	-0. 199	0. 061	0. 194
	SPLIT	-0. 023	-0. 031	-0. 031	-0. 031	-0. 039	-0. 046	-0. 030	-0. 005
	AI	0. 461	0. 429	0. 445	0. 436	0. 133	0. 272	0. 017	-0. 099
	NLSI	0. 303	0. 278	0. 301	0. 277	0. 217	0. 285	0. 168	0. 128

对于夜间热岛效应而言，影响夏季夜间热岛效应强度的指数最多，春季较少，草地格局指数与秋冬季夜间热岛强度均未达到弱相关关系标准。草地格局对近郊区日间热岛效应的影响方式与格局对近城区热岛强度的影响类似，在此不再

赘述。总体而言，草地斑块的分散分布、较低的形状和边缘复杂度、较大的斑块面积有利于提升草地对日间热岛的降温效应。草地的分布格局对夜间热岛效应的影响方式与其对日间热岛的影响相同，但格局的影响效应更低。

5.2.2 林地格局与热岛效应强度的关系

将林地类型景观比例作为控制变量，对林地类型景观格局指数与热岛效应强度进行偏相关分析，结果如下。

(1) 城区林地格局与林地的温度调节功能

如表 5-7 所示，各林地类型格局指数与城区日间热岛强度的相关系数均低于 0.25，这表明林地的分布格局对城区日间热岛效应的影响程度较低。边界密度（ED）、景观形状指数（LSI）、分形度指数（PAFRAC）、归一化景观形状指数（NLSI）与城区夜间热岛强度之间存在中等或弱正相关关系，这表明林地斑块形状或边缘复杂度的提高降低了其对夜间热岛效应的降温作用。聚簇指数（CLUMPY）、相似邻接百分比（PLADJ）、聚合度指数（AI）与城区夜间热岛效应强度存在负向弱相关关系，这表明林地斑块之间连接度和聚集程度的提高，有助于增加其对夜间热岛效应的降温作用。斑块密度（PD）与城区夜间热岛效应强度存在正相关关系，这表明斑块破碎化程度的提高降低了林地在夜间的降温作用。综合来看，林地的分布格局对日间热岛效应影响不大；斑块形状及边缘复杂度的降低、斑块连接度和凝聚度的提升以及破碎化程度的降低有助于林地在夜间发挥更高的降温作用。

表 5-7　城区林地类型格局指数与热岛效应强度的偏相关分析

指数类型	格局指数	日间热岛效应强度				夜间热岛效应强度			
		春季	夏季	秋季	冬季	春季	夏季	秋季	冬季
形状指数	PD	-0.049	0.236	0.155	-0.131	0.274	0.365	0.292	0.281
	LPI	0.159	0.120	0.140	0.120	-0.165	-0.193	-0.158	-0.125
	ED	-0.219	0.051	0.003	-0.222	0.343	0.418	0.373	0.341
	LSI	-0.178	0.113	0.068	-0.192	0.343	0.427	0.378	0.351
	PAFRAC	-0.164	0.100	0.069	-0.161	0.276	0.296	0.300	0.303
分离度指数	ENN_MN	0.038	-0.200	-0.120	0.135	-0.159	-0.222	-0.180	-0.176
	ENN_AM	0.070	-0.169	-0.090	0.172	-0.190	-0.256	-0.213	-0.203
	ENN_MD	0.026	-0.206	-0.111	0.087	-0.101	-0.142	-0.120	-0.120
	ENN_RA	0.006	-0.103	-0.079	0.097	-0.119	-0.160	-0.129	-0.137

续表

指数类型	格局指数	日间热岛效应强度				夜间热岛效应强度			
		春季	夏季	秋季	冬季	春季	夏季	秋季	冬季
分离度指数	ENN_SD	0.028	-0.179	-0.127	0.139	-0.188	-0.250	-0.206	-0.211
	ENN_CV	0.027	-0.031	-0.034	0.100	-0.135	-0.145	-0.141	-0.159
蔓延度指数	CLUMPY	0.125	-0.127	-0.110	0.103	-0.330	-0.397	-0.367	-0.346
	PLADJ	0.081	-0.155	-0.145	0.065	-0.305	-0.367	-0.343	-0.329
	IJI	-0.076	-0.118	-0.086	0.051	-0.066	-0.098	-0.058	-0.070
	COHESION	-0.015	-0.129	-0.114	-0.025	-0.167	-0.191	-0.175	-0.175
	DIVISION	-0.154	-0.154	-0.181	-0.102	0.074	0.107	0.065	0.030
	MESH	0.154	0.155	0.181	0.102	-0.075	-0.107	-0.065	-0.031
	SPLIT	0.109	0.032	0.087	0.153	-0.024	-0.053	-0.010	0.001
	AI	0.089	-0.159	-0.145	0.077	-0.312	-0.379	-0.350	-0.335
	NLSI	-0.090	0.159	0.146	-0.079	0.314	0.380	0.352	0.337

(2) 近城区林地格局与林地的温度调节功能

林地格局对夏季日间热岛效应的影响力较弱，对春冬季日间热岛强度的影响力较强（表5-8）。分离度指标（DIVISION）及有效粒度尺寸（MESH）与春冬季日间热岛强度存在中等相关关系。有效粒度尺寸（MESH）、最大斑块指数（LPI）与春冬季日间热岛强度为负相关关系，这表明较大的林地斑块面积有助于提升其在日间的降温效果。考虑到近城区林地对地表的覆盖比例达到30%以上，更高的分离度指标（DIVISION）意味着更为离散的斑块面积以及更多的小型斑块。分离度指标与春冬季日间热岛强度为正相关关系，这表明斑块面积的离散化降低了林地在日间的降温效果。归一化景观形状指数与日间热岛效应强度存在负相关关系，但边界密度（ED）与日间热岛效应强度为正相关关系，景观形状指数（LSI）与日间热岛强度的相关性亦为负相关，这表明林地斑块的形状复杂度对日间热岛强度的影响关系可能较为复杂，需要进一步分析。聚簇指数（CLUMPY）与春冬季日间热岛效应之间存在正相关关系，这表明较为分散的林地格局有助于提升其日间降温效果。近城区林地格局对林地在夜间降温效果的影响与近城区类似，在此不再赘述。但应注意的是近城区林地斑块的连接度对降温效果的影响权重有所增加，形状类格局因子影响权重有所降低。

表 5-8　近城区林地类型格局指数与热岛效应强度的偏相关分析

指数类型	格局指数	日间热岛效应强度				夜间热岛效应强度			
		春季	夏季	秋季	冬季	春季	夏季	秋季	冬季
形状指数	PD	0. 158	0. 226	0. 166	-0. 001	0. 269	0. 283	0. 254	0. 269
	LPI	-0. 327	-0. 138	-0. 173	-0. 339	0. 168	0. 104	0. 219	0. 225
	ED	0. 268	0. 168	0. 169	0. 250	0. 102	0. 161	0. 069	0. 068
	LSI	0. 107	0. 117	0. 082	0. 022	0. 258	0. 278	0. 249	0. 255
	PAFRAC	0. 181	0. 067	0. 062	0. 174	-0. 033	0. 001	-0. 067	-0. 054
分离度指数	ENN_MN	-0. 060	-0. 073	-0. 049	-0. 038	-0. 053	-0. 063	-0. 058	-0. 060
	ENN_AM	-0. 086	-0. 069	-0. 069	-0. 102	-0. 003	-0. 011	-0. 002	-0. 006
	ENN_MD	-0. 041	-0. 057	-0. 024	-0. 041	-0. 026	-0. 028	-0. 037	-0. 040
	ENN_RA	-0. 051	-0. 048	-0. 088	-0. 054	-0. 005	-0. 031	-0. 007	-0. 003
	ENN_SD	-0. 065	-0. 080	-0. 105	-0. 024	-0. 088	-0. 113	-0. 088	-0. 083
	ENN_CV	0. 067	0. 021	-0. 004	0. 092	-0. 029	-0. 033	-0. 048	-0. 043
蔓延度指数	CLUMPY	0. 250	0. 082	0. 117	0. 337	-0. 288	-0. 243	-0. 334	-0. 326
	PLADJ	0. 074	-0. 056	-0. 039	0. 191	-0. 328	-0. 319	-0. 352	-0. 339
	IJI	0. 177	-0. 048	0. 024	0. 289	-0. 362	-0. 313	-0. 411	-0. 417
	COHESION	0. 032	-0. 049	-0. 061	0. 116	-0. 168	-0. 170	-0. 182	-0. 161
	DIVISION	0. 404	0. 169	0. 211	0. 498	-0. 266	-0. 189	-0. 324	-0. 324
	MESH	-0. 435	-0. 191	-0. 245	-0. 532	0. 269	0. 180	0. 329	0. 335
	SPLIT	-0. 031	-0. 002	0. 020	-0. 032	0. 028	0. 035	0. 028	0. 017
	AI	0. 062	-0. 059	-0. 037	0. 177	-0. 317	-0. 309	-0. 339	-0. 328
	NLSI	-0. 330	-0. 134	-0. 188	-0. 419	0. 286	0. 217	0. 339	0. 341

(3) 近郊区林地格局与林地的温度调节功能

最大斑块指数（LPI）、边界密度（ED）、聚簇指数（CLUMPY）、分离度指数（DIVISION）、有效粒度尺寸（MESH）、归一化景观形状指数（NLSI）与近郊区日间热岛强度之间存在中等或弱相关关系，其所代表的林地格局对日间热岛的影响方式与近城区类似，在此不再赘述（表 5 9）。需要注意的是，这些格局指数的相关关系在四个季节的日间热岛强度中均有体现。此外，散布并列指数（IJI）与近郊区日间热岛效应之间存在正相关关系，散布并列指数更多地反映了斑块类型的隔离分布。这表明，过高的斑块隔离降低了林地在日间的降温效应。林地格局对近郊区夜间热岛的影响主要集中在夏季和冬季，对春秋季影响不大。对比城区和近城区，这表明当林地的总覆盖面积较大时（近郊区林地覆盖面积≥

50%），林地的空间格局对夜间热岛效应的影响减弱，但对日间热岛效应仍然存在较多的影响力。对近郊区夜间热岛存在弱相关关系的格局指数的相关性方向与城区和近城区类似。总体而言，林地格局对其降温效果影响的规律为：①随着林地覆被总面积的增加，林地的空间格局对日间热岛的降温效果影响度增强，但对林地在夜间的降温效果影响度减弱；②较大的林地斑块面积、更小的斑块面积差异以及更为分散的空间分布有助于提升林地在日间的降温效果；③斑块形状及边缘复杂度的降低、斑块连接度和凝聚度的提升，以及破碎化程度的降低有助于提升林地在夜间的降温效果。

表 5-9　近郊区林地类型格局指数与热岛效应强度的偏相关分析

指数类型	格局指数	日间热岛效应强度				夜间热岛效应强度			
		春季	夏季	秋季	冬季	春季	夏季	秋季	冬季
形状指数	PD	0.153	0.164	0.068	0.013	0.195	0.274	0.168	0.184
	LPI	-0.291	-0.268	-0.248	-0.292	-0.038	-0.143	0.001	0.052
	ED	0.370	0.337	0.304	0.344	0.145	0.303	0.099	0.025
	LSI	0.205	0.189	0.122	0.125	0.162	0.251	0.144	0.146
	PAFRAC	0.164	0.182	0.126	0.123	0.088	0.168	0.058	0.023
分离度指数	ENN_MN	0.027	0.010	0.100	0.083	-0.018	-0.067	-0.034	-0.042
	ENN_AM	-0.031	-0.070	-0.006	-0.033	0.002	-0.056	0.026	0.031
	ENN_MD	0.022	-0.003	0.078	0.052	0.009	-0.043	-0.018	-0.014
	ENN_RA	-0.008	-0.010	0.030	0.017	-0.008	-0.035	-0.012	-0.006
	ENN_SD	-0.001	-0.004	0.056	0.053	-0.033	-0.062	-0.035	-0.045
	ENN_CV	0.169	0.164	0.166	0.202	0.016	0.101	-0.005	-0.054
蔓延度指数	CLUMPY	0.352	0.276	0.358	0.414	0.085	0.169	0.057	0.002
	PLADJ	0.124	0.102	0.148	0.220	-0.090	-0.005	-0.118	-0.239
	IJI	0.278	0.209	0.226	0.264	-0.049	0.039	-0.084	-0.118
	COHESION	0.167	0.130	0.160	0.270	-0.072	0.058	-0.095	-0.213
	DIVISION	0.405	0.363	0.364	0.429	0.054	0.210	-0.002	-0.096
	MESH	-0.405	-0.362	-0.362	-0.428	-0.053	-0.210	0.003	0.097
	SPLIT	-0.067	-0.052	-0.031	-0.075	0.013	-0.054	0.020	0.059
	AI	0.109	0.088	0.140	0.208	-0.096	-0.022	-0.123	-0.240
	NLSI	-0.364	-0.290	-0.367	-0.426	-0.092	-0.182	-0.062	-0.002

5.2.3 水体格局与热岛效应强度的关系

将水体类型景观比例作为控制变量，研究在控制水体组分的情况下，各水体类型景观指数对热岛的影响效应，结果如下。

(1) 城区水体类型格局指数的偏相关分析

水体斑块密度（PD）与城区夏秋季日间热岛效应之间呈现负相关，最大斑块指数（LPI）、有效粒度尺寸（MESH）与城区夏秋季日间热岛效应之间存在正相关关系（表5-10）。这表明，即使斑块数目的提升会降低水体的斑块面积，斑块密度的增加仍有助于提升其对日间热岛的总体降温效果。边界密度（ED）、景观形状指数（LSI）、分形度指数（PAFRAC）与夏秋季日间热岛效应存在负向的弱相关关系，这表明水体斑块形状复杂度和边缘复杂度的升高有助于提升水体对日间热岛的降温效果。聚簇指数（CLUMPY）、相似邻接百分比（PLADJ）、分散并列指数（IJI）、凝聚度指数（COHESION）、聚合度指数（AI）与夏秋季日间热岛之间存在负向弱相关关系，这表明水体斑块凝聚度和连接度的提升有助于提高水体在日间的降温效果，这也意味着水体斑块之间存在降温协同作用。除分散并列指数（IJI）外，聚簇指数（CLUMPY）、相似邻接百分比（PLADJ）、凝聚度指数（COHESION）、聚合度指数（AI）等聚散度指标与夜间热岛效应强度的相关性均低于0.2，这表明水体斑块的聚散度对夜间热岛影响不大。水体斑块密度（PD）、分离度指标（DIVISION）与城区夜间热岛效应强度之间存在负相关关系，这表明更加破碎化的斑块以及更加差异化的斑块面积减缓了水体在夜间的升温作用。边界密度（ED）、景观形状指数（LSI）、分形度指数（PAFRAC）与夜间热岛强度之间存在负相关关系，这表明斑块形状和边界复杂度的提高降低了水体在夜间的升温作用。

表5-10 城区水体类型格局指数与热岛效应强度的偏相关分析

指数类型	格局指数	日间热岛效应强度				夜间热岛效应强度			
		春季	夏季	秋季	冬季	春季	夏季	秋季	冬季
形状指数	PD	-0.049	0.236	0.155	-0.131	0.274	0.365	0.292	0.281
	LPI	0.159	0.120	0.140	0.120	-0.165	-0.193	-0.158	-0.125
	ED	-0.219	0.051	0.003	-0.222	0.343	0.418	0.373	0.341
	LSI	-0.178	0.113	0.068	-0.192	0.343	0.427	0.378	0.351
	PAFRAC	-0.164	0.100	0.069	-0.161	0.276	0.296	0.300	0.303

续表

指数类型	格局指数	日间热岛效应强度				夜间热岛效应强度			
		春季	夏季	秋季	冬季	春季	夏季	秋季	冬季
分离度指数	ENN_MN	0.038	-0.200	-0.120	0.135	-0.159	-0.222	-0.180	-0.176
	ENN_AM	0.070	-0.169	-0.090	0.172	-0.190	-0.256	-0.213	-0.203
	ENN_MD	0.026	-0.206	-0.111	0.087	-0.101	-0.142	-0.120	-0.120
	ENN_RA	0.006	-0.103	-0.079	0.097	-0.119	-0.160	-0.129	-0.137
	ENN_SD	0.028	-0.179	-0.127	0.139	-0.188	-0.250	-0.206	-0.211
	ENN_CV	0.027	-0.031	-0.034	0.100	-0.135	-0.145	-0.141	-0.159
蔓延度指数	CLUMPY	0.125	-0.127	-0.110	0.103	-0.330	-0.397	-0.367	-0.346
	PLADJ	0.081	-0.155	-0.145	0.065	-0.305	-0.367	-0.343	-0.329
	IJI	-0.076	-0.118	-0.086	0.051	-0.066	-0.098	-0.058	-0.070
	COHESION	-0.015	-0.129	-0.114	-0.025	-0.167	-0.191	-0.175	-0.175
	DIVISION	-0.154	-0.154	-0.181	-0.102	0.074	0.107	0.065	0.030
	MESH	0.154	0.155	0.181	0.102	-0.075	-0.107	-0.065	-0.031
	SPLIT	0.109	0.032	0.087	0.153	-0.024	-0.053	-0.010	0.001
	AI	0.089	-0.159	-0.145	0.077	-0.312	-0.379	-0.350	-0.335
	NLSI	-0.090	0.159	0.146	-0.079	0.314	0.380	0.352	0.337

与草地、林地格局在日间夜间对景观温度调节能力的一致性影响不同，水体分布格局的破碎化程度、形状和边界复杂性的提高提升了日间水体温度调节效果的同时降低了水体在夜间的温度调节效果。每1%水体组分的增加可使城区夏季日间地表温度降低0.09℃，使城区夏季夜间地表温度升高2.08℃。水体组分对日间夜间温度调控能力的差异可能是水体格局不同昼夜效应的原因。单位面积水体在日间对温度的调控能力很强，更小的斑块面积（伴随着斑块数目的增多）和更复杂的斑块形状提升了水体在日间的调控效应。单位面积水体在夜间对温度的调控较低，过小的斑块面积和过于复杂的斑块形状反而影响了其温度调节能力的发挥。

(2) 近城区水体类型格局指数的偏相关分析

如表5-11所示，仅聚簇指数（CLUMPY）、相似邻接百分比（PLADJ）、凝聚度指数（COHESION）及聚合度（AI）指数与近城区冬季日间热岛效应之间呈现较弱的正相关关系。这表明水体斑块聚集度的提升降低了水体在近城区冬季日间的降温效果。水体格局指数对近城区春季、夏季、秋季日间热岛效应影响较弱。欧氏距离变异系数（ENN_CV）、相似邻接百分比（PLADJ）、分散与并列指数（IJI）三种格局指数与近城区秋冬季夜间热岛效应强度之间存在负向弱相关关系，这表明水体斑块的聚集减弱了水体在夜间的升温效应。与城区不同，近城区水体斑块聚集度的提升降低了水体在日间和夜间的温度调节效应。结合水体格局与近郊区热岛强度的偏相关关系，可能与城区水体更加分散且具有较多的人工水体，而近城区和近郊区多为自然水体有关有关。聚簇指数（CLUMPY）对斑块的分布方式进行了表征，其可能的取值范围为［-1，1］。当聚簇指数等于0时，代表斑块分布为随机分布；当聚簇指数为1时，表示斑块最大聚集；当聚簇指数等于-1时，表示斑块分布最大分散。观察不同区域网格的聚簇指数特征，发现城区水体聚簇指数最小值接近于0，最大值接近于1；近城区和近郊区水体聚簇指数最小值接近于-1，最大值接近于1。这表明相比于近城区和近郊区水体斑块的分布在随机分布的基础上向最大聚集和最大分散方向均有偏移，城区水体斑块的分布特征受人为影响较大。佐证了先前的猜想，即不同区域水体格局的影响差异可能与城区水体更多收到人为干扰有关。

表5-11　近城区水体类型格局指数与热岛效应强度的偏相关分析

指数类型	格局指数	日间热岛效应强度				夜间热岛效应强度			
		春季	夏季	秋季	冬季	春季	夏季	秋季	冬季
形状指数	PD	0.158	0.226	0.166	-0.001	0.269	0.283	0.254	0.269
	LPI	-0.327	-0.138	-0.173	-0.339	0.168	0.104	0.219	0.225
	ED	0.268	0.168	0.169	0.250	0.102	0.161	0.069	0.068
	LSI	0.107	0.117	0.082	0.022	0.258	0.278	0.249	0.255
	PAFRAC	0.181	0.067	0.062	0.174	-0.033	0.001	-0.067	-0.054
分离度指数	ENN_MN	-0.060	-0.073	-0.049	-0.038	-0.053	-0.063	-0.058	-0.060
	ENN_AM	-0.086	-0.069	-0.069	-0.102	-0.003	-0.011	-0.002	-0.006
	ENN_MD	-0.041	-0.057	-0.024	-0.041	-0.026	-0.028	-0.037	-0.040
	ENN_RA	-0.051	-0.048	-0.088	-0.054	-0.005	-0.031	-0.007	-0.003
	ENN_SD	-0.065	-0.080	-0.105	-0.024	-0.088	-0.113	-0.088	-0.083
	ENN_CV	0.067	0.021	-0.004	0.092	-0.029	-0.033	-0.048	-0.043
蔓延度指数	CLUMPY	0.250	0.082	0.117	0.337	-0.288	-0.243	-0.334	-0.326
	PLADJ	0.074	-0.056	-0.039	0.191	-0.328	-0.319	-0.332	-0.339
	IJI	0.177	-0.048	0.024	0.289	-0.362	-0.313	-0.411	-0.417
	COHESION	0.032	-0.049	-0.061	0.116	-0.168	-0.170	-0.182	-0.161
	DIVISION	0.404	0.169	0.211	0.498	-0.266	-0.189	-0.324	-0.324
	MESH	-0.435	-0.191	-0.245	-0.532	0.269	0.180	0.329	0.335

续表

指数类型	格局指数	日间热岛效应强度				夜间热岛效应强度			
		春季	夏季	秋季	冬季	春季	夏季	秋季	冬季
蔓延度指数	SPLIT	-0.031	-0.002	0.020	-0.032	0.028	0.035	0.028	0.017
	AI	0.062	-0.059	-0.037	0.177	-0.317	-0.309	-0.339	-0.328
	NLSI	-0.330	-0.134	-0.188	-0.419	0.286	0.217	0.339	0.341

(3) 近郊区水体类型格局指数的偏相关分析

聚簇指数（CLUMPY）、相似邻接百分比（PLADJ）、凝聚度指数（COHESION）、聚合度指数（AI）分散并列指数（IJI）与近郊区日间热岛之间存在中等程度正相关关系，这表明水体斑块聚集度的升高降低了水体对近郊区日间热岛的减缓效果（表5-12）。但同时欧氏距离均值（ENN_MN）、面积权重欧氏距离均值（ENN_AM）、欧氏距离振幅（ENNRA）、欧氏距离方差（ENN_SD）、欧氏距离变异系数（ENN_CV）、分离度（DIVISION）与近郊区日间热岛效应同样存在正相关关系，但相关性较弱。这表明近郊区水体的格局分布与热岛强度的关系较为复杂。考虑到相关性的强弱，聚集度仍然是主要的格局影响因素。边界密度（ED）、景观形状指数（LSI）、归一化形状指数（NLSI）与近郊区日间热岛之间呈现正相关关系，这表明斑块形状复杂度的降低有助于提升水体在近郊区日间的降温效果。水体格局与近郊区夏季及冬季夜间热岛强度的相关性较大，与春季和秋季夜间热岛效应强度相关性较弱。表现出弱相关关系的水体格局指数与近郊区冬季热岛强度之间为负相关关系，且与近郊区夏季热岛强度之间为正相关关系。这表明水体格局对近郊区夜间热岛的影响存在较大的季节差异。

表5-12　近郊区水体类型格局指数与热岛效应强度的偏相关分析

指数类型	格局指数	日间热岛效应强度				夜间热岛效应强度			
		春季	夏季	秋季	冬季	春季	夏季	秋季	冬季
形状指数	PD	0.153	0.164	0.068	0.013	0.195	0.274	0.168	0.184
	LPI	-0.291	-0.268	-0.248	-0.292	-0.038	-0.143	0.001	0.052
	ED	0.370	0.337	0.304	0.344	0.145	0.303	0.099	0.025
	LSI	0.205	0.189	0.122	0.125	0.162	0.251	0.144	0.146
	PAFRAC	0.164	0.182	0.126	0.123	0.088	0.168	0.058	0.023
分离度指数	ENN_MN	0.027	0.010	0.100	0.083	-0.018	-0.067	-0.034	-0.042
	ENN_AM	-0.031	-0.070	-0.006	-0.033	0.002	-0.056	0.026	0.031
	ENN_MD	0.022	-0.003	0.078	0.052	0.009	-0.043	-0.018	-0.014

续表

指数类型	格局指数	日间热岛效应强度				夜间热岛效应强度			
		春季	夏季	秋季	冬季	春季	夏季	秋季	冬季
分离度指数	ENN_RA	-0.008	-0.010	0.030	0.017	-0.008	-0.035	-0.012	-0.006
	ENN_SD	-0.001	-0.004	0.056	0.053	-0.033	-0.062	-0.035	-0.045
	ENN_CV	0.169	0.164	0.166	0.202	0.016	0.101	-0.005	-0.054
蔓延度指数	CLUMPY	0.352	0.276	0.358	0.414	0.085	0.169	0.057	0.002
	PLADJ	0.124	0.102	0.148	0.220	-0.090	-0.005	-0.118	-0.239
	IJI	0.278	0.209	0.226	0.264	-0.049	0.039	-0.084	-0.118
	COHESION	0.167	0.130	0.160	0.270	-0.072	0.058	-0.095	-0.213
	DIVISION	0.405	0.363	0.364	0.429	0.054	0.210	-0.002	-0.096
	MESH	-0.405	-0.362	-0.362	-0.428	-0.053	-0.210	0.003	0.097
	SPLIT	-0.067	-0.052	-0.031	-0.075	0.013	-0.054	0.020	0.059
	AI	0.109	0.088	0.140	0.208	-0.096	-0.022	-0.123	-0.240
	NLSI	-0.364	-0.290	-0.367	-0.426	-0.092	-0.182	-0.062	-0.002

总体而言，在城区范围内，水体斑块密度的增加、斑块形状复杂度和边缘复杂度的升高，斑块凝聚度和连接度的提升有助于提高水体在日间的降温效果。但水体斑块破碎化及斑块面积差异的增大、斑块形状和边界复杂度的提高也降低了水体在日间的升温效果。水体格局对热岛效应的影响在不同城市区域具有很高的差异，需要针对特定研究区域进一步分析。

5.2.4 影响热岛强度的关键景观格局

与景观组分关键因子识别方法相同，通过逐步回归的方法对影响热岛效应强度的景观格局因子进行筛选和提取，结果见表 5-13 和表 5-14。单层建筑欧氏距离均值（ENN_MN）是影响春季、夏季、秋季城区日间热岛效应的景观格局关键因子，分散与并列指数（IJI）是影响冬季城区日间热岛效应的关键格局因子。这表明，改善城区日间热岛效应的关键在于降低单层建筑的聚集度。树木最大斑块指数（LPI2）是影响近城区夏季和秋季日间热岛强度的关键格局因子，树木的有效粒度尺寸是影响近城区春季日间热岛的关键因子。这表明，改善近城区日间热岛的关键在于提高树木斑块的面积。单层建筑的分离度（DIVISION）是近郊区春季日间热岛的关键因子，树木的分离度是近郊区夏季和秋季日间热岛的关键因子，草地的相似邻接百分比是近郊区冬季日间热岛的关键因子。这表明，改善近郊区日间热岛效应的核心在于对林地斑块和建筑斑块在空间上进行合理分布，提高不同斑块间的交错性。

表 5-13 影响日间热岛效应强度的景观格局关键因子

季节	城区		近城区		近郊区	
	关键因子	R^2	关键因子	R^2	关键因子	R^2
春季	ENNMN41	0.423	MESH2	0.510	DIVISION41	0.377
夏季	ENNMN41	0.349	LPI2	0.517	DIVISION2	0.437
秋季	ENNMN41	0.350	LPI2	0.531	DIVISION2	0.480
冬季	IJI41	0.485	DIVISION	0.419	PLADJ1	0.460

注：1 代表草地；2 代表林地；3 代表水体；41 代表单层建筑；44 代表非单层建筑。

表 5-14 影响夜间热岛效应强度的景观格局关键因子

季节	城区		近城区		近郊区	
	关键因子	R^2	关键因子	R^2	关键因子	R^2
春季	ED44	0.609	ED44	0.271	LPI1	0.183
夏季	ED44	0.564	ED44	0.300	ENN_CV3	0.203
秋季	ED44	0.571	NLSI1	0.244	LPI1	0.279
冬季	ED44	0.603	ED44	0.249	LPI2	0.353

注：1 代表草地；2 代表林地；3 代表水体；41 代表单层建筑；44 代表非单层建筑。

非单层建筑的边缘密度（ED44）是影响城区热岛效应的关键因子，改善城区夜间热岛的关键在于降低非单层建筑的边缘密度，即降低非单层建筑的不规律分布。影响近城区夜间热岛的关键因子是非单层建筑的边缘密度（春季、夏季、冬季）及草地的归一化景观形状指标（NLSI1）（秋季）。这表明，降低非单层建筑的边缘密度仍然是改善近城区夜间热岛强度的关键。影响近郊区夜间热岛强度的关键因子是草地最大斑块指数（LPI1）（春季、秋季）、树木最大斑块指数（LPI2）（冬季）、水体欧氏距离变异指数（ENN_CV3）（夏季）。相比于城区及近城区，自然景观的分布是改善近郊区夜间热岛效应强度关键。

5.3 城市尺度热岛效应的预测模型

5.3.1 景观格局和人为热对热岛效应的影响

通过之前的研究和分析，选取的各景观组分、格局因子以及经过指数变换后的人为热因子与热岛效应强度之间均呈现线性关系。因此，使用多元线性回归的方法进行综合影响模型的构建。

对模型参数进行分析，夏季日间、夜间景观组分因子的系数均高于其他季节。这说明在夏季的高太阳辐射输入，增强了景观的增温/降温效应。景观格局因子系数在四个季节影响力基本稳定，这说明建筑三维结构对热岛效应强度的影响力各个季节基本相似。由于人为热主要影响夜间热岛效应强度，人为热的分布与非单层建筑有较高的相关性，在非单层建筑组分同样纳入模型的情况下，人为热的系数有一定程度低估。尽管如此，人为热因子的系数同样反映了不同季节人为热对夜间热岛效应的影响差异：冬季最高，春秋季次之，夏季最低（表 5-15）。

表 5-15　热岛效应综合影响模型各因子参数

项目		常数项	景观组分因子系数		景观格局因子系数		人为热因子系数	
			未标准化	标准化	未标准化	标准化	未标准化	标准化
日间	春	5. 276	3. 644	0. 392	−0. 031	−0. 391	−0. 137	−0. 170
	夏	9. 672	−3. 870	−0. 423	−0. 050	−0. 526	−0. 015	−0. 015
	秋	5. 672	3. 089	0. 460	−0. 028	−0. 466	−0. 032	−0. 052
	冬	5. 021	−3. 343	−0. 335	−0. 015	−0. 404	−0. 089	−0. 142
夜间	春	4. 015	6. 475	0. 385	0. 003	0. 393	0. 161	0. 154
	夏	4. 572	5. 962	0. 404	0. 003	0. 385	0. 046	0. 050
	秋	2. 828	6. 942	0. 447	0. 002	0. 310	0. 170	0. 175
	冬	2. 593	9. 394	0. 439	0. 004	0. 330	0. 237	0. 177

使用测试数据集对模型进行稳定性测试，评估模型效果见表 5-16，模型在测试数据上有较好的表现。适用日间四个不同季节的综合影响模型测试 R^2 均达到了 0. 5 左右；适用夜间四个不同季节的综合影响模型测试 R^2 均达到 0. 6 以上。综合影响模型在夜间热岛效应上的模拟效果总体高于其对日间热岛效应的模拟效果，模型在冬季夜间模拟效果最佳。这也表明，尽管城市热岛效应的成因和影响因素十分复杂，但选取一个代表性的景观组分因子，一个代表性的景观格局因子，再加上人为热因子，即可很好地对城市热岛效应的规律进行模拟。

表 5-16　综合影响模型精度测试结果

项目		日间				夜间			
		春	夏	秋	冬	春	夏	秋	冬
R^2	训练数据	0. 60	0. 50	0. 53	0. 53	0. 67	0. 61	0. 67	0. 70
	测试数据	0. 51	0. 47	0. 51	0. 50	0. 66	0. 59	0. 65	0. 69

续表

项目		日间				夜间			
		春	夏	秋	冬	春	夏	秋	冬
均方误差	训练数据	0.29	0.49	0.18	0.16	0.28	0.23	0.25	0.43
	测试数据	0.35	0.57	0.21	0.18	0.29	0.26	0.24	0.43

5.3.2 热岛效应影响因素的时间动态

使用景观组分关键因子、景观格局关键因子、人为热因子构建了城市热岛综合影响模型，根据模型各影响因子的标准化系数，分析三类因子在热岛效应综合影响模型总解释度中的贡献比例（图 5-7）。

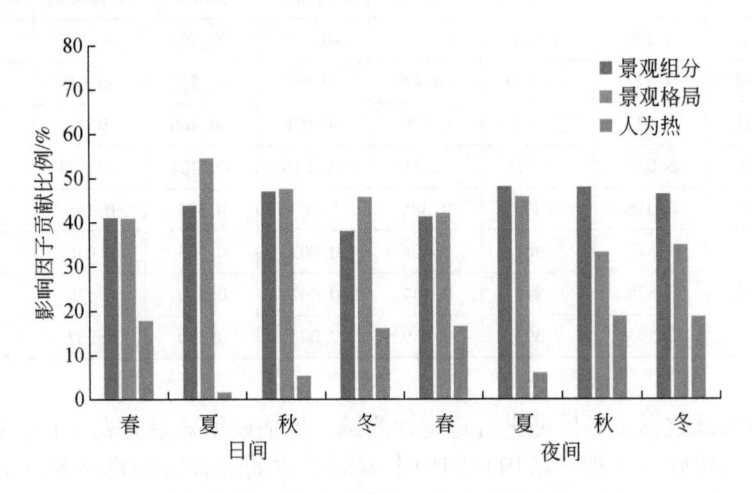

图 5-7 城市热岛综合模型各影响因子贡献比例

(1) 景观组分因子贡献及其时间动态

模型构建提取的日间热岛景观组分关键因子为：单层建筑组分（春季）、林地组分（夏季）、总建筑组分（秋季）和非单层建筑组分（冬季）。景观组分关键因子在各季节日间热岛中贡献差异不大，夏季及秋季较高分别为 47.03%（夏季）、47.03%（秋季）；春季及冬季较低，分别为 41.13%（春季）、38.02%（冬季）。景观组分关键因子在模型对夜间热岛总解释度的贡献与日间相似，夏秋季最高达到 48% 左右，冬季稍低为 46.41%，春季最低为 41.31%。这表明，景观组分对日间热岛的影响较为恒定，其代表性因子在模型日间总解释度中贡献比例在 38% ~48%。在太阳辐射输入较高的夏季和秋季，景观组分关键因子的解释度有所提升。

(2) 景观格局因子贡献及其时间动态

针对日间热岛提取的景观格局关键因子为单层建筑聚散度因子，包括平均欧氏距离（ENN_MN）和散布并列指数（IJI）。分析景观格局关键因子在适用日间热岛的综合影响模型总解释度中的贡献，夏季（54.56%）最高，秋季（47.65%）和冬季（45.86%）次之，春季最低为41.03%。这表明，单层建筑的聚集对日间热岛的影响为：夏季>秋季>冬季>春季，其中对夏季的影响尤为明显。夜间景观格局关键因子为非单层建筑的边缘复杂度因子（ED），其在夜间不同季节模型总解释度的贡献为：夏季最高（45.89%），春季次之（42.17%），秋冬季相似（分别为33.26%和34.88%）。非单层建筑边缘复杂度对热岛的影响主要集中在春季和夏季，秋冬季影响较低。

(3) 人为热因子贡献及其时间动态

相比于景观组分因子和景观格局因子，人为热因子在热岛模型总解释度贡献的季节变化十分显著。对于适用日间热岛的综合模型而言，人为热因子在模型解释度中的贡献从最低1.56%至最高17.84%有很大幅度的波动。在春季和冬季贡献最高（约为17%），在夏季贡献最低（仅1.56%）。结合本书第6章6.1节中人为热排放的时间动态，人为热因子的贡献与人为热排放量与太阳辐射量的比值紧密相关。夏季太阳辐射量较高时，人为热因子对日间热岛影响幅度很小；春冬季人为热排放在总热量输入中占比相对较高时，其贡献量接近20%。除夏季夜间外，人为热因子对夜间热岛贡献大致相同，春秋冬三个季节贡献度约为18%，有较高的贡献率；在夏季夜间对模型解释度的贡献仅为5.96%。

5.4 小　　结

1）景观组分的变化对热岛效应强度有重要影响。针对不同热岛强度等级区域的分析表明，在不同热岛强度等级区域景观组分有明显变化。由于遮阴影响以及对城市三维结构的明显改变，非单层建筑对热岛效应的影响与不透水面及单层建筑有较大差异。对景观组分关键因子的识别和分析表明，非单层建筑也是影响夜间热岛效应的景观组分关键因子。对影响日间热岛效应关键因子的分析表明，建筑和林地类型组分是影响城区日间热岛效应强度的景观组分关键因子；林地组分是影响近城区及近郊区日间热岛效应强度的景观组分关键因子。

2）景观格局影响自然地表的温度调节功能。更分散的空间分布、较低的形状复杂度、较高的斑块完整性以及较高的斑块连接度有利于提升草地的降温效应。较大的林地斑块面积、更小的斑块面积差异以及更为分散的空间分布有助于提升林地在日间的降温效果；斑块形状及边缘复杂度的降低、斑块连接度和凝聚度的提升，以及破碎化程度的降低有助于提升林地在夜间的降温效果。水体格局对热岛效应的影响在不同城市区域具有很高的差异，需要针对特定研究区域进行详细分析。影响城区日间热岛效应的景观格局关键因子为：单层建筑欧氏距离均值（ENN_MN）、单层建筑分散并列指数（IJI）；影响城区夜间热岛效应的景观格局关键因子为：非单层建筑边缘密度（ED）。影响近城区和近郊区热岛效应强度的关键因子随季节存在较大变异。

3）使用景观组分关键因子、景观格局关键因子、人为热因子构建了城市热岛综合影响模型。使用测试数据对模型效果进行评估，模型在测试数据上的 R^2 均达到了 0.5 及以上。综合影响模型在夜间热岛效应上的模拟效果总体高于其对日间热岛效应的模拟效果，模型在冬季夜间模拟效果最佳。这也表明，尽管城市热岛效应的成因和影响因素十分复杂，但选取一个代表性的景观组分因子，一个代表性的景观格局因子，再加上人为热因子，亦可很好地对城市热岛效应的规律进行模拟。

第6章 区域气候背景对城市热岛效应的影响

城市热岛效应受区域气候背景的影响，在不同气候区的变化特征和分布格局差异巨大，驱动因素包括降水、城市规模、人口密度等（Zhao et al.，2014）。热岛效应的不同影响因素会导致景观格局贡献的差异性，进而影响城市景观规划措施的有效性，这方面的研究相对比较缺乏。本章结合 MODIS 地表温度数据与地面气象站数据，量化中国各地区的地表热岛效应与大气热岛效应，比较各地区热岛效应变化的昼夜及季节差异。在此基础上，分析全国 245 个典型城市热岛效应季节变化特征，揭示气候背景、地形特征、人为热、植被指数等不同因素的贡献差异，为进一步提出适合于当地气候背景的景观格局优化措施提供理论基础。

6.1 不同气候区域的热岛效应

6.1.1 数据处理与分析

本章研究分析所采用的数据如表 6-1 所示。

表 6-1 数据列表

数据集	数据名称	来源
地表温度数据	MYD11A2	MODIS
地面气象站观测气温数据	2020～2021 年逐小时气温、1991～2019 年逐月气温	国家气象中心
土地利用/覆盖数据	GLC_FCS30-2020	国家基础地理信息中心
地形数据	SRTM 30m 全国 DEM	NASA
气象数据	气温、降水	国家气象中心
地面观测数据	空气质量监测	环境保护部
社会经济统计数据	统计年鉴	国家统计局
人口密度数据	2020 年全球人口数据（Gridded Population of the World，GPW），v4	NASA

气象数据包括全国研究区 625 个气象站点（图 6-1）1991 ~ 2020 年逐年月均气温、降水量以及 2020 年逐小时气温、降水等。最终选取了适合大气城市热岛效应（AUHI）研究的 69 个站点气象数据分析热岛效应的季节和年均变化特征，并利用 2020 年逐小时气象数据进行 AUHI 各个季节昼夜差异的研究。

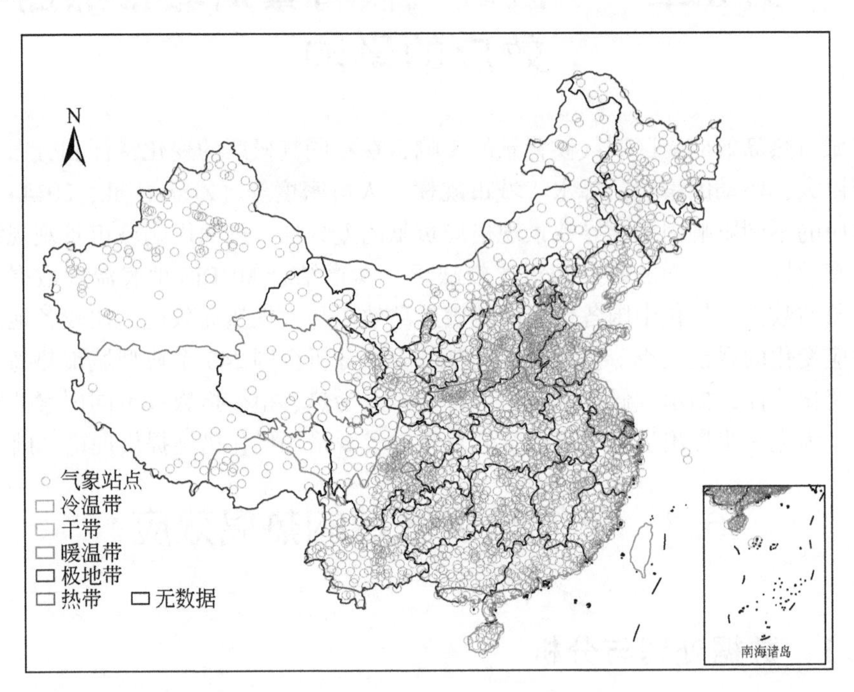

图 6-1　中国 625 个气象站点空间分布图

土地覆盖数据采用国际地圈-生物圈计划（International Geosphere-Biosphere Programme，IGBP）的全球地表分类方案，结合研究需要，将其中的 30 个土地利用类别合并为耕地、林地、灌木、草地、湿地、不透水面、裸地、水体和冰雪 9 个类别。城市边界通过不透水面来提取，在计算景观指数时将林地、灌木、草地合并为绿地，湿地和水体合并为水体。

地表温度计算通过先定义城郊边界，城区的范围按照土地覆盖的建成区斑块 >5km^{2}的阈值进行提取，同时为了减小缓冲区面积的影响，对不同面积大小的城市分级设置缓冲区。对于城市面积在 0 ~ 100km^{2}的城市，本书将其缓冲区宽度设置为 3km，此后城市面积每增加 200km^{2}缓冲区宽度相应的增加 3km。城市中心与其周边缓冲区的热差异定义为地表城市热岛效应（surface urban heat island effect，SUHI）。

6.1.2 大气热岛效应的时空规律

根据前述各城市、各季节历年城市热岛强度的量化方法，运用 ArcGIS 软件绘图得到全国各城市 1991 ~ 2020 年城市热岛效应季节性空间特征分布图（图 6-2）。

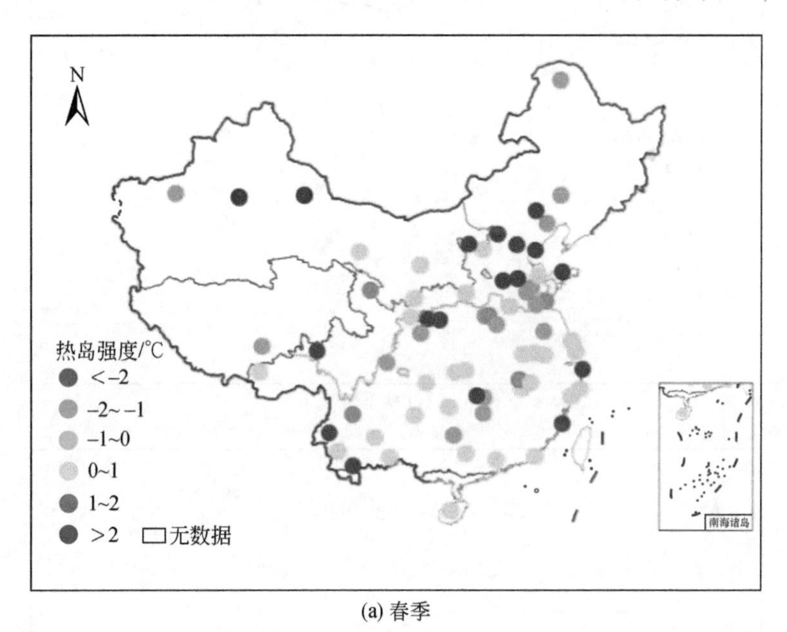

(a) 春季

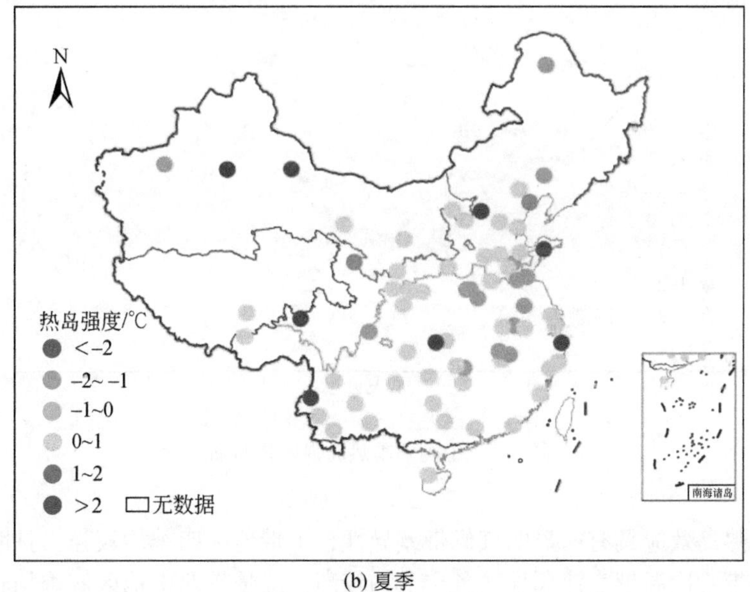

(b) 夏季

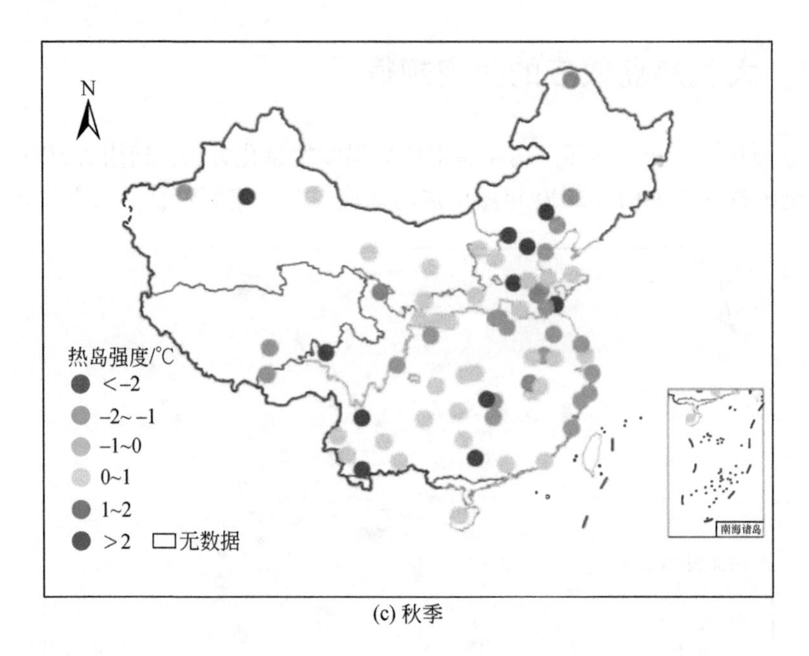

(c) 秋季

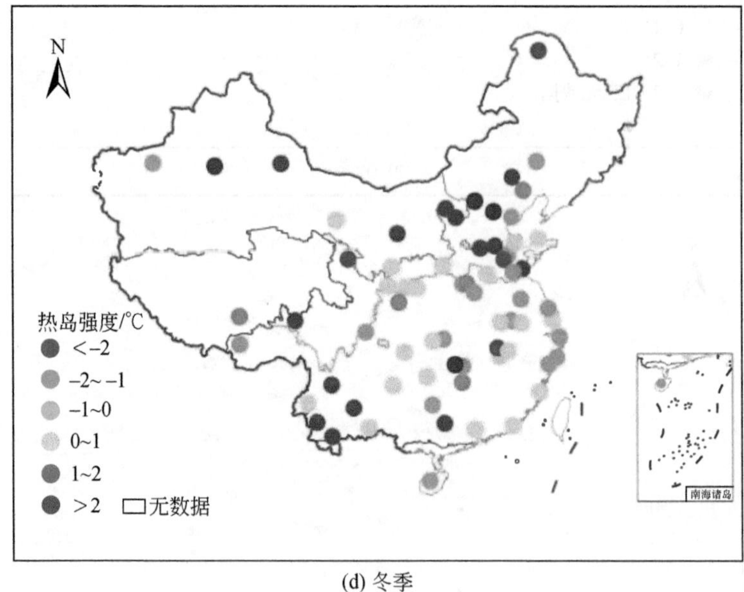

(d) 冬季

图 6-2　中国四季热岛强度分布图

我国城市热岛效应具有明显的气候带差异性，干带地区四季均较强，且明显高于其他气候带；冷温带京津冀地区各季节均较高，温暖带西南地区四季均较强，热带、极地带四季均较弱，且极地带有较强的冷岛效应出现。从气候带来看，干带平均城市热岛效应在四季均最强，极地带平均城市热岛效应四季均为最弱（冷岛效应最强）。

从全国各个城市来看，春、夏、冬、年平均热岛强度最高的城市均处于干带地区；春、夏、秋、冬、年平均热岛效应最弱（冷岛效应最强）的城市均处于冷温带地区。以往研究表明，干带地区大部分城市由于郊区植被稀少，多为反照率更低、吸热能力更强的裸土或荒漠，城市热岛效应一般较弱、或表现为冷岛效应，这与研究结果差异较大。主要原因是先前研究结果反映的是地表温度，而本章研究采用大气温度，如干带地区的哈密、库尔勒等城市的市区下垫面和建筑表面反照率高于郊区荒漠，郊区地表白天更易吸收热量，从而表现为郊区地表温度高于市区。但对于大气温度而言，市区人口聚集、建筑密集，大量的热排放至大气中却无法散失；而郊区多为地表开阔且吸热能力强的裸土或荒漠，大气温度更易通过气流散失或被地表吸收，从而表现为市区大气温度高于郊区温度。冷温带地区冷岛效应最强的城市为西宁和漠河，其主要原因为：①城郊气流交换阻碍小，西宁处于冷温带高原地区、漠河处于亚北极冷温带地区，气温低且降水少导致适宜生长的植被低矮稀少、建筑物也较为低矮稀疏，因而对城郊气流交换的阻碍也较小；②市区人为热排放少、散热快，由于城市规模小、建筑密度低、市区人为热排放也就较低，加之市区站点海拔较高、风速较大也进一步提高了市区的散热效果；③市区地表及建筑材料吸收了大量的大气温度，地表及建筑材料的导热系数高、比热容小，具有在高温中升温快、在低温中降温快的特性，因此在寒冷地区反而能吸收大气中的热量。城市化规模较小、寒冷、降水较为缺乏的冷温带城市更易表现为大气冷岛效应。

对各季节不同气候带热岛强度进行量化，讨论各季节中城市热岛效应的气候带差异（图 6-3）。城市热岛效应的气候带差异性全年整体表现为干带最强；极地带最弱，且表现为较强的冷岛效应。各季节中气候带热岛效应强弱依次为，春季：干带>热带>冷温带>暖温带>极地带，其中，极地带有较强的冷岛效应；夏季：干带>热带>极地带>冷温带>暖温带，各气候带均出现热岛效应；秋季：干带>热带>冷温带>暖温带>极地带，其中，极地带有较强的冷岛效应；冬季：干带>冷温带>暖温带>热带>极地带，其中，极地带表现为较强的冷岛效应，热带表现为较弱的冷岛效应。

利用各城市不同季节 1991 ~ 2020 逐年热岛强度进行气候带平均化，并利用 SG 滤波法进行平滑处理，得出各气候带不同季节 1991 ~ 2020 年逐年平均热岛强度变化曲线（图 6-4）。

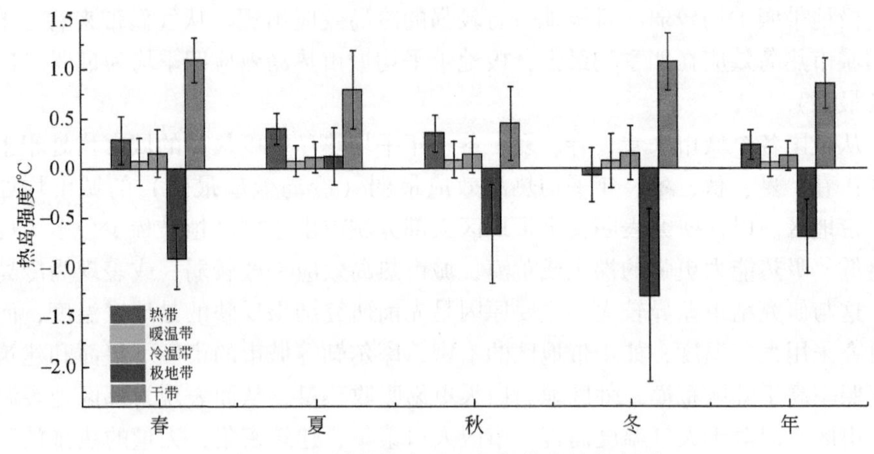

图 6-3　各季节热岛强度气候带差异分布图

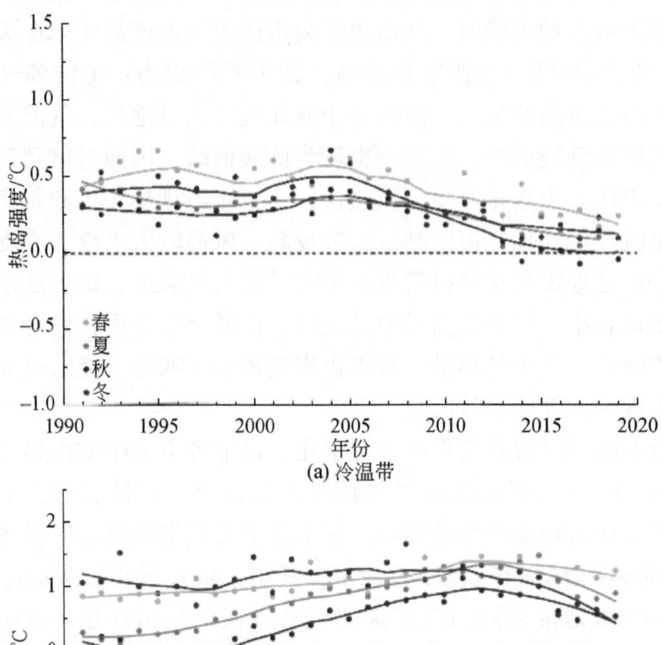

(a) 冷温带

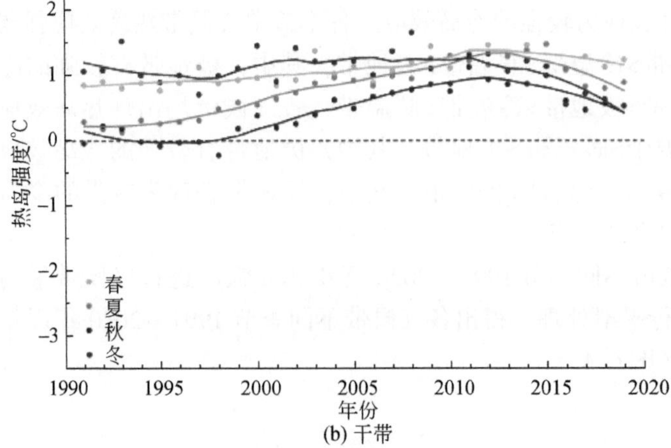

(b) 干带

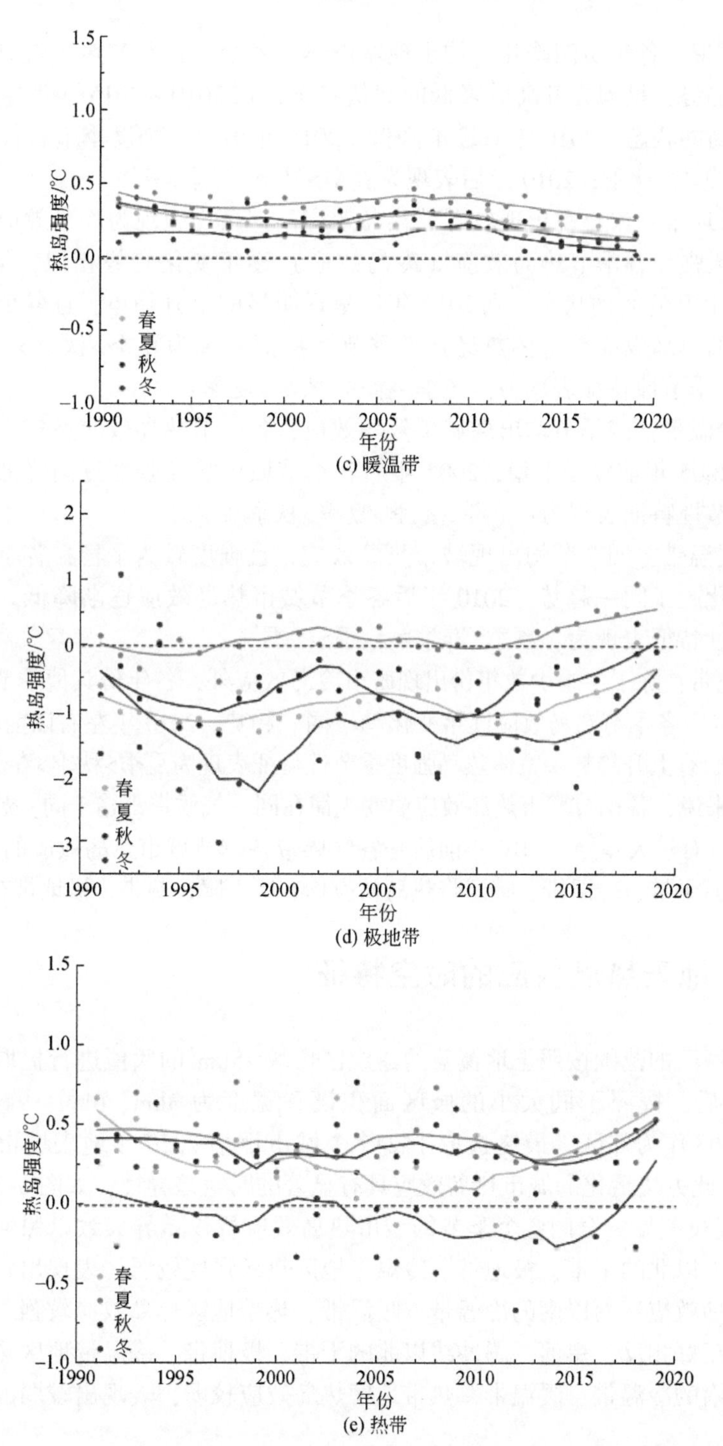

(c) 暖温带

(d) 极地带

(e) 热带

图 6-4　各气候带不同季节 1991 ~ 2020 年逐年平均热岛强度变化曲线

1）干带：各年份四季几乎均出现城市热岛效应，各季节热岛效应逐年变化趋于同一趋势，呈现先升高后降低的起伏状态；在 2010 ~ 2015 年四季热岛效应均达到较高的状态，2010 年后逐渐降低。2010 年前热岛强度季节特征表现为冬季>春季>夏季>秋季；2010 年后表现为春季>夏季>冬季>秋季。

2）极地带：仅夏季出现较弱的热岛效应，其余均表现为冷岛效应，且冬季冷岛效应最强。各季节热岛效应（冷岛效应）逐年变化趋势相似，呈下降-上升-下降-上升的波动状态，到 2010 年后呈现明显的上升趋势，且各个季节开始出现较弱的热岛效应。整体热岛强度季节性特征表现为夏季>秋季>春季>冬季（冷岛强度季节性特征表现为：冬季>春季>秋季>夏季）。

3）冷温带：四季节均出现城市热岛效应，各季节热岛效应逐年变化趋于同一趋势，2005 年前较为平稳，2005 年后各季节城市热岛强度逐渐降低。整体热岛强度季节性特征表现为：春季>冬季>夏季>秋季。

4）暖温带：四季节均出现城市热岛效应，且强度较为平稳；各季节热岛效应逐年变化趋于同一趋势，2010 年后各季节城市热岛效应逐渐降低。整体热岛强度季节性特征表现为：夏季>春季≥秋季>冬季。

5）热带：除了冬季少数年份出现城市冷岛效应外，各年份其他季节均出现城市热岛效应；各季节热岛效应逐年变化趋于同一趋势，2010 年左右以前较为平稳，2010 年以后有上升趋势。整体热岛强度季节性特征表现为夏季>秋季>春季>冬季。

总体来说，各季节城市热岛效应演变规律在同一气候带都趋于同一趋势，不同气候带又具有较大差异。2010 年前后是各气候带各季节城市热岛效应的变化拐点；2010 年后，干带、冷温带、暖温带热岛效应均有所下降，热带、极地带有所上升。

6.1.3 地表热岛效应的时空特征

在将城区的范围按照土地覆盖的建成区斑块>5km^{2}的阈值进行提取，确定了城区范围后，按照不同大小的城区面积设置宽度为 3km、6km、9km、12km、15km 缓冲区作为郊区，最终选取了 245 个城市评估 2020 年地表城市热岛效应（SUHI），此方法量化的城市热岛效应具有显著的时空差异性，如图 6-5 所示。

1）昼夜差异：全国各个季节的城市热岛效应昼夜差异大致以黑河—腾冲线为界，白天以北的干带、极地带、冷温带地区热岛强度较弱，表现出较弱的热岛效应或冷岛效应；而以南的冷温带、暖温带、热带地区热岛效应较强。夜晚各气候带差异正好相反，黑河—腾冲线以北的干带、极地带、冷温带地区热岛强度较强；而以南的冷温带、暖温带、热带地区热岛效应较弱，表现出较弱的热岛效应或冷岛效应。

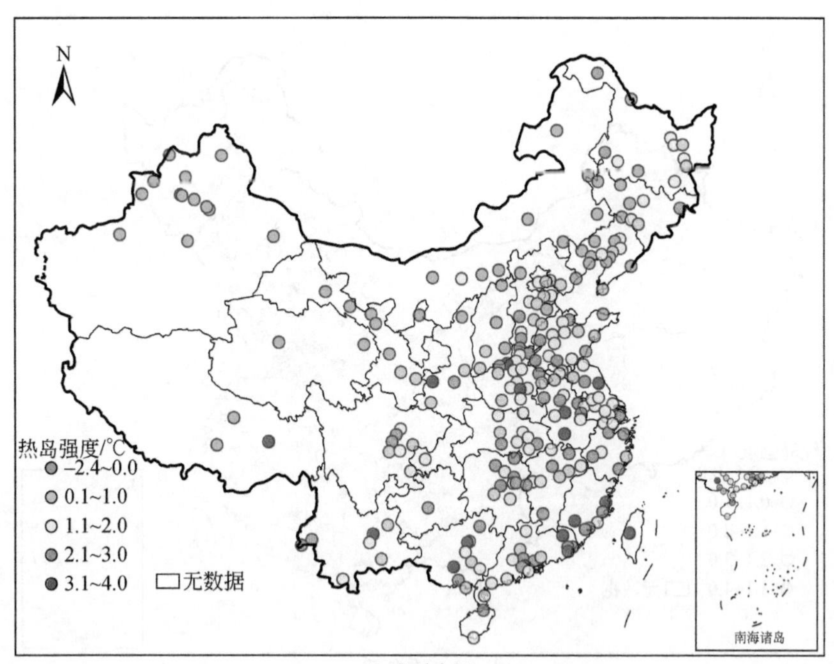
N
热岛强度/℃
−2.4~0.0
0.1~1.0
1.1~2.0
2.1~3.0
3.1~4.0
无数据
南海诸岛

(a) 春季白天

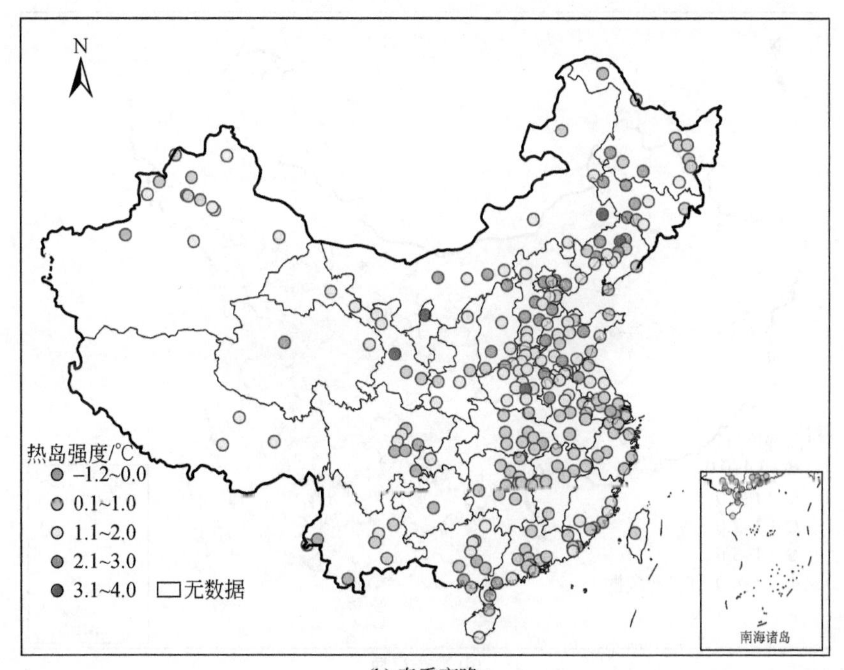
N
热岛强度/℃
−1.2~0.0
0.1~1.0
1.1~2.0
2.1~3.0
3.1~4.0
无数据
南海诸岛

(b) 春季夜晚

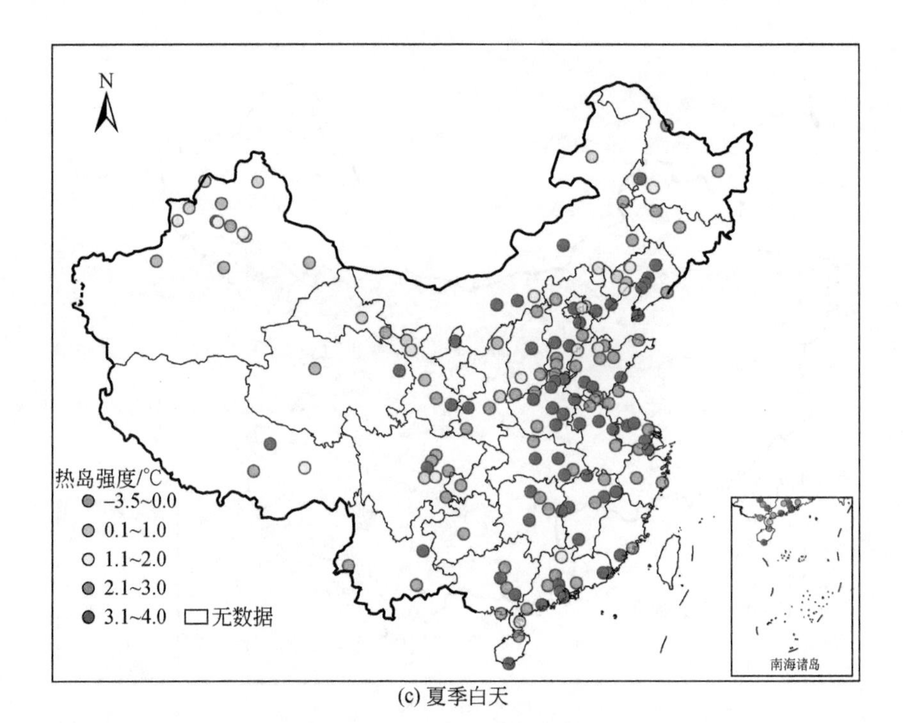
N
热岛强度/°C
−3.5~0.0
0.1~1.0
1.1~2.0
2.1~3.0
3.1~4.0
无数据
南海诸岛

(c) 夏季白天

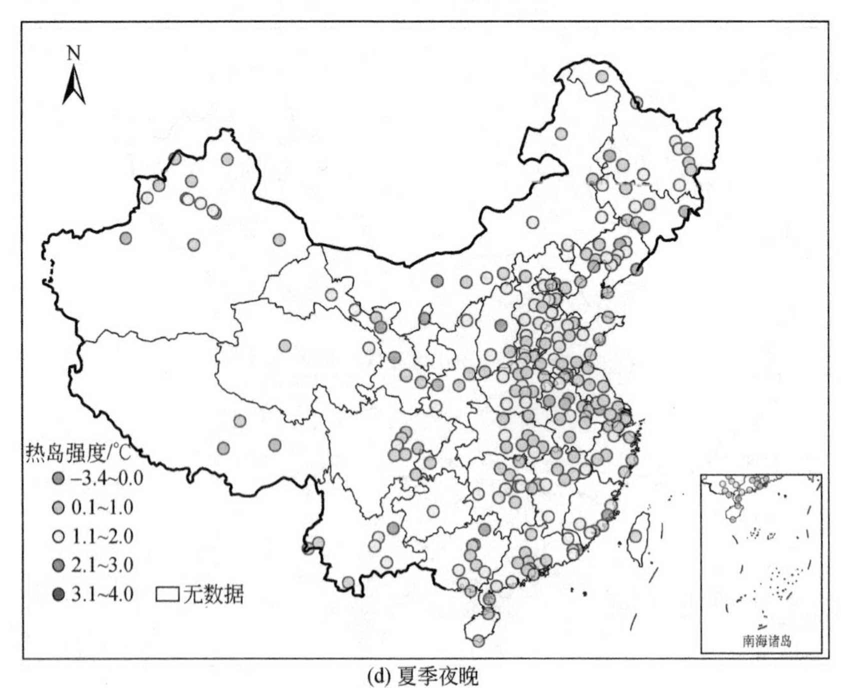
N
热岛强度/°C
−3.4~0.0
0.1~1.0
1.1~2.0
2.1~3.0
3.1~4.0
无数据
南海诸岛

(d) 夏季夜晚

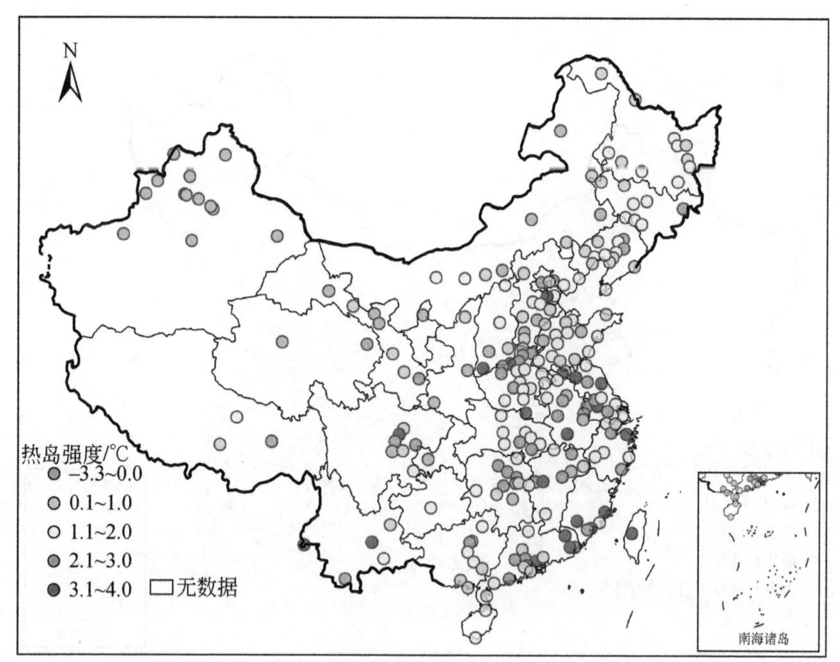
N
热岛强度/°C
-3.3~0.0
0.1~1.0
1.1~2.0
2.1~3.0
3.1~4.0
无数据
南海诸岛

(e) 秋季白天

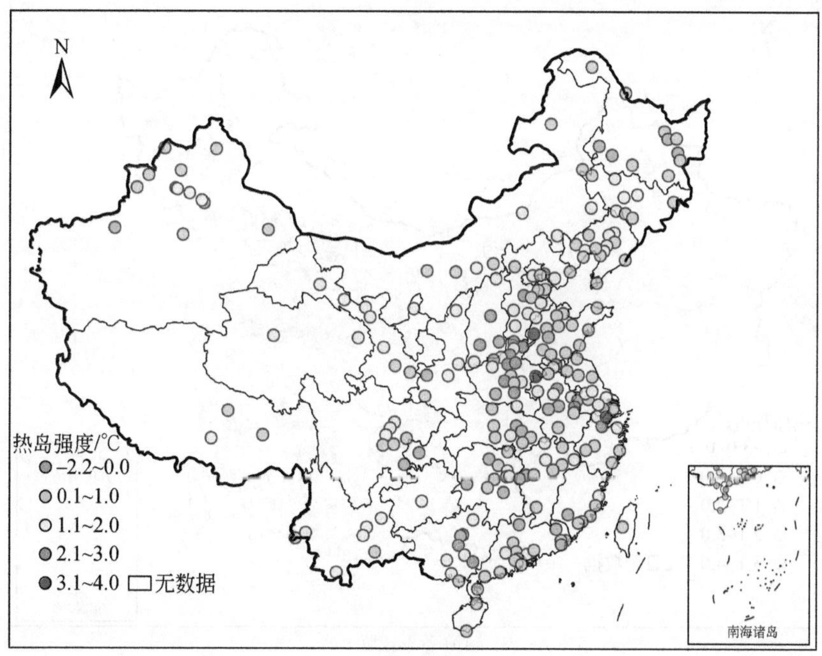
N
热岛强度/°C
-2.2~0.0
0.1~1.0
1.1~2.0
2.1~3.0
3.1~4.0
无数据
南海诸岛

(f) 秋季夜晚

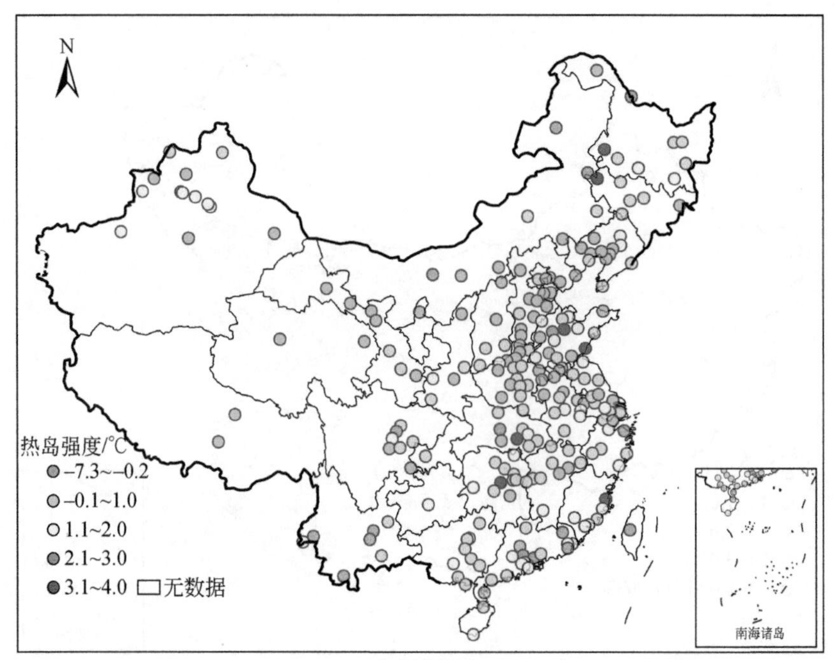

(g) 冬季白天

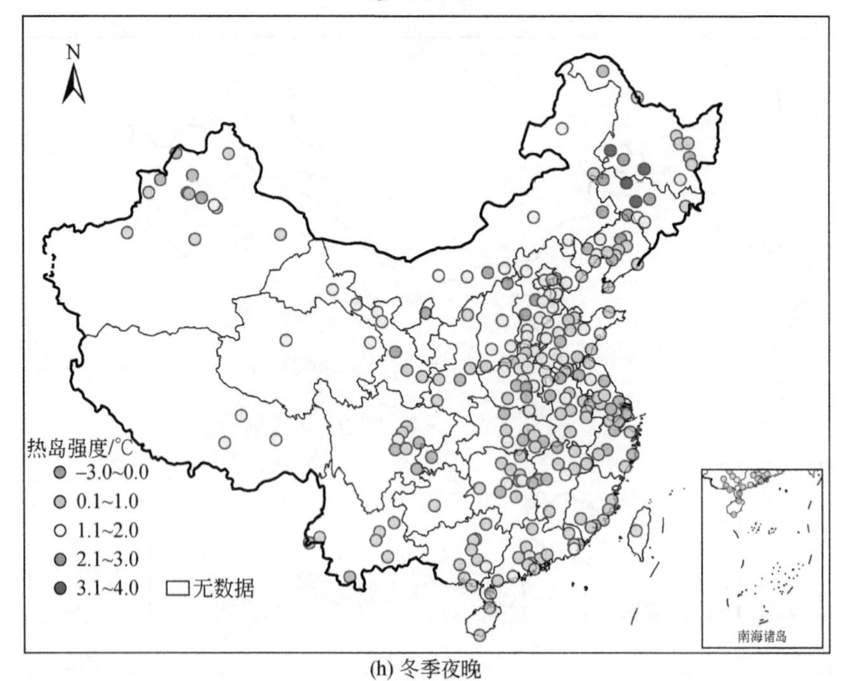

(h) 冬季夜晚

图 6-5　中国四季昼夜 SUHI 分布

2）季节差异：全国城市热岛效应的季节特征表现为夏季白天显著高于其他季节，而春季、秋季、冬季差异因气候带及昼夜的划分而有一定的差异。

3）气候带差异：城市热岛效应的气候带差异性在不同季节、昼夜间有所差异，主要表现为昼夜相反的气候带变化特征。春季白天，暖温带、热带城市热岛效应较强，干带、极地带及黑河—腾冲线以北的冷温带城市热岛效应较弱，大部分表现为冷岛效应；春季夜晚，各气候带城市热岛效应特征与白天相反，暖温带、热带城市热岛效应较弱，出现少部分较弱的冷岛效应，干带、极地带及黑河—腾冲线以南的冷温带城市热岛效应较强；夏季白天，暖温带、黑河—腾冲线以南的冷温带城市热岛效应最强，显著高于其他季节和地区，其次是干带东部地区及黑河—腾冲线以北的冷温带地区，干带西部地区及极地带较弱；夏季夜晚，各气候带城市热岛效应特征与白天相反，白天 SUHI 较高的暖温带、热带、冷温带及干带东部地区显著降低，干带西部地区有所上升，全国整体表现为较弱的城市热岛效应。秋季白天，暖温带、热带城市热岛效应较强，干带、极地带及黑河—腾冲线以北的冷温带城市热岛效应较弱，大部分表现为冷岛效应；秋季夜晚，各气候带城市热岛效应特征与白天相反，暖温带、热带城市热岛效应较弱，出现少部分较弱的冷岛效应，干带、极地带及黑河—腾冲线以南的冷温带城市热岛效应较强；冬季白天，暖温带、冷温带东北地区城市热岛效应较强，其次是热带、干带西部地区出现较弱的城市热岛效应，其余气候带地区大部分表现为较弱的冷岛效应；冬季夜晚，暖温带、热带城市热岛效应较弱，出现少部分较弱的冷岛效应，干带、极地带及冷温带城市热岛效应较强。

本书对全国不同气候带 245 个城市的四季昼夜 SUHI 统计分析，如图 6-6。

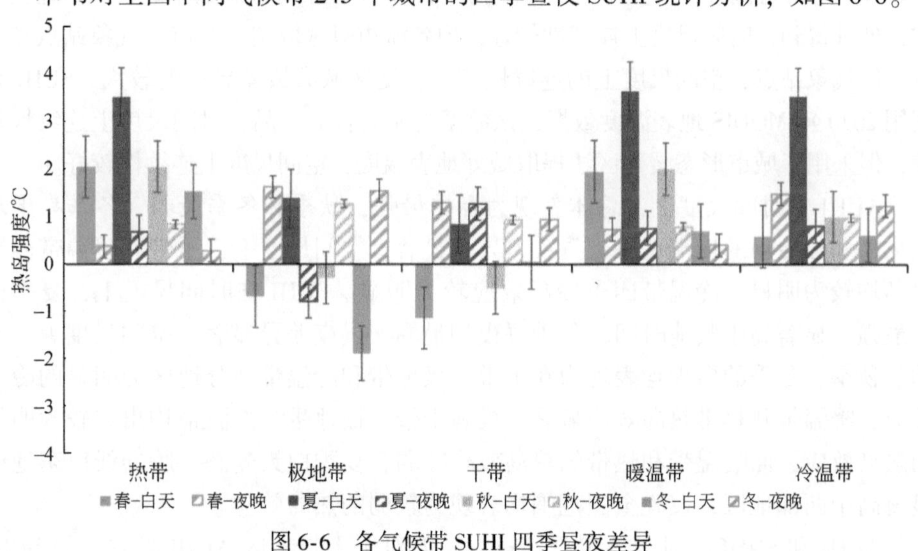

图 6-6　各气候带 SUHI 四季昼夜差异

1）昼夜差异：干带、极地带、冷温带中除了冷温带和极地带的夏季表现为白天 SUHI 高于夜间，其余时段和地区均为夜间高于白天；暖温带和热带各个季节均为白天 SUHI 高于夜晚。

2）季节差异：热带各季节昼夜均表现出较强的 SUHI，白天夏季最强冬季最弱，夜晚春季最强冬季最弱；极地带白天仅夏季表现出较强的 SUHI，其他季节白天均表现出较强的冷岛效应，其中冬季白天冷岛效应最强，夜晚春、秋、冬表现出较强的 SUHI，夏季表现出较强的冷岛效应；干带除春季和秋季的白天表现出较强的冷岛效应外，其他时段 SUHI 均较强；暖温带各时段均表现出较为显著的城市热岛效应，其中夏季白天 SUHI 最强，冬季夜晚最弱；冷温带各时段均表现出较为显著的城市热岛效应，其中夏季白天 SUHI 最强，春季和冬季白天最弱。

3）气候带差异：春季，除极地带和干带的白天表现为冷岛效应，其他气候带 SUHI 均较强，其中热带和暖温带的白天 SUHI 最强；夏季，除极地带夜晚表现为较强的冷岛效应外，其他时段和地区 SUHI 均较强，其中热带、暖温带和冷温带的白天 SUHI 显著高于其他气候带；秋季，除极地带和干带的白天表现为冷岛效应，其他气候带 SUHI 均较强，其中热带和暖温带的白天 SUHI 最强；冬季，各地区昼夜 SUHI 均较弱，热带白天最高、极地带白天表现为显著的冷岛效应。

6.1.4 大气热岛和地表热岛对比分析

本书利用 2020 年大气热岛（AUHI）与城市形态缓冲区法量化地表热岛（SUHI）进行对比分析。其中 AUHI 是利用 2020 年逐小时气温数据进行四季昼夜平均化处理得到，时间尺度上连续性较好，但各城市只选取到一个市区气象站点和一个郊区气象站点，空间尺度上的连续性较差，受区域海拔差异影响较大。SUHI 是利用 2020 年 MODIS 地表温度数据，该数据为 8 天合成产品，时间尺度上连续性较差，但采用了城市形态缓冲区法提取城郊地表温度，空间尺度上连续性较好。

AUHI 在时间尺度上，总体表现为春季最强，秋季和冬季最弱，冬季易出现强热岛和强冷岛的极端现象，昼夜差异不显著；空间尺度上，干带和暖温带四季热岛均较为明显，冷温带四季冷岛效应较为明显。SUHI 在时间尺度上，夏季白天最强，显著高于其他时间，冬季昼夜均最弱，昼夜差异显著；空间尺度上，春季、秋季、冬季的白天均表现为在干带、极地带和冷温带部分地区为明显的冷岛效应，暖温带和热带热岛效应显著，夜晚干带、极地带和冷温带均出现较为明显的热岛效应，而暖温带和热带的热岛效应减弱；夏季白天爱辉—腾冲线以东地区显著高于西部地区，夜晚全国范围均表现为较弱的热岛效应。

AUHI 和 SUHI 的时空分布差异较大，如对于干带地区 AUHI 较强，但 SUHI

却表现为较明显的冷岛效应，这可能与各影响因素对 AUHI 和 SUHI 的作用机理有关。干带地区降水较少，植被稀疏，郊区多为戈壁荒漠，而市区绿地占比更高，郊区的荒漠戈壁比热容和反照率较低，从而郊区地表温度会较高，导致出现了地表冷岛效应；而另一方面，市区建筑密集，而郊区植被稀疏，市区的空气流动阻碍远大于郊区，市区空气中热量难以散失，而郊区空气热量散失较快，从而表现出显著的大气热岛效应。

Zhao 等（2014）认为城郊地表粗糙度差异的增大是导致湿润地区日间热岛强度增加的主控因素，而不是传统研究中城郊蒸散发能力差异；Li 等（2019）通过对模型改进发现城郊地表蒸发阻抗的不同，导致空间上全年平均降水量与各大城市日间热岛强度呈正相关，即对于降水量大的地区，其郊区的蒸发能力变大，而城市内部由于植被覆盖的稀少，其蒸发能力并不会增加，这样会进一步增大城市与郊区之间蒸发量的差异，从而形成更为显著的城市热岛效应。通过对 AUHI 与 SUHI 的研究发现，Zhao 等（2014）与 Li 等（2019）研究的差异性也可能与 AUHI 与 SUHI 的差异性有关。对于 AUHI 而言，受局地大气环流影响更为直接；在干带地区，植被覆盖较少，通过植被蒸散发的降温效果不明显，而空气对流阻力较小，因此空气对流效率是影响干带地区 AUHI 的主控因素；在暖温带湿润地区，植被茂盛，植被蒸散发效果较好，城郊空气对流效率均较差，但能共同影响 AUHI。对于 SUHI 而言，受城郊植被蒸散发差异影响较为直接，空气对流效率对 SUHI 影响较小；干带地区，市区植被较高，蒸散发降温效果较好，从而表现为冷岛效应；暖温带湿润地区，郊区植被更加茂盛，蒸散发降温效果更好，因此 SUHI 也较高。总之，AUHI 受空气对流阻碍影响更为直接，SUHI 受城郊蒸散发差异影响较为直接；干带地区，蒸散发降温效果差，空气对流效率较好，表现为显著的 AUHI 和地表冷岛效应；暖温带湿润地区，空气对流效率差，蒸散发降温效果较好，AUHI 与 SUHI 均主要受城郊蒸散发差异影响，均表现为显著的城市热岛效应。

6.2 城市热岛效应动态的影响因素

6.2.1 自然地理

（1）纬度

本书对 245 个城市的各个季节昼夜 SUHI 与市区中心纬度进行线性回归（图 6-7）以及地理加权回归（图 6-8）分析。线性回归结果发现二者有明显的昼

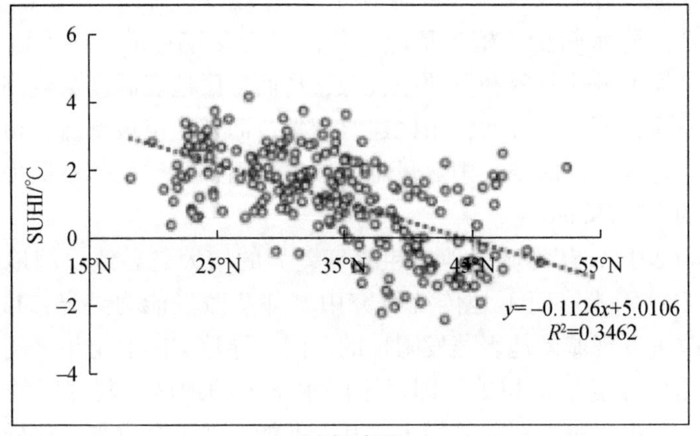

(a)春-白天

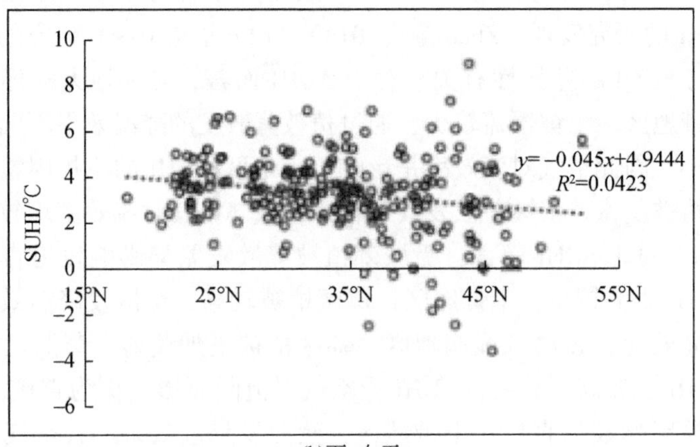

(b)夏-白天

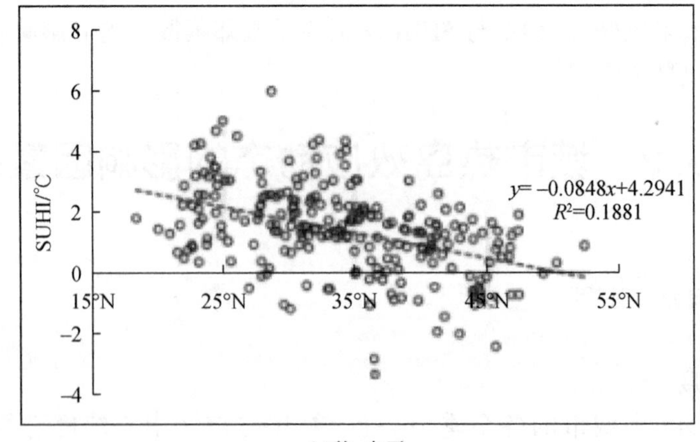

(c)秋-白天

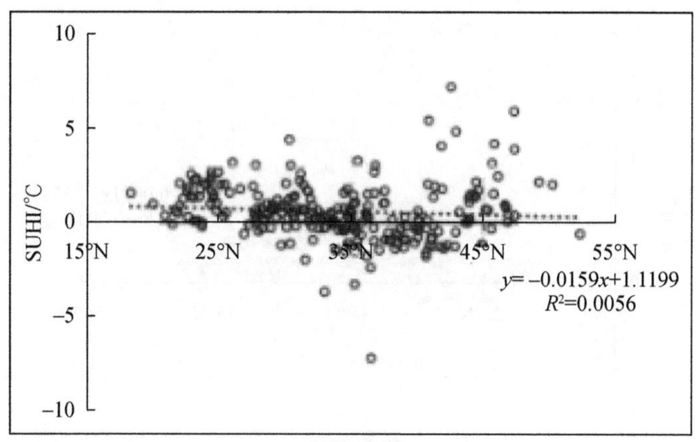

(d)冬–白天

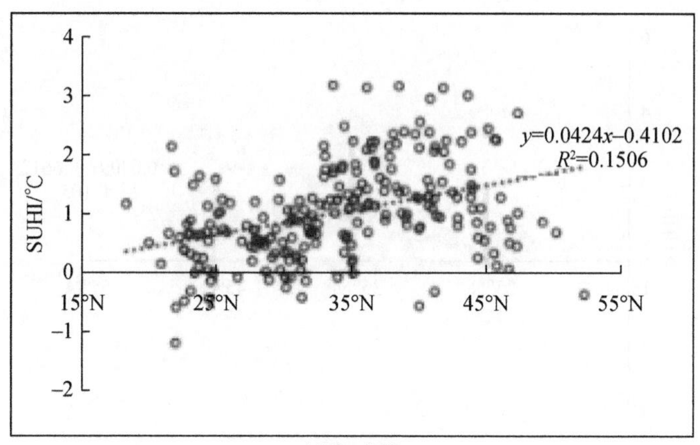

(e)春–夜晚

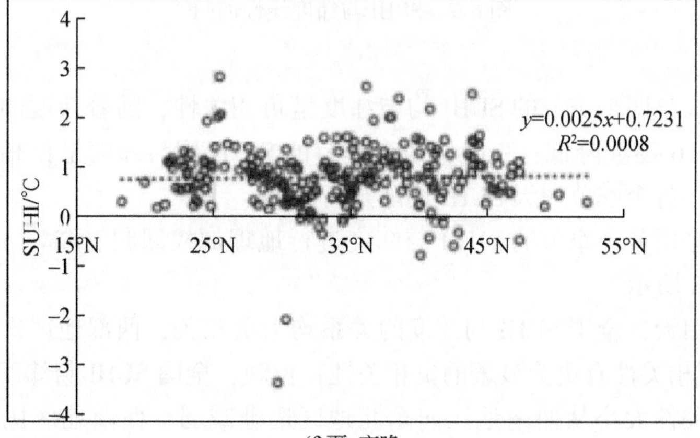

(f)夏–夜晚

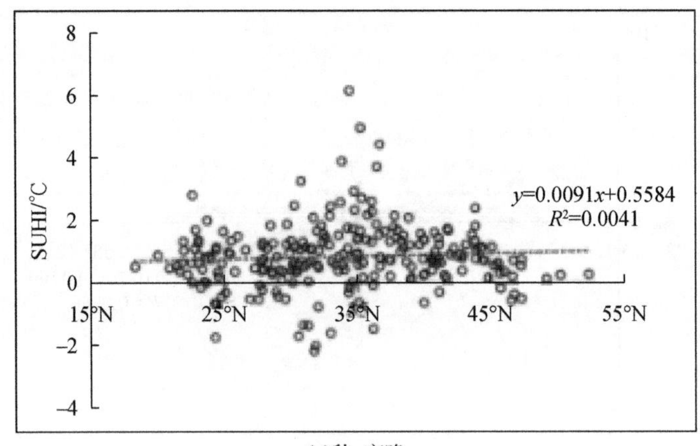

(g)秋–夜晚

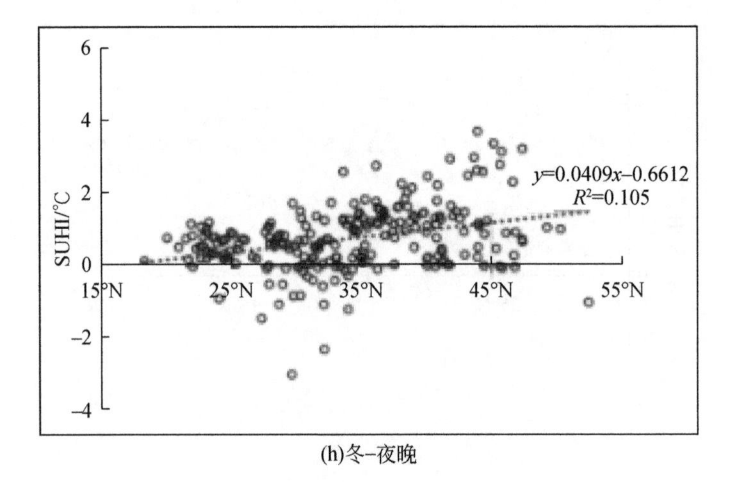

(h)冬–夜晚

图 6-7　SUHI 与纬度线性回归

夜差异；白天，四个季节的 SUHI 均与纬度呈负相关性，随着纬度的升高，各个季节白天 SUHI 逐渐降低；夜晚，四个季节的 SUHI 均与纬度呈正相关性，随着纬度的升高，各个季节白天 SUHI 逐渐升高。

本书对全国各个季节的 SHUI 与纬度进行地理加权回归（GWR）模型拟合，结果如图 6-8 所示。

春季：白天，全国 SUHI 与纬度的关系均为负相关，西部地区比东部地区的 SUHI 与纬度相关性有更为显著的负相关性；夜晚，全国 SUHI 与纬度的关系均为正相关，相关性大小从西南地区向东北地区逐渐减弱，西南地区比东北地区的 SUHI 与纬度相有更为显著的正相关性。

夏季：白天，SUHI 与纬度的关系为东北地区向西南地区从正相关关系向负相关关系变化，说明东北地区和西南地区的 SUHI 与纬度相关性更为显著，而中部地区相对较弱；夜晚，全国 SUHI 与纬度的关系均为负相关，相关性的绝对值从东部地区向西部地区逐渐减弱，说明东部地区比西部地区的 SUHI 与纬度有更为显著的负相关性。

秋季：白天，全国 SUHI 与纬度的关系均为负相关，相关性的绝对值从东部地区向西部地区逐渐减弱，说明东部地区比西部地区的 SUHI 与纬度有更为显著的负相关性。夜晚，全国 SUHI 与纬度的关系均为负相关，相关性的绝对值从西北地区向东南地区逐渐减弱，说明西北地区比东南地区的 SUHI 与纬度有更为显著的负相关性。

冬季：白天，SUHI 与纬度的关系在东北地区为较强的正相关，西部地区为负相关性；夜晚，全国 SUHI 与纬度的关系均为负相关，东北地区为较强的负相关，西部地区负相关性较弱。

（2）海拔

本书对全国各个季节的 SHUI 与海拔进行地理加权回归（GWR）模型拟合结果如图 6-8 所示。

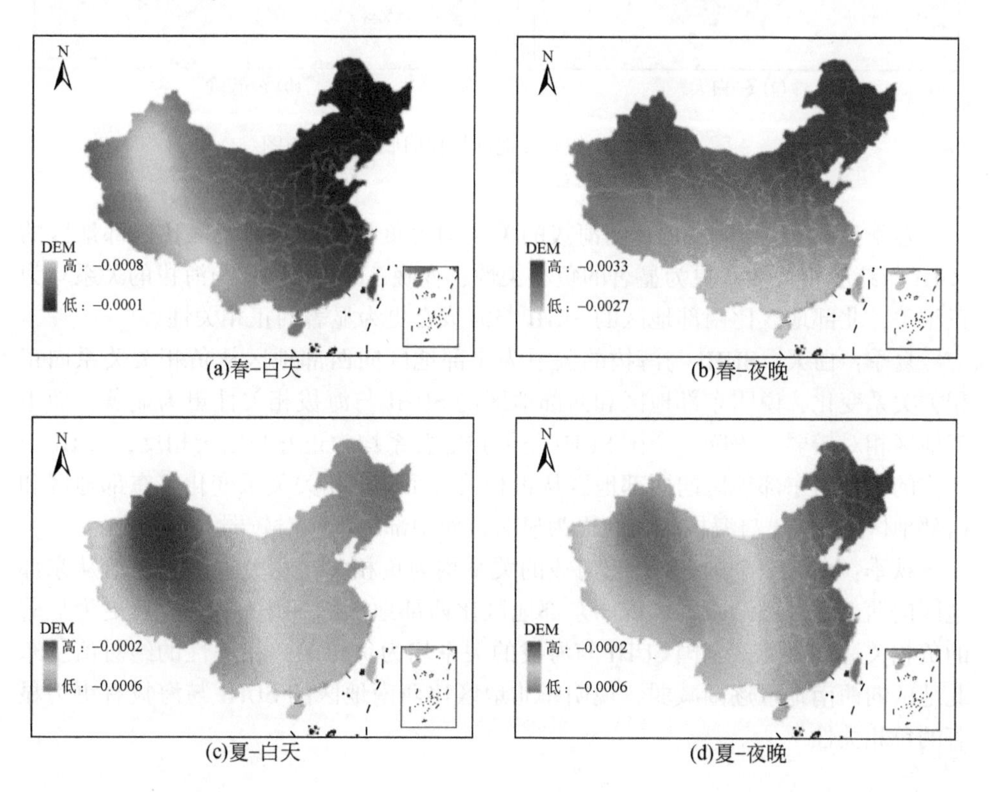

(a)春-白天 (b)春-夜晚

(c)夏-白天 (d)夏-夜晚

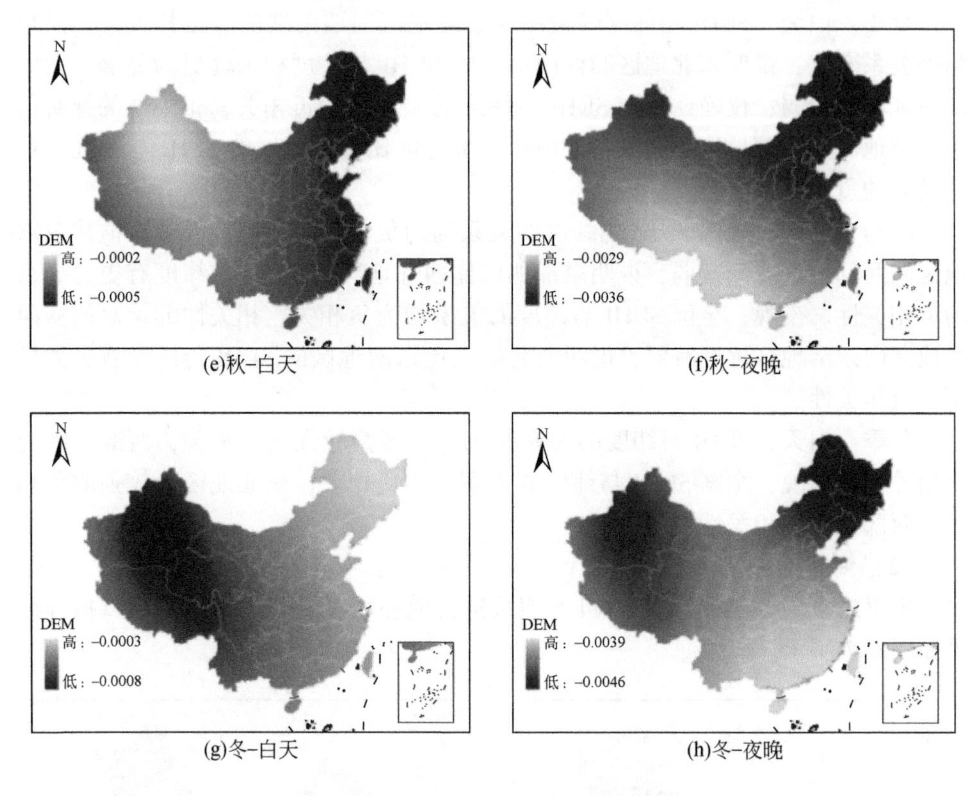

图 6-8　SUHI 与海拔地理加权回归空间分布图

春季：白天，全国 SUHI 与海拔的关系均为负相关，东部地区比西部地区的 SUHI 与纬度相关性有更为显著的负相关性；夜晚，全国 SUHI 与海拔的关系均为正相关，北部地区比南部地区的 SUHI 与海拔有更为显著的正相关性。

夏季：白天，SUHI 与海拔的关系为东部地区向西部地区从负相关关系向正相关关系变化，说明东部地区和西部地区的 SUHI 与海拔相关性更为显著，而中部地区相对较弱；夜晚，全国 SUHI 与海拔的关系均为正好与白天相反，SUHI 与海拔的关系为东部地区向西部地区从正相关关系向负相关关系变化，东部地区和西部地区的 SUHI 与海拔相关性更为显著，而中部地区相对较弱。

秋季：白天，全国 SUHI 与海拔的关系均为负相关，相关性的绝对值从东部地区向西部地区逐渐减弱，说明东部地区比西部地区的 SUHI 与海拔有更为显著的负相关性。夜晚，全国 SUHI 与海拔的关系均为负相关，相关性的绝对值从东北地区向西南地区逐渐减弱，说明东北地区比西南地区的 SUHI 与海拔有更为显著的负相关性。

冬季：白天，全国 SUHI 与海拔的关系均为负相关，相关性的绝对值从东部地区向西部地区逐渐增强，说明西部地区比东部地区的 SUHI 与海拔有更为显著的负相关性。夜晚，全国 SUHI 与海拔的关系均为负相关，东北地区和西部地区的海拔对 SUHI 的影响较为显著，中部地区和南部地区海拔对 SUHI 的影响较弱。

6.2.2 植被覆盖

本书研究的 245 个城市的城市景观指数包括：市区斑块面积（A）、市区各种土地覆盖类型面积（A_i）、各种土地覆盖类型占比（$A_i\%$）、城市形状指数（LSI）。其中选取了市区绿地占比进行全国各个季节 SHUI 的地理加权回归（GWR）模型拟合（图 6-9）。

春季：白天，全国 SUHI 与绿地占比的关系均为正相关，东部地区比西部地区的 SUHI 与绿地占比有更为显著的正相关性；夜晚，全国 SUHI 与绿地占比的关系均为负相关，东北地区比西南地区的 SUHI 与绿地占比有更为显著的负相关性。

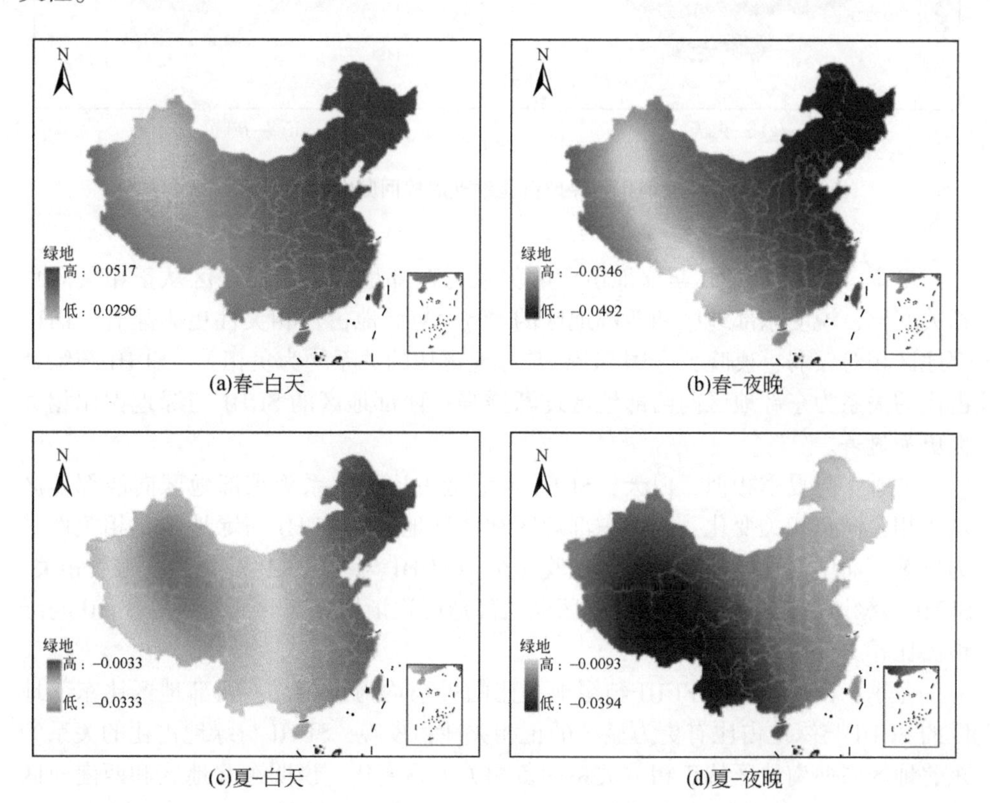

(a)春-白天　(b)春-夜晚

(c)夏-白天　(d)夏-夜晚

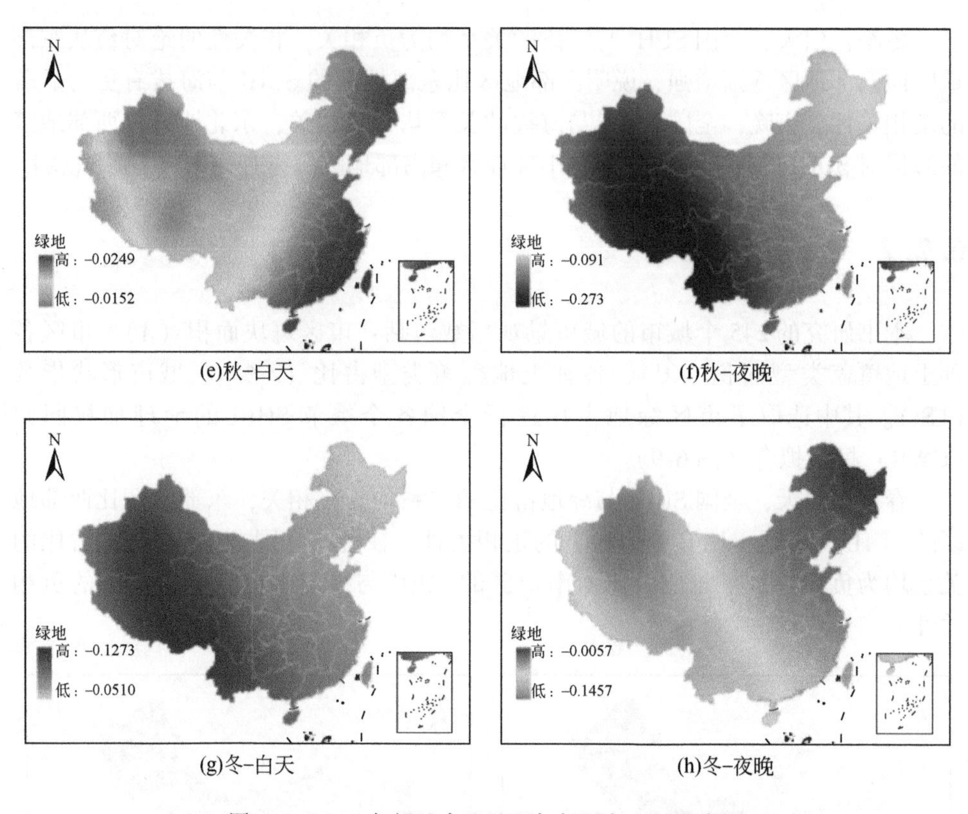

图 6-9　SUHI 与绿地占比地理加权回归空间分布图

夏季：白天，SUHI 与绿地占比的关系为东部地区向西部地区从正相关向负相关变化，说明东部地区和西部地区的 SUHI 与绿地占比相关性更为显著，而中部地区相对较弱；夜晚，全国 SUHI 与绿地占比的关系均为负相关，SUHI 与绿地占比的关系为东部地区向西部地区逐渐增强，西部地区的 SUHI 与绿地占比相关性更为显著。

秋季：与夏季相似，白天，SUHI 与绿地占比的关系为东部地区向西部地区从正相关向负相关变化，说明东部地区和西部地区的 SUHI 与绿地占比相关性更为显著，而中部地区相对较弱；夜晚，全国 SUHI 与绿地占比的关系均为负相关，SUHI 与绿地占比的关系为东部地区向西部地区逐渐增强，西部地区的 SUHI 与绿地占比相关性更为显著。

冬季：白天，全国 SUHI 与绿地占比的关系均为正相关，西部地区比东部地区的 SUHI 与绿地占比有更为显著的正相关性；夜晚，SUHI 与绿地占比的关系为东北地区向西南地区从正相关关系向负相关关系变化，说明东北地区和西南地区的 SUHI 与绿地占比相关性更为显著，而中部地区相对较弱。

6.2.3 城镇化

(1) 人口密度

本书对全国各个季节的 SHUI 与人口密度进行地理加权回归（GWR）模型拟合结果如图 6-10 所示。各个季节中人口密度对 SUHI 的影响多为正相关，仅秋季夜晚表现为负相关；其空间分布上，春、夏、秋季均表现为西北向东南逐渐减弱的趋势，冬季白天由东北向西南逐渐减弱，冬季夜晚南部地区高于北部地区。

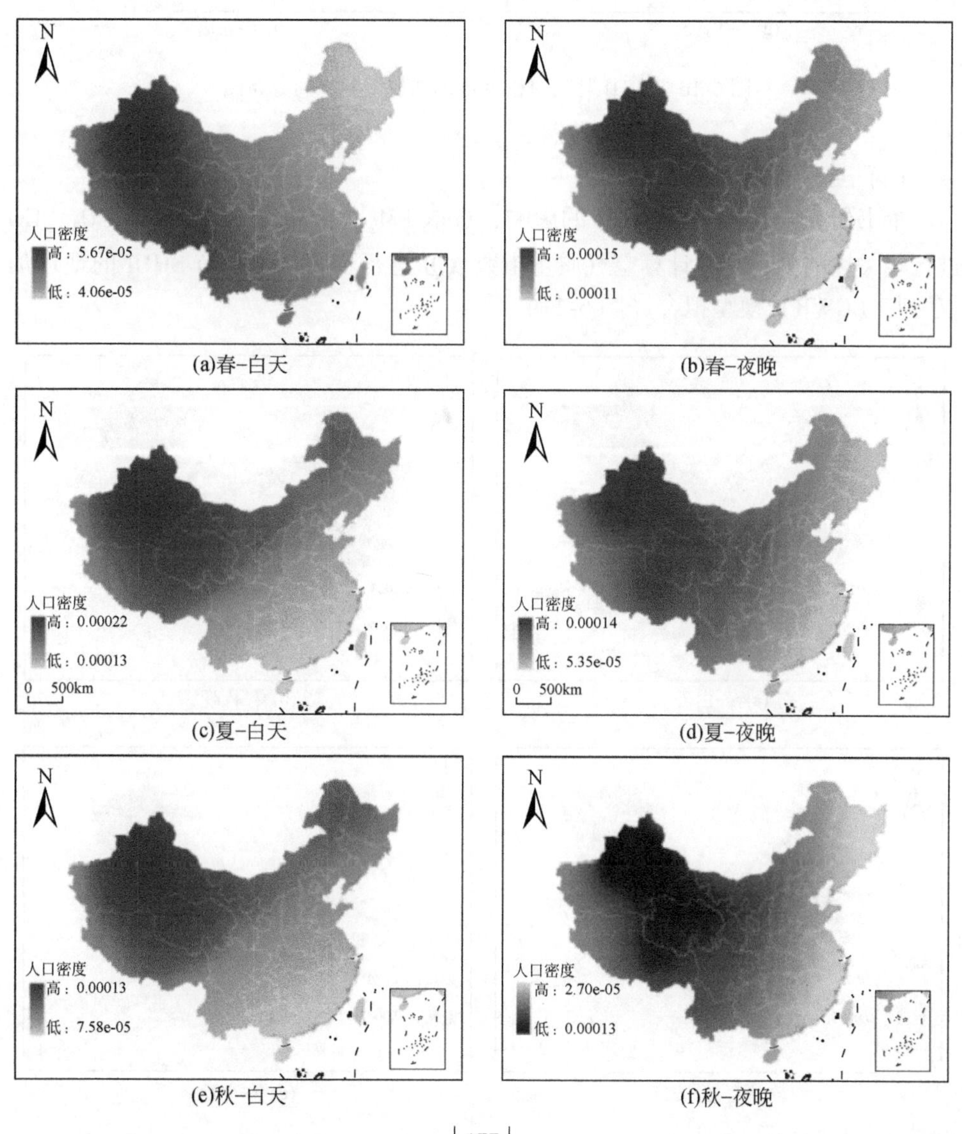

(a)春-白天 (b)春-夜晚

(c)夏-白天 (d)夏-夜晚

(e)秋-白天 (f)秋-夜晚

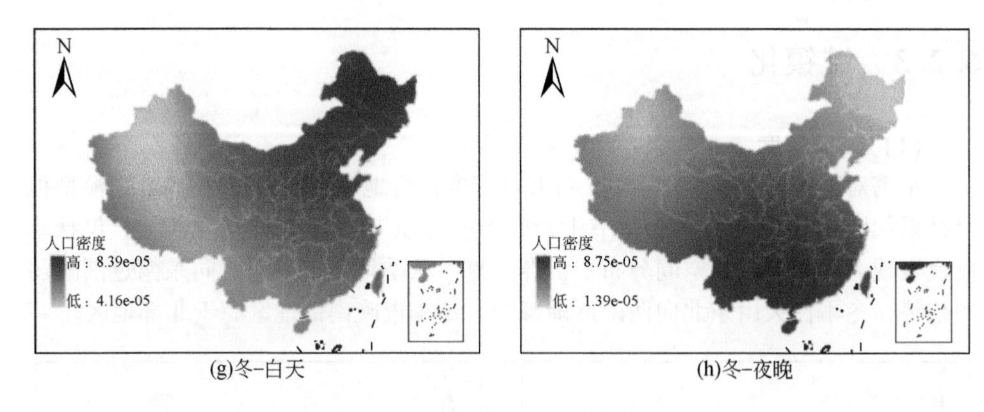

(g)冬-白天
(h)冬-夜晚

图 6-10　SUHI 与人口密度地理加权回归空间分布图

(2) 空气质量

本书研究空气质量对 SUHI 的影响，选取 $PM_{2.5}$、PM_{10}、SO_2、NO_2、O_3、CO 进行相关性的分析，并计算空气质量指数 AQI 进行全国各个季节 SHUI 的地理加权回归（GWR）模型拟合（图 6-11）。

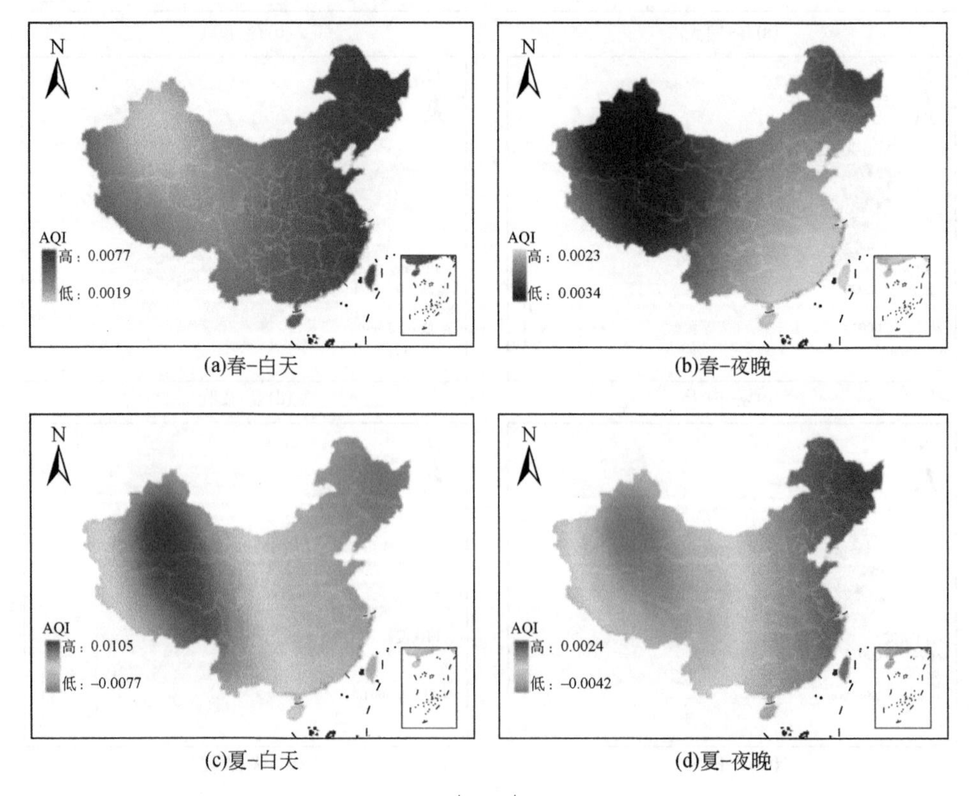

(a)春-白天
(b)春-夜晚
(c)夏-白天
(d)夏-夜晚

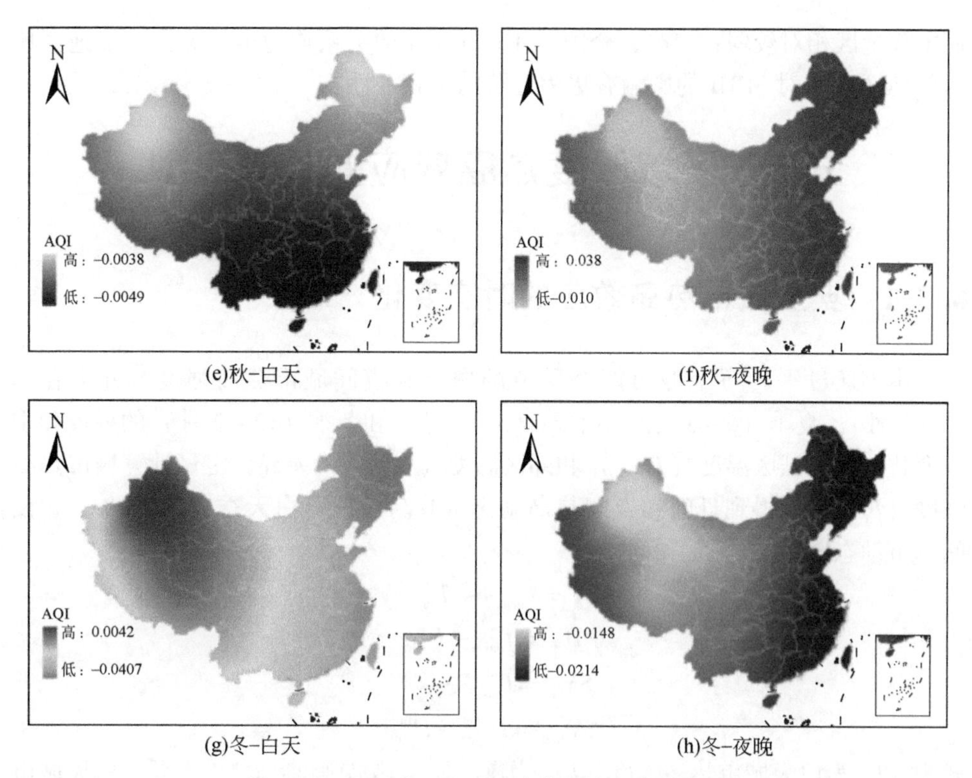

(e)秋-白天　(f)秋-夜晚

(g)冬-白天　(h)冬-夜晚

图 6-11　SUHI 与 AQI 地理加权回归空间分布图

春季：白天，全国 SUHI 与 AQI 的关系均为正相关，东部地区比西部地区的 SUHI 与 AQI 呈现更为显著的正相关性；夜晚，全国 SUHI 与 AQI 的关系均为负相关，西部地区比东北地区 AQI 对 SUHI 的影响有更为显著的负相关性，东南地区影响最弱。

夏季：白天，全国 SUHI 与 AQI 的关系为东部地区向西部地区从负相关关系向正相关关系变化，说明东部地区和西部地区的 SUHI 与 AQI 相关性更为显著，而中部地区相对较弱；夜晚，全国 SUHI 与 AQI 的关系均为正好与白天相反，SUHI 与 AQI 的关系为东部地区向西部地区从正相关关系向负相关关系变化，东部地区和西部地区的 AQI 对 SUHI 的影响更为显著，而中部地区相对较弱。

秋季：白天，全国 SUHI 与 AQI 的关系均为负相关，南部地区比北部地区 AQI 对 SUHI 的影响为更显著的正相关性；夜晚，全国 SUHI 与 AQI 的关系均为正相关，东部地区比西地区 AQI 对 SUHI 的影响有更为显著的正相关性。

冬季：白天，全国 SUHI 与 AQI 的关系为东部地区向西部地区从负相关关系向正相关关系变化，说明东部地区和西部地区的 SUHI 与 AQI 相关性更为显著，而中部地区相对较弱；夜晚，全国 SUHI 与 AQI 的关系均为负相关，东部地区比西部地区 AQI 对 SUHI 的影响有更为显著的负相关性。

6.3 区域尺度热岛效应的预测模型

6.3.1 典型城市热岛效应的时空变化

本书通过平均每个城市四个季节的白天和夜间城市热岛强度，分析春季(3~5 月)，夏季（6~8 月），秋季（9~11 月）和冬季（12~2 月）的昼夜和季节变化。根据城区温度（T_{urban}）和郊区温度（T_{rural}）的差异，定量计算城市热岛强度（I），从而得到日间和夜间热岛动态（DV），以及白天季节动态 SV_{day} 和夜间季节动态 SV_{night}。

$$I = T_{urban} - T_{rural}$$

$$DV = I_{day} - I_{night}$$

$$SV_{day} = I_{day}^{summer} - I_{day}^{winter}$$

$$SV_{night} = I_{night}^{summer} - I_{night}^{winter}$$

式中，I_{day} 为白天城市热岛强度；I_{night} 为夜间城市热岛强度；I_{day}^{summer} 为夏季白天城市热岛强度，I_{day}^{winter} 为冬季白天城市热岛强度；I_{night}^{summer} 为夏季夜间城市热岛强度；I_{night}^{winter} 为冬季夜间城市热岛强度。

通过系统分析全国 245 个城市的热岛强度及其日夜、季节动态特征基础上，结果可以看出，日间热岛强度在不同季节变化很大，而夜间热岛强度变化较小(图 6-12)。

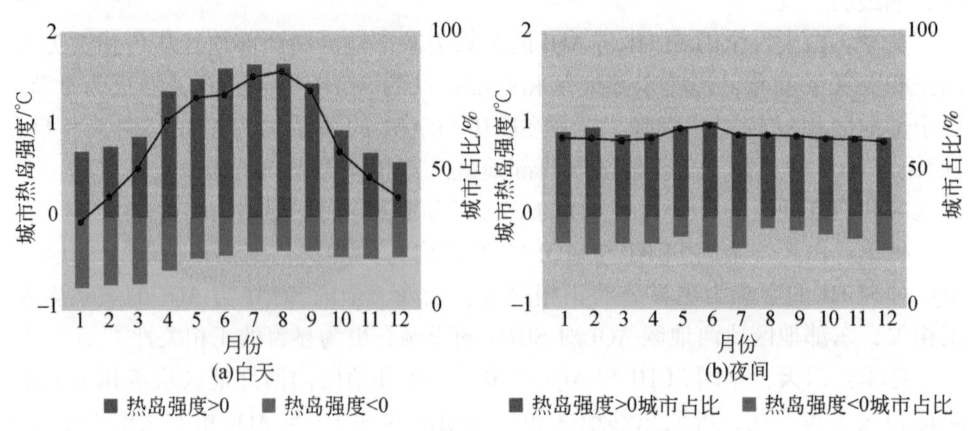

图 6-12　中国典型城市日间和夜间热岛效应的差异

直方图显示，DV 的数量和强度在四个季节中发生了变化（图 6-13）。DV 大于 0 的城市比例在春季占城市总数的 62%、夏季占 72%、秋季占 52%、冬季占 29%。从春季开始的四个季节中，245 个城市的平均 DV 强度分别为 0.15℃，0.5℃，-0.04℃和-0.53℃。SV 直方图显示，白天和夜间之间存在显著差异。在所有城市中，91%的城市在白天的 SV 大于 0，而只有 57%的城市在夜间大于 0。白天的平均 SV 强度为 1.25℃，夜间为 0.13℃。

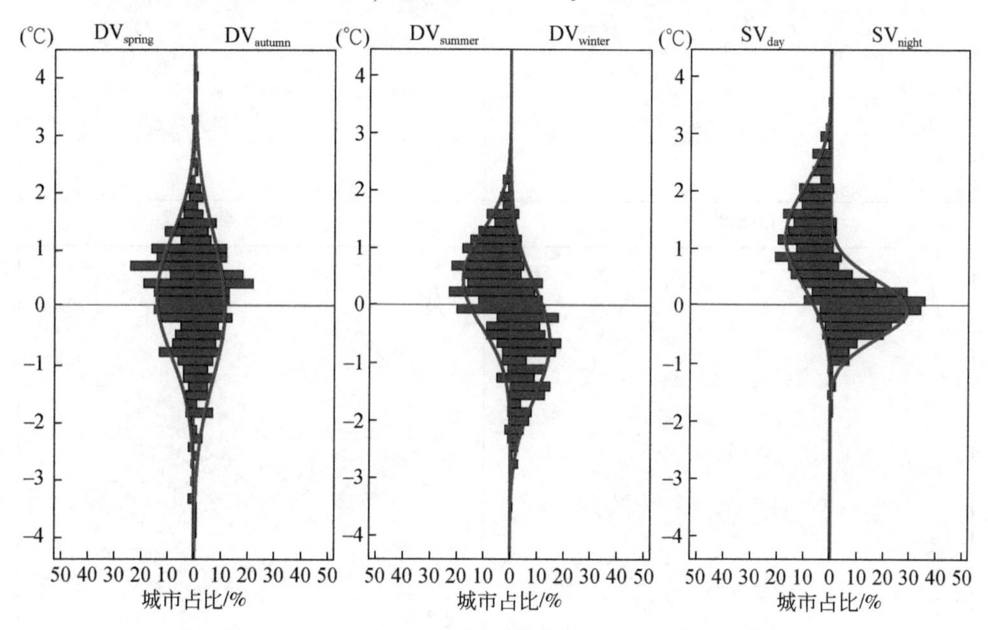

图 6-13　2012 年城市比例以及城市热岛的昼夜和季节变化

注：DV 下角标 spring 代表春季，winter 代表冬季。

在春季和秋季，城市热岛的昼夜变化（DV）相似，但在夏季和冬季之间几乎相反。93%的城市在白天经历正的夏冬季变率（SV），而只有 60%的城市在夜间显示出正 SV。红线显示拟合到直方图数据的正态分布曲线。

图 6-14 显示了全国不同地区城市热岛强度的日夜动态、季节动态，发现具有明显的地域分布规律。比如，春节和冬季 DV 南方高于北方，夏季不明显；白天 SV 高于夜间等。白天的平均 SV 强度为 1.25℃，夜间为 0.13℃。位于中国东南部的城市表现出高于北方和西北部城市的 DV，而中国北方城市的白天 SV 较高，但夜间 SV 较低。此外，我们注意到高度城市化的地区具有较高的 DV 和 SV 值，例如长江三角洲地区和珠江三角洲地区。长江三角洲地区从春季开始的四个季节中每个季节的平均 DV 值分别为 1.6℃，1.59℃，1.0℃和 0.99℃。该区域白天和夜间的平均 SV 值分别为 1.38℃和 0.74℃。

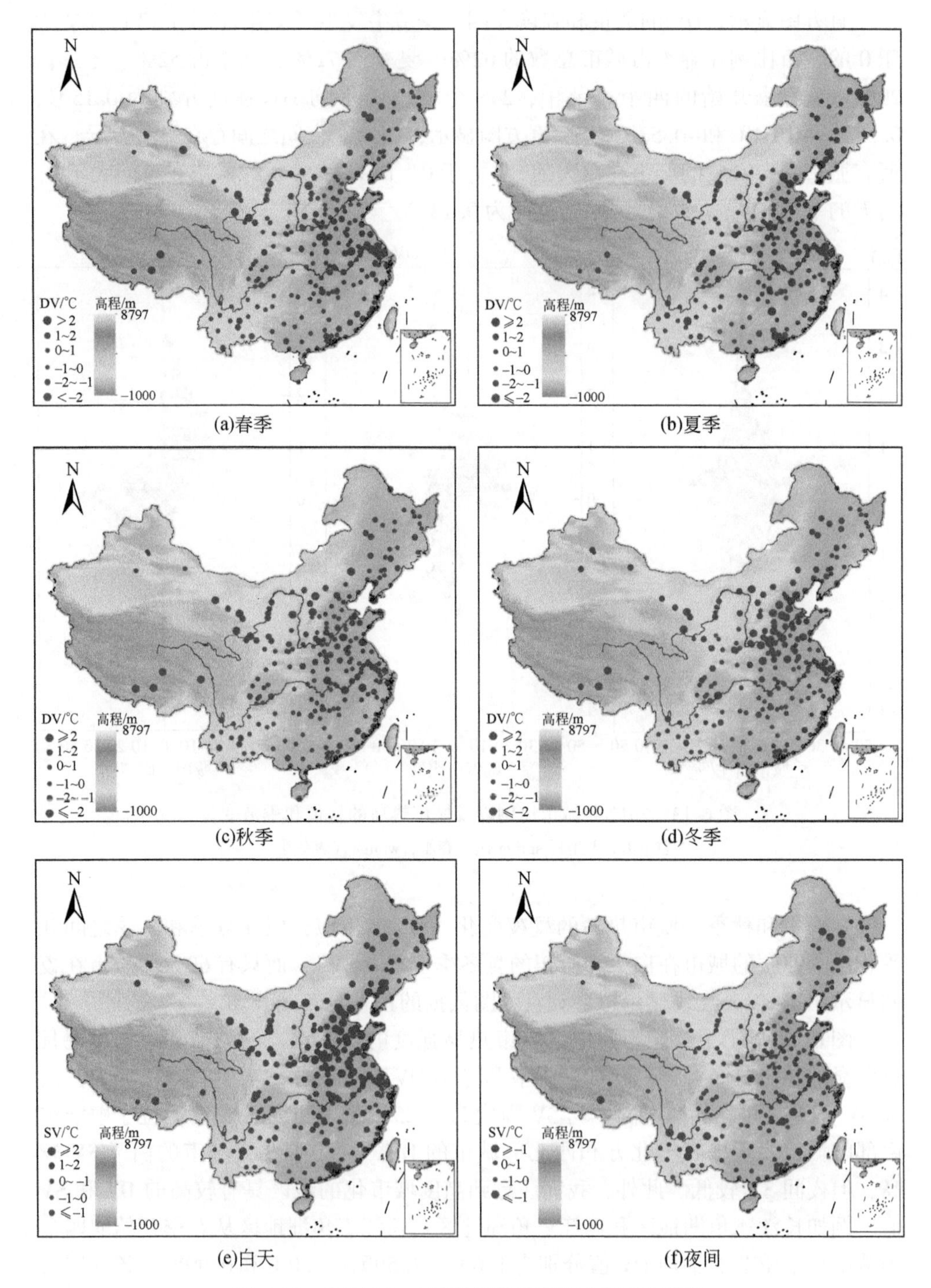

(a)春季　(b)夏季

(c)秋季　(d)冬季

(e)白天　(f)夜间

图 6-14　全国 245 个城市热岛强度的动态变化特征

6.3.2 城市热岛效应的预测模型

为揭示城市热岛动态的驱动机制，本书分析了城市自然特征（降水、气温、风速、地形等）和城镇化（能源、汽车、人口、面积、绿地等）对城市热岛强度和幅度的影响范式（Sun et al., 2019）。通过构建多元回归模型，分析不同因子的贡献程度：

$$V = \alpha_1 P + \alpha_2 T + \alpha_3 W + \alpha_4 H + \alpha_5 N + \alpha_6 E + \alpha_7 R + \alpha_8 C + \varepsilon$$

式中，V 代表热岛动态；P 为降水、T 为温度、W 为风速、H 为相对高度、N 代表 NDVI、E 为能源、R 为人口、C 为汽车；$\alpha_1 \sim \alpha_8$ 表示回归系数自变量，ε 表示随机扰动。各因子贡献如表 6-2 所示。

表 6-2 城市热岛动态变化的回归模型与因子贡献

项目	Regression Model	R^2	Adj_R^2	F（p<0.01）	DW
DV_{spring}	$V = 0.375 + 0.044\,T_{spring} - 4.05\,W_{spring} + 0.004H - 4.5\,N_{spring}$	0.434	0.425	46.02	1.57
DV_{summer}	$V = -0.859 + 0.056\,T_{summer} - 0.273\,W_{summer} - 3.393\,N_{summer} + 0.615C$	0.410	0.400	41.75	1.63
DV_{autumn}	$V = -0.815 + 0.009\,P_{autumn} + 0.046\,T_{autumn} - 0.391\,W_{autumn} - 3.43\,N_{autumn} + 0.011E$	0.402	0.390	32.17	2.31
DV_{winter}	$V = -0.405 + 0.016\,P_{winter} - 0.351\,W_{winter} - 0.003H + 0.028E - 0.049R$	0.455	0.444	39.92	1.61
SV_{day}	$V = -0.611 + 0.059\,T_{summer} - 0.054\,T_{winter} - 0.248\,W_{summer} + 0.29\,W_{winter} - 2.159\,N_{winter} + 0.009E + 0.297C$	0.445	0.428	27.11	1.66
SV_{night}	$V = 0.028 + 0.006\,P_{winter} - 0.093\,W_{winter} - 0.006H + 2.5\,N_{summer} + 0.012E + 0.204C$	0.474	0.461	35.80	1.90

注：Adj_R^2 为调整决定系数；下角标 spring 表示春季，summer 表示夏季，autumn 表示秋季，winter 表示冬季。

结果显示，影响当地背景气候的因素包括降水、气温、风力和城区相对海拔。降水和气温对 DV 和 SV 有正向影响，而风对 SV 有负向影响。城市地区的高海拔会增加春季的 DV，而冬季的 DV 会降低，夜间的 SV 会降低。城市化的因素包括城市人口、车辆数量、能源消耗以及城乡之间 NDVI 的相对值。能量和车辆对 DV 和 SV 有积极影响，而 NDVI 有负面影响。城市人口只对冬季的 DV 产生负面影响（图 6-15）。潜在驱动因素的相对贡献可以通过回归模型的标准系数来量化。当地背景气候对 DV 的解释率分别为 30% （春季）、19% （夏季）、29% （秋季） 和 25% （冬季）。DV 的城市化解释率分别为 13% （春季）、22% （夏季）、11% （秋季） 和 21% （冬季）。这两个变量也分别占白天季节性的 32% 和 12%，夜间分别为 25% 和 23%。结果表明，城市绿地在春夏秋两季以及白天的 SV 中起到温度调节作用。然而，当植被活动（例如潜热通量）相对较低时，其作用在冬季 DV 和夜间 SV 中可以忽略不计。此外，城市绿地对缓解热岛的影响有限，从秋季的 5% 到春季的 13% 不等。相比之下，车辆数量可以解释夏季 DV 的 15%，而能源消耗可以解释冬季 DV 的 15%。人为热量排放（即能源和车辆）的总解释率在白天 SV 中分别达到 9% 和夜间 SV 的 17%。能源和车辆的密集使用应该是中国城市群地区 DV 和 SV 值高的原因。

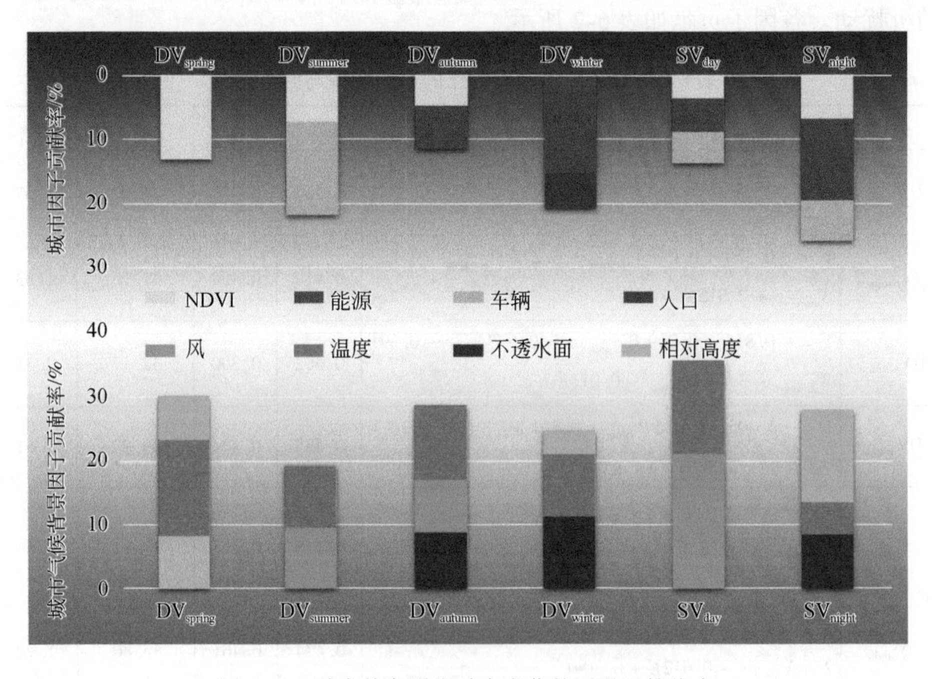

图 6-15　城市热岛强度动态变化的因子贡献范式

6.4 小　　结

1）大气城市热岛效应的区域差异，干带明显高于其他气候带，极地带最弱。秋季城市热岛效应较为稳定，热岛和冷岛效应均较弱；春、冬季城市热岛效应较为波动，易出现强热岛、强冷岛效应的极端现象；夏季热岛效应发生率最高，但热岛强度相对较弱。

2）地表热岛效应的结果显示，夏季白天的热岛强度显著高于其他季节。对比大气热岛与地表热岛的结果显示，大气热岛效应强度受空气对流阻碍影响更为直接，地表热岛效应强度受城郊蒸散发差异影响较为直接；干带地区，蒸散发降温效果差，空气对流效率较好，表现为显著的大气热岛效应和地表冷岛效应；暖温带湿润地区，空气对流效率差，蒸散发降温效果较好，大气热岛与地表热岛均主要受城郊蒸散发下差异影响，均表现为显著的城市热岛效应。

3）Pearson 相关性分析及地理加权回归分析，发现 UHI 与各因素之间存在显著的时空异质性。SUHI 与纬度、海拔多呈现负相关，与人口密度多为正相关；与市区绿地占多为负相关，但在春季白天和冬季白天表现为较明显的正相关，可能是由于春季和冬季绿叶覆盖率较低、草地灌木区等多变为裸地，使得白天地表吸收更多的热辐射而表现出较明显的热岛效应。

4）城市热岛昼夜和季节变化在不同年份具有明显的周期性，同时具有显著的昼夜和季节变化。夏季平均昼夜热岛强度差值为正，其他季节为负。利用回归模型量化了当地背景气候和城市化的潜在因素，结果表明炎热潮湿的气候会增大昼夜热岛差值，而强风可以减轻昼夜热岛差值。昼夜热岛差值还受到城市化因素的影响，包括城市绿地，车辆和能源消耗。

第7章 城市扩张形态对热岛效应的影响

从城市内部建筑和植被格局，到城市与城市之间，进而到跨大洲的全球尺度上，城市化与城市热岛之间的相关研究一直是国内外学者关注的热点问题。但是，不同地区的自然气候背景，城市自身的地理条件，以及城市的发展路线不同，同样的热岛变化背后蕴藏的机理往往是不一样的。目前大尺度的城市热岛研究大多数将城市看作同质化的单元，去研究城市扩张的某一个方面（如内部结构、扩张面积、土地覆被变化等）与热岛效应之间的关系，缺乏对城市进行系统的分类，进而对不同类型的城市进行热岛效应对比分析。本章在城市扩张的基础上，先采用连续的时间序列对全球城市进行提取，并获取其时空动态，进而提取了城市热岛强度的月变化，将城市分类结果与热岛强度的时空差异进行了研究，并结合社会经济因素对二者进行了协同分析。

7.1 城市扩张形态识别方法

7.1.1 夜间灯光数据处理与分析

全球城市的扩张现状通过夜间灯光数据提取得到，夜间灯光数据是由美国国防气象卫星计划（Defense Meteorological Satellite Program，DMSP）一系列气象卫星观测所得。1976年，该计划发射的F-1卫星上首次搭载OLS传感器。该传感器具有较高的光电放大能力，可探测到城市夜间的灯光、火光乃至车流等发出的低强度灯光，因此，这一系列夜间灯光作为人类活动的表征，成为人类活动监测研究良好的数据来源。

通过夜间灯光影像提取城市的方法有很多，一般研究中主要采用阈值分割法，通过划定城市像元灯光值来进行城市与郊区的分割提取。阈值分割法主要可分为三类：经验阈值法、突变检测法以及参考比较法。经验阈值法就是研究者根据前人所作的研究，结合实际经验，人为给定一个分割阈值，这种方法省去了计算阈值的步骤，但是这种方法的主观性较强，结果缺乏合理的依据（舒松等，2011）。突变检测法则是基于城市影像是由一个个斑块组成的，当分割的阈值不断提高，所提取出来的城市斑块就越来越小，而当分割值提高到一个特定的点的时候，原先作为整体而不断缩小的城市斑块开始从内部出现破碎化的现象，这时的阈值就可作为提取城市建成区的最佳阈值。而在这种方法的基础之上，又有学者提出了效率和精度稳定性更高的邻域极值法（孙立双等，2020）。参考比较法则是借助辅助数据的方式来帮助提取城市边界，通过设定不同阈值对城市进行提取，将提取出来的城区面积与统计数据进行对比，通过不断迭代来逼近真实的统计数据，最终确立最佳的分割阈值（杨洋等，2015）。这些方法在提取单一城市边界时具有较高的精度，但是当范围扩大到国家尺度时，在考虑到不同地区的发展水平不同的情况下，单一的经验阈值的提取存在较大的误差，突变检测法由于地区的差异性，并不能观察到斑块破碎带来的参考值的突变，参考比较法在操作上则显得过于繁琐。而在研究区扩大到全球时，上述方法目前更是难以适用。

Jiang 等（2015）的研究在提取自然城市的观念后，又进一步依据这一观点提出了在全球利用夜间灯光数据提取城市的方法。Jiang 和 Liu（2012）认为定义自然城市的关键是头尾分割原则（head/tail division rule），即对于任意一个变量，如果这组变量的值遵循重尾分布（heavy tailed distribution），如幂律分布、对数正态分布和指数分布等，那么都可以围绕他们的平均值分成两个不平衡的部分。基于此，将高于平均值的这一小部分作为数据的“头”，而剩余的低于平均值的大多数则作为数据的“尾”，进而依据这一规则提出了通过首尾分割（head/tail breaks）的方法来提取全球城市，并得到了较好的结果（Jiang，2013）。这一方法是在通过均值将数据分出头尾之后，选取在均值之上的这一部分数据，再使用一个首位分割，依次迭代，直至有均值分割出的两部分数据均占 50% 的时候停止分割，取倒数第二次分割之后的数值的均值作为最终的分割阈值。本文基于这一方法从全球夜间灯光影像中，简单、快捷地提取了全球城市边界（Jin et al.，2022）。

7.1.2 城市化特征定量提取

城市扩张速度和扩张强度是研究城市扩张的常用指标，常用来衡量一个城市城市化进程的快慢。以往的一些研究主要通过选取两景不同的时间的影像，通过两个时间点的影像反映出来的城市面积，结合时间跨度对城市扩张的速度与强度进行计算，从而获得城市扩张的相关信息。而夜间灯光影像提供了连续的时间序列，使得本书研究可以获得研究时段内每一年的城市面积变化动态。因此，通过最小二乘法获得城市扩张的曲线，扩张的速率，以及在整个研究时段内的扩张趋势，进而评估得到了城市扩张趋势的显著性。最小二乘法的计算公式如下：

$$\theta_{\text{slope}} = \frac{n \times \sum_{i=1}^{n} i \times A_i - \sum_{i=1}^{n} i \times \sum_{i=1}^{n} A_i}{n \times \sum_{i=1}^{n} i^2 - (\sum_{i=1}^{n} i)^2}$$

式中，i 代表了选取的时间序列，本书研究中为 2003 ~ 2018 年。A_i 则代表提取出的第 i 年的每个城市的面积。通过计算得到城市扩张曲线的一个线性斜率 θ_{slope}，这样可以通过其大小判断在研究时段内不同城市扩张速度的快慢，而其正负值也能指示城市是处于扩张还是收缩的状态。同时 F 检验被用来进一步判断城市扩张进程的显著性，并筛选出其中表现出显著扩张趋势的城市，然后进行进一步的分类。

7.1.3 城市扩张形态分类规则

在此基础之上，选取城市扩张三个方面的指标来对其进行分类：城市面积、扩张速率以及形状指数（图 7-1）。先依据城市面积以及速率的均值划分了城市面积的大小与扩张速率的快慢，本书研究认为城市的面积可以刻画出城市的所处的发展阶段，而速率可以代表城市化进程所处的阶段。基于全球城市的平均大小以及平均扩张速率，研究将面积大于 64km^2 的城市归类于大型城市，小于 64km^2 的城市则归类于小型城市。类似地，将扩张速率大于 $1.6\text{km}^2/\text{a}$ 的城市归类于快速扩张的城市，而小于 $1.6\text{km}^2/\text{a}$ 的归类于慢速扩张的城市。

研究基于对全球城市最小二乘法所得的趋势结果，先提取出了收缩型城市；这类城市在 1992 ~ 2021 年整个研究时段，它们的城市面积表现出了显著下降的趋势，下降的原因可能是多样化的。而在表现出正向扩张趋势的城市中，研究依据面积及扩张速率这两个指标，又提取出了两类城市：佝偻型与膨胀型。佝偻型城市的特征是，它们的面积较小，同时扩张速率也很慢；膨胀型城市则是在城市面积很大的同时还表现出了很高的扩张速率。这两个类型城市代表了城市扩张的两种状态。对于城市面积大，但是扩张速率很小的城市，通过城市形状指数的变化将其进一步划分成了稳定型与成熟型两类，稳定型城市是在大型城市表现出慢速扩张特征的同时，其形状指数在扩张过程中不断增大，也即表现为外延性扩张的这一类城市；反之，成熟型城市则是在大型城市表现出慢速扩张特征时，其形状指数在研究时段内下降，也即表现为内填型扩张的这样一类城市。而对于城市面积小，但是扩张速率很大的这样一类城市，研究中将其分类为了发育型。

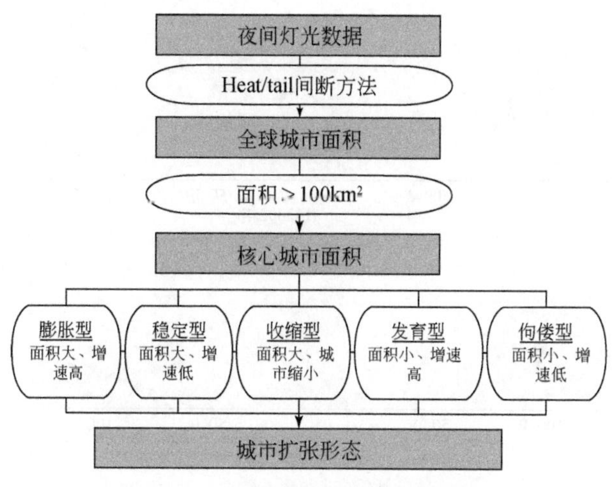

图 7-1　城市扩张形态识别流程

7.2　城市扩张的区域差异

7.2.1　全球城市扩张强度

本书通过对 30 年的夜间灯光影像使用了首尾分割的方法提取划分阈值，选取了它们的均值 31 作为最后全球城市的提取阈值。通过对影像的阈值分割，一共提取出了全球大小不等的 37784 个城市。从整体来看，全球城市面积从 1992 年的 1.1×10^6 km^2 增加到 2021 年的 3.1×10^6 km^2，亚洲城市的扩张幅度最大，净增长 9.5×10^5 km^2，占全球城市扩张的 48.5%，其次是欧洲，净增长 4.0×10^5 km^2，占全球城市扩张的 20.4%。除去检测到的城市面积非常小的澳大利亚地区外，扩张幅度最低的是非洲地区，净增加了 1.6×10^5 km^2，占全球城市扩张的 8.4%。研究进一步依经度方向创建了 1°为单位的网格，从西到东依次提取了各地区城市面积占全球城市面积的比例，主要提取了 1992 年、2002 年、2012 年以及 2021 年的数据，并绘制成直方图（图 7-2）。

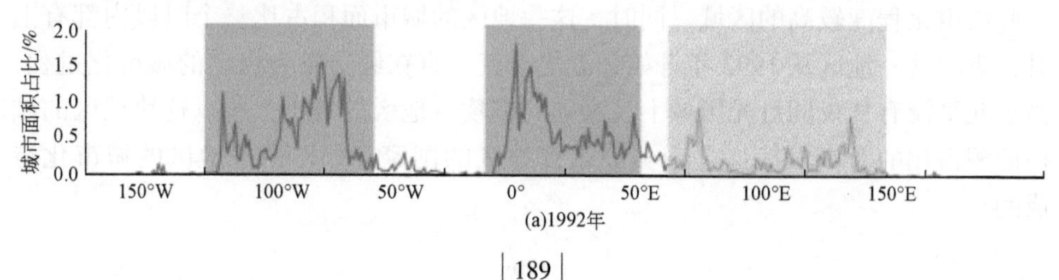

(a)1992年

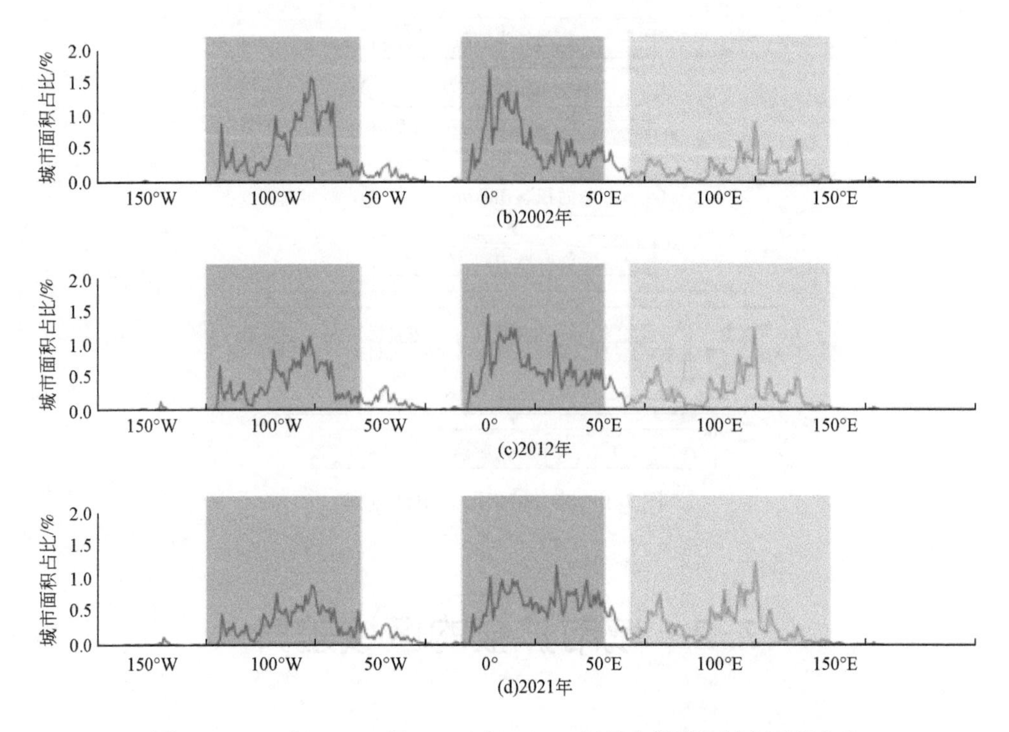

图 7-2　1992 年、2002 年、2012 年、2021 年经向梯度的城市面积占比

图 7-2 中显示了 4 年中不同地区的城市面积占比，占比越高表示城市化程度越高。最左侧的峰值显示了北美地区高度城市化的现状，并且从整体来看，该处的峰值在整个经向城市面积占比分布上都是相对较高的，这表明在研究时段初期与研究时段末期，北美洲的城市化的程度在全球而言都是比较高的。同时可以观察到峰值最高的地区出现在 80°W 左右，说明北美洲的城市化程度高的地区主要集中在中部。而纵向对比不同时期的峰值变化，可以看到，这部分高城市化地区的占比在这 30 年间有所下降，这表明在整个研究时段内，这部分地区的城市化进程进行得比较缓慢，可能达到了目前城市扩张的峰值阶段。在 50°W 左右，这一地区主要是南美洲的东部及北美洲的格陵兰等地，这一地区的城市占比比较低，表明了这块地区的城市化程度不高，但是几个较小的峰值表示这块地区存在一些城市化程度较高的区域。同时，这一地区的城市面积占比整个时段内都有上升，表明这一地区从 1992 年开始或者之前就一直在经历较为稳定的城市化过程，由于几乎没有从夜间灯光影像上观察到的格陵兰地区的城市，所以这块地区的城市面积占比的升高，应该是南美洲东部地区的国家，如巴西等地区的城市化造成的。

在0°左右出现第二个高峰值地区，这块高峰值地区主要是欧洲西部的一些国家的城市，这表明欧洲西部地区的城市在研究时段初期到研究时段末都有着较高的城市化水平，同时其城市扩张也较为缓慢。但是在 1992～2002 年，0°～30°E 地区其城市面积占比整体略有上升。这表明在研究时段的前半段全球城市扩张主要发生在了北美中部及欧洲西部地区，而后半段城市面积占比下降，则表明在这段时间可能正经历较为缓慢的城市化或者去城市化过程。30°～50°E，直方图显示了几个较低的峰值，同时在 1992～2012 年，这一地区的城市化占比有了较小的提升，而在 2012～2021 年，变化又相对较小甚至有部分地区的城市占比下降，这表明该地区的城市在 1992～2002 年经历了较为快速的城市化，而在 2002～2021 年其城市化速度减缓。而这一地区主要包括了沙特阿拉伯、俄罗斯西部以及非洲东部的一些城市，如莫斯科、开罗等。经过计算得出俄罗斯西部的城市面积在研究时段内共增长 $0.9\times10^5 km^2$，因此可以判断 1992～2002 年全球城市化的缓慢变化与俄罗斯西部地区和沙特阿拉伯地区的城市化程度较高有关，而 2002～2021 年的慢速城市化则与非洲地区一些城市的城市化有关。

在 110°E 左右的地方出现了最后一个峰值较高的地区，这一地区主要是中国中东部的一些城市，占比曲线显示，该地区的东部在 1992～2002 年的经历了较为快速的城市化进程，在 2002～2021 年，该地区东部整体保持了一个较高的城市化水平，该地区的峰值已经增长到了接近欧洲与北美洲地区的城市化水平，说明在整个研究时段内，中国东部经历了非常快速的城市化进程。而对比中国中部地区，1992～2002 年城市面积占比没有明显变化，而在 2002～2021 年其城市面积占比则上升且维持在了较高的水平，说明中部地区的城市化进程发展较晚，但其速率仍然不低。

本书研究一共提取出了全球大小不等的 37784 个城市，考虑到城市斑块之间融合与分裂，以及由于灯光数据原因产生的一些城市的反复出现的情况，预选阶段选取了城市的位置在空间上的相对稳定的 11024 个城市，来提取全球城市扩张的一般特征，经过筛选之后一共提取出了 4293 个位置相对稳定的城市。

7.2.2 全球城市扩张速率

从大洲的尺度上来看，城市最多的地区为北美洲，占所有城市总数的 39.2%，除城市数量极少的大洋洲外，城市数量最少的地区为非洲。同时结果还显示，大部分地区的小型城市的数量都要多于大型城市，而在亚洲则相反，大型城市数量略多于小型城市，这反映了不同地区的城市发展状况。对比不同国家的大型城市与小型城市的数量后的结果显示，美国的大型城市与小型城市在全世界的占比是最高的，加拿大、俄罗斯、巴西、日本以及中国等也较多，同时每个国家的小型城市数量都普遍大于大型城市，但是在日本和中国则相反。

在统计完城市面积的大小后，使用线性拟合方法，计算每个城市的扩张速度，结果显示扩张速度最快的城市位于沙特阿拉伯地区（约 478.8km^2/a），最慢的城市位于俄罗斯的西部（约 1.6km^2/a），57%的城市的增长速度低于 1.6km^2/a，近 31.0%的快速增长城市分布在亚洲，其次是欧洲北美洲，分别占 20.0%左右，47.9%的慢速扩张的城市位于北美洲，其次是欧洲 26.2%与亚洲 11.1%（图 7-3）。快速增长城市数量最多的前 10 个国家是美国（占快速增长城市总数的 14.3%）、巴西（10.1%）、印度（8.0%）、俄罗斯（6.2%）、中国（6.1%）、伊朗（5.1%）、墨西哥（4.3%）、阿根廷（3.1%）、西班牙（2.7%）和土耳其（2.2%）。每个国家增长缓慢的城市对比结果显示，大多数国家的增长缓慢的城市多于快速增长的城市，尤其是美国。城市化过程中城市的形状结构会发生变化，其形状指数也不尽相同，拥有相似形态变化的城市，它们的增长率也可能不同。统计结果显示，增长率大于 1.6km^2/a 的城市中有 42.1%的城市斑块紧凑度指数 C_{IPQ}有所增加，相比之下，在 1.6km^2/a 增长速度以下的城市中，77.5%的城市 C_{IPQ}有所增加。在中国，在珠江三角洲和长江三角洲地区发现了相反的城市形态指数变化模式，这是因为该研究时段内长江三角洲经历了快速扩张的城市增长模式，而珠江三角洲则呈现出快速但更加紧凑的扩张过程。

7.2.3 全球城市扩张模式

依据城市的扩张确定了核心城市增长的 6 种典型增长曲线，如图 7-3 所示。如前所述，增长率和紧凑度指数被用来分析具有扩张趋势的大城市，因为这些城市已经有很大的面积，预计还会继续扩张。面积大扩张速率快的城市被定义为膨胀型城市，增长速度快的小城市为发育型城市，佝偻型城市代表增长率较低且土地面积较小的城市。方差分析的结果显示，除稳定城市外，所有城市的紧凑度均呈现显著下降，因此成熟型城市代表城市面积的扩张速率较低，同时紧凑度指数呈现下降，而稳定城市则代表正经历慢速的内填式扩张的大型城市，收缩型是指城市化进程中城市面积缩小的城市。

全球城市分类结果显示，佝偻型城市占所有城市的40.9%。此类城市在研究期间几乎没有变化，且在所有地区都广泛分布。39.6%的佝偻型城市都分布在北美洲，这几乎是亚洲的三倍（图 7-4）。膨胀型城市与佝偻型城市的分布类似，在各个大洲的城市中也占很大比例（26.4%）。统计结果显示，亚洲膨胀型城市是全球最多的，占全球所有膨胀型城市的28%左右，并且它们主要分布在中国、

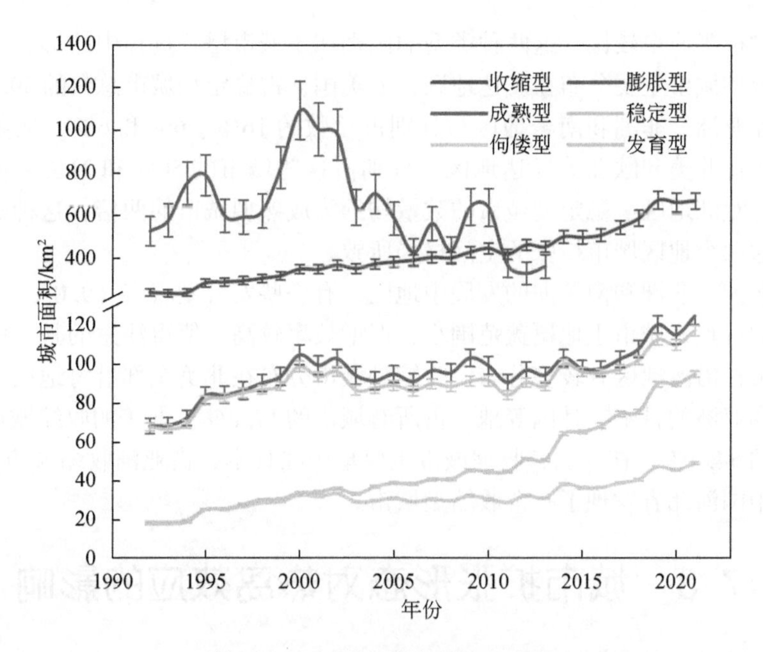

图 7-3　不同形态城市的扩张曲线

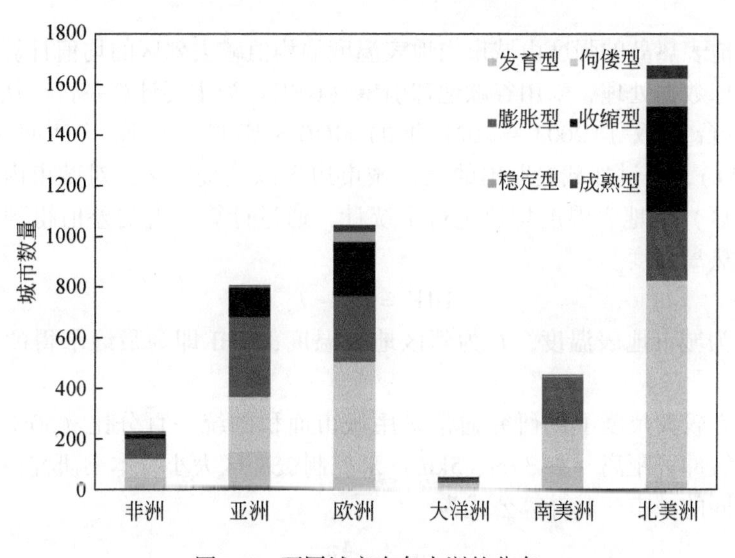

图 7-4　不同城市在各大洲的分布

印度、印度尼西亚和一些西亚国家（如伊朗、沙特阿拉伯等）。稳定型城市和成熟型城市分别占全部城市的 3.9% 与 2% 左右。这些城市的土地覆盖初始面积较大，同时扩张速率较慢。这两种类型的区别在于城市增长过程中的形态指数的变化。稳定型城市主要分布在发达地区，如美国，占稳定型城市总数的59.7%，少数分布在亚洲、非洲和南美地区，分别占总数的16%、6%和6%。成熟型城市主要分布在北美和欧洲等发达地区，分别占这些城市的50%和21%。同时，在北美洲与欧洲地区，稳定型城市的数量均约为成熟型城市的两倍，这种数量关系是由于这两个地区城市扩张的空间格局所致。

在亚洲、非洲和南美洲的发展中地区，有一些发育型城市（9.0%）。这个类别城市的特点是城市土地覆盖范围小，但增长率较高，值得注意的是，中国的发育型城市在沿海地区有较多分布。收缩型城市分布在北美东部沿海地区、西欧沿海地区和亚洲的日本、韩国等地，占所有城市的17.8%。北美的收缩城市占总收缩城市的54.4%。在亚洲，收缩城市主要集中在日本，占亚洲收缩城市的61%。同时在中国河北省发现了一个收缩型城市。

7.3 城市扩张形态对热岛效应的影响

7.3.1 热岛强度量化方法

城市地表热岛的强度由城市内地表温度的均值减去郊区的均值计算获得。为了完成全球数据处理，采用谷歌地球引擎（GEE）为主要计算平台。从谷歌地球引擎云平台调取了2003～2021年的MODIS影像，选取了日间地温数据（MYD11A1），通过加载提取出的全球城市边界以及缓冲区，对城市内部以及郊区（缓冲区）的地表温度均值进行了统计，通过计算二者的差值得到了各个城市的月均热岛强度。

$$\mathrm{UHI} = T_U - T_S$$

式中，T_U为城市地表温度，T_S为郊区地表温度，UHI即为最终求得的城市热岛强度。

以往在较大尺度上的研究通常采用城市面积的统一百分比（50%～150%）或者同一缓冲区距离（如3km、5km）来控制缓冲区大小，本书研究由于涉及全球大小不同的城市，其计算公式为

$$C_{\mathrm{IPQ}} = \frac{4\pi A}{P^2}$$

式中，C_{IPQ}为斑块紧凑度指数，A为城市面积，P为城市周长。因为城市通常不是理想的圆形，因此需要对r进行补正，即使用计算得到的紧凑度指数去修正上面得到的是城市面积扩大一倍所需要的r，最终得到缓冲区半径R，即

$$R = r \cdot C_{\mathrm{IPQ}}$$

7.3.2 热岛效应的空间变化

本书基于提取出来的城市矢量边界，与缓冲区在谷歌地球引擎云平台，研究对 2003 ~ 2021 年逐日的日间地表温度进行了月尺度的平均，计算不同城市及相应缓冲区的月度地表温度值，并在年际尺度上对不同类型城市的热岛效应强度进行了统计与分析。

依据不同气候区对佝偻型城市热岛强度的统计结果显示，19.8% 的佝偻型城市位于干旱带，25.6% 位于内陆带，8.1% 位于热带，仅有 0.3% 位于极地带，佝偻型城市分布最多的是温暖带占总体的 46.2%。对于各个气候区的夏季平均日间热岛强度而言，干旱带最低为 2.56℃，夜间则是温暖带佝偻型城市较低为 1.38℃，而昼间夏季热岛强度最高的地区为极地带，平均热岛强度达到了 4.78℃，夜间为 2.42℃（图 7-5）。再对比冬季，研究发现在冬季的所有佝偻型城市中，干旱带地区的佝偻型城市昼间平均热岛强度仍然较低，为 1.92℃。在夜间则是热带的平均热岛强度最低，为 1.55℃。而冬季昼夜热岛强度最高的地区均为极地带地区，其强度分别达到了昼间 3.89℃，夜间 2.36℃。对比不同季节出现的最大值与最小值，结果显示夏季热岛效应强度最低值均出现在干旱带地区，其值为日间 0.39℃，夜间 0.05℃。而日间热岛强度最大值出现在温暖带地区，为 9.42℃，夜间则为内陆带地区，达到了 7.75℃。在冬季热岛效应强度最低值均出现在干旱带地区，其值为日间 0.35℃，夜间 0.03℃。而冬季日间热岛强度最大值出现在热带地区，为 9.81℃，夜间则为内陆带地区，达到了 11.24℃。

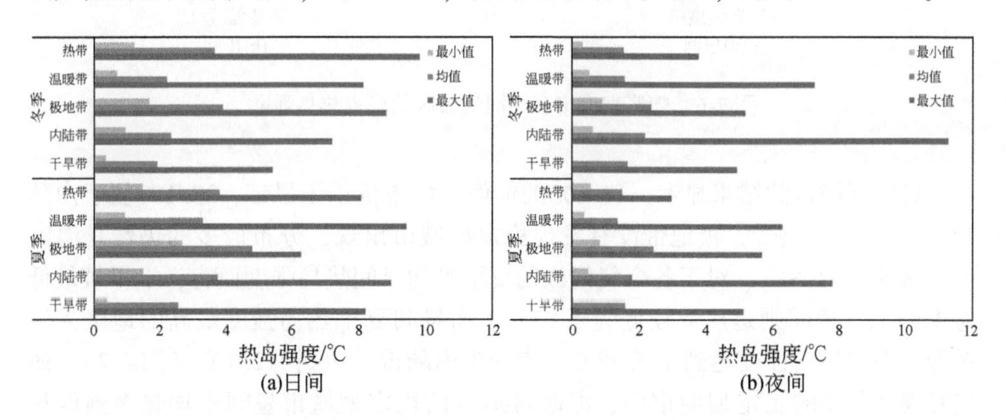

图 7-5　佝偻型城市在不同气候区的昼夜热岛强度

膨胀型城市的结果显示，24.8%的膨胀型城市位于干旱带，22.3%位于内陆带，14.5%位于热带，仅有0.1%的膨胀型城市分布在极地带，分布最多的仍然是温暖带占总体的43.3%。对于各个气候区的夏季平均日间热岛强度而言，干旱带最低为4.55℃，夜间则是热带较低为2.73℃，而昼间夏季热岛强度最高的地区为极地带，平均热岛强度达到了7.46℃，夜间为内陆带，达到了3.75℃。再对比冬季，结果显示在冬季的膨胀型城市中，干旱带地区的膨胀型城市昼间平均热岛强度仍然较低，为3.62℃。在夜间则是热带的平均热岛强度最低，为2.94℃（图7-6）。而冬季昼间热岛强度最高的地区为热带地区，其强度达到了7.04℃，夜间为内陆带，其热岛强度为4.46℃。不同季节出现的最大值与最小值的对比显示，夏季日间热岛效应强度最低值出现在干旱带地区，其值为0.79℃，夜间则在热带地区其值为0.50℃。而日间热岛强度最大值出现在温暖带地区，为9.42℃，夜间则为内陆带地区，达到了7.75℃。在冬季热岛效应强度最低值均出现在干旱带地区，其值为日间0.35℃，夜间0.03℃。而冬季日间热岛强度最大值出现在温暖带地区，为15.07℃，夜间则为内陆带地区，达到了15.40℃。

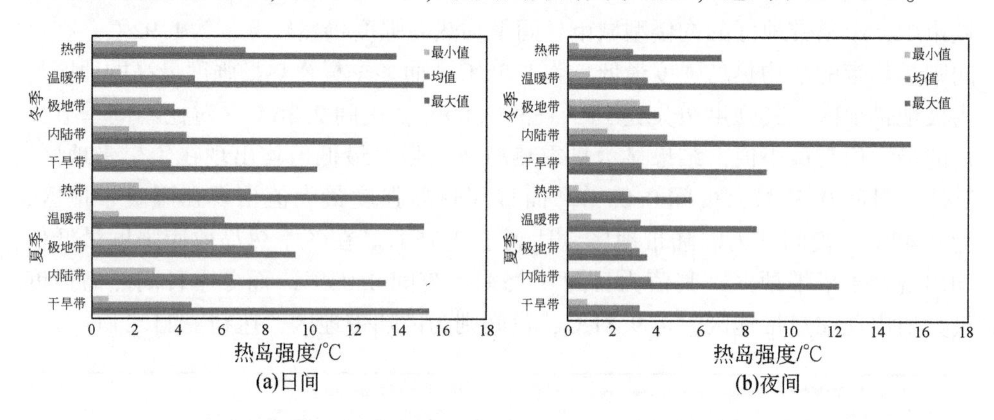

图7-6　膨胀型城市在不同气候区的昼夜热岛强度

稳定型城市的结果显示，14.6%的佝偻型城市位于干旱带，28.1%位于内陆带，5.5%位于热带，极地带没有发现稳定型城市出现，分布最多的仍然是温暖带占总体的51.8%。对于各个气候区的夏季平均日间热岛强度而言，干旱带最低为3.94℃，夜间则是热带较低为1.95℃，而昼间夏季热岛强度最高的地区为温暖带，平均热岛强度达到了5.38℃，夜间为内陆带，达到了2.7℃（图7-7）。研究发现在冬季的稳定型城市中，温暖带地区的稳定型城市昼间平均热岛强度最低，为2.62℃。在夜间则是热带的平均热岛强度最低，为1.88℃。而冬季昼间热岛强度最高的地区为热带地区，达到了5.02℃，夜间为内陆带，其热岛强度为

3.26℃。不同季节的最大值与最小值对比显示，夏季日间热岛效应强度最低值出现在干旱带地区，其值为1.49℃，夜间则在温暖带地区其值为0.76℃。而日间热岛强度最大值均出现在内陆带地区，为9.72℃，夜间则为6.68℃。在冬季日间热岛效应强度最低值出现在干旱带地区，其值为1.4℃，夜间出现在热带地区为0.93℃。而冬季昼夜热岛强度最大值均出现在内陆带地区，日间为7.51℃，夜间为7.19℃。

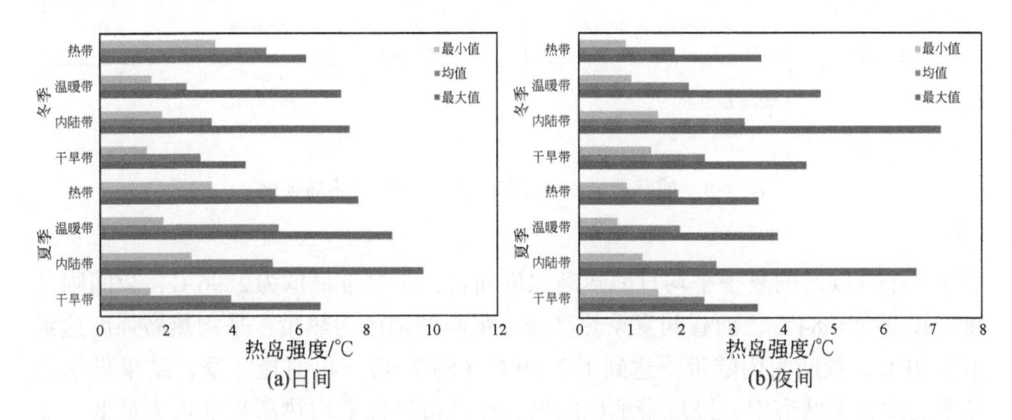

图 7-7　稳定型城市在不同气候区的昼夜热岛强度

成熟型城市的结果显示，9.6%的成熟型城市位于干旱带，28%位于内陆带2.4%位于热带，极地带占比最少为1.2%，分布最多的仍然是温暖带占总体的43.4%。对于各个气候区的夏季平均日间热岛强度而言，温暖带最低为5.09℃，夜间则是热带较低为1.52℃，而昼间夏季热岛强度最高的地区为极地带，平均热岛强度达到了6.47℃，夜间为内陆带，达到了2.7℃（图7-8）。再对比冬季，结果显示成熟型城市中，极地带地区的成熟型城市昼间平均热岛强度最低，为2.27℃。在夜间则是热带的平均热岛强度最低，为1.65℃。而冬季昼间热岛强度最高的地区为热带地区，其强度达到了5.58℃，夜间为内陆带，其热岛强度为3.03℃。对比不同季节的最大值与最小值，研究发现夏季日间热岛效应强度最低值出现在温暖带地区，其值为2.41℃，夜间则在温暖带地区其值为0.76℃。而日间热岛强度最大值均出现在内陆带地区，为10.66℃，夜间则为5.39℃。在冬季昼夜热岛效应强度最低值均出现在温暖带地区，其值分别为昼间1.48℃，夜间为0.99℃。而冬季昼间热岛强度最大值出现在温暖带地区，为8.49℃，而夜间出现在内陆带为8.59℃。

发育型城市的结果显示，30.3%的发育型城市位于干旱带，9.6%位于内陆带，20.2%位于热带，只有0.3%位于，分布最多的是温暖带占总体的39.6%。

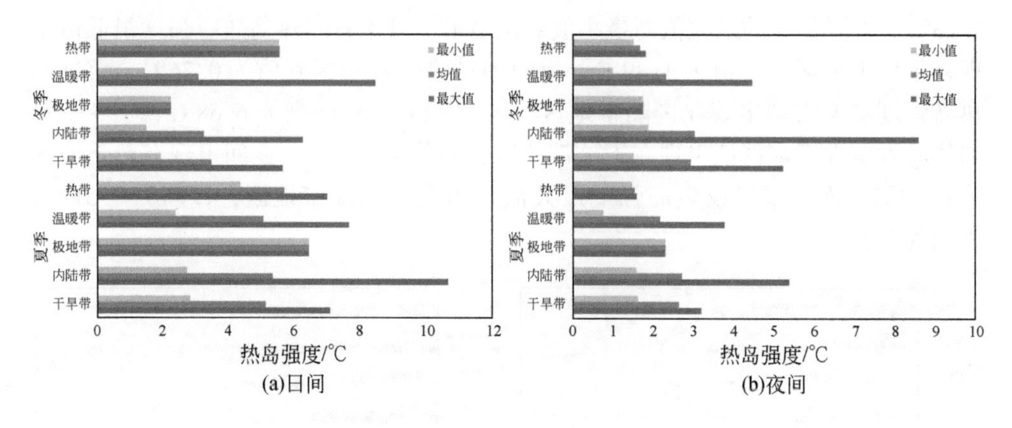

图 7-8　成熟型城市在不同气候区的昼夜热岛强度

对于各个气候区的夏季平均日间热岛强度而言，干旱带最低为2.96℃，夜间则是热带较低为1.84℃，而昼间夏季热岛强度最高的地区为热带，平均热岛强度达到了5.01℃，夜间为内陆带，达到了2.79℃（图7-9）。再对比冬季，结果显示在冬季的发育型城市中，极地带地区的发育型城市昼夜平均热岛强度均为最低，日间1.57℃，在夜间为1.95℃。而冬季昼间热岛强度最高的地区为热带地区，其强度达到了4.68℃，夜间为内陆带，其热岛强度为3.25℃。对比不同季节的最大值与最小值，结果显示夏季日间热岛效应强度最低值均出现在温暖带地区，其值为日间0.0004℃，夜间0.0006℃。而日间热岛强度最大值出现在热带地区，为9.98℃，夜间则出现在内陆带地区为7.41℃。在冬季昼夜热岛效应强度最低值均出现在温暖带地区，其值分别为昼间0.01℃，夜间为0.01℃。而冬季昼间热岛强度最大值出现在热带地区，为10.06℃，而夜间出现在内陆带为11.30℃。

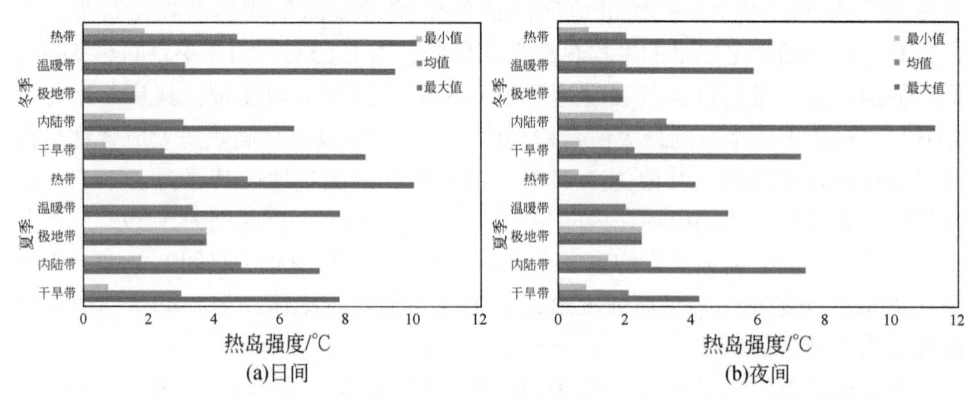

图 7-9　发育型城市在不同气候区的昼夜热岛强度

收缩型城市的统计结果显示，3.7% 的收缩型城市位于干旱带，34.8% 位于温暖带，2.9% 位于热带，仅有 0.7% 位于极地带，收缩型城市分布最多的是内陆带占总体的 57.9%。对于各个气候区的夏季平均日间热岛强度而言，昼夜最低均为干旱带，日间为 2.74℃，夜间为 1.45℃，而夏季昼夜热岛强度最高的地区均为极地带，平均热岛强度达到了 5.76℃，夜间达到了 2.77℃（图 7-10）。在冬季的收缩型城市中，干旱带地区的收缩型城市昼夜平均热岛强度为最低，为 2.11℃，夜间热岛强度最低为热带地区，为 1.33℃。而冬季昼间热岛强度最高的地区为极地带地区，其强度达到了 3.79℃，夜间为内陆带，其热岛强度为 3.06℃。对比不同季节的最大值与最小值得出，夏季日间热岛效应强度最低值出现在温暖带地区，其值为日间 -0.50℃ 表现为冷岛效应，夜间最低出现在内陆带地区为 -0.0005℃。而昼夜热岛强度最大值也均出现在内陆带地区，为 13.21℃，夜间为 8.43℃。在冬季日间热岛效应强度最低值出现在温暖带地区，其值分别为昼间 -0.31℃，夜间为 -0.03℃ 出现在内陆带地区。而冬季昼夜热岛强度最大值均出现在内陆带地区，日间为 12.85℃，而夜间为 14.12℃。

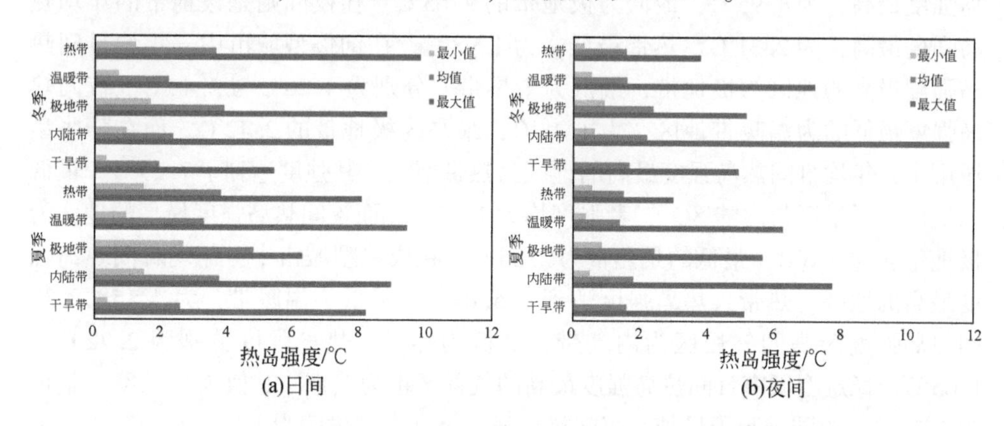

图 7-10　收缩型城市在不同气候区的昼夜热岛强度

研究进一步比较了不同类型的城市在不同气候区的年均热岛强度，结果显示在干旱的气候背景下，日间热岛强度相对较高的为膨胀型城市与成熟型城市，分别为 4.35℃ 与 4.74℃，其次为稳定型城市，发育型、佝偻型以及收缩型城市，夜间热岛强度与日间保持一致（图 7-11）。在内陆型气候下，日间热岛强度较高的城市类型为膨胀型与成熟型，分别为 4.35℃ 与 4.75℃，夜间也基本一致。在极地带，由于没有稳定型城市位于极地带，所以日间与夜间热岛强度较高的城市类型均为膨胀型与成熟型，这些规律在温暖带与热带也基本一致。

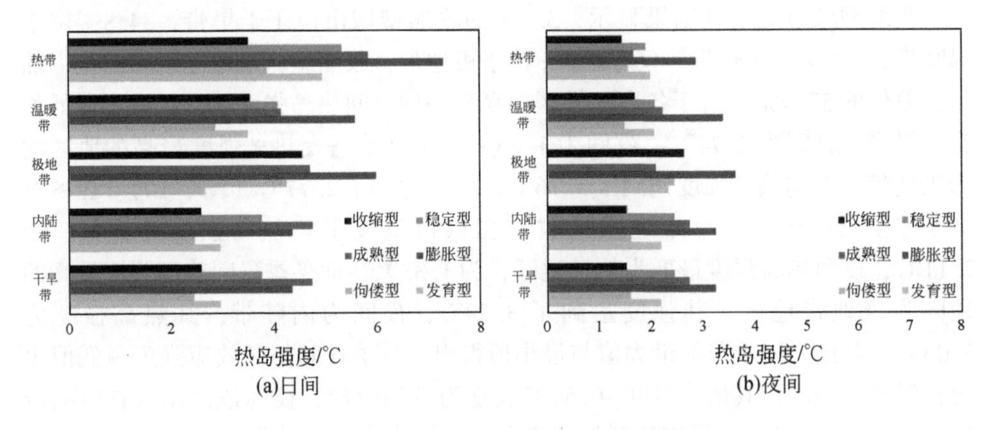

图 7-11　全球城市在不同气候区的昼夜热岛强度

而在各个城市类型的横向对比显示，发育型城市中，热带地区的年均日间热岛强度最高，为4.95℃，最低为极地带的2.65℃。在夜间则是极地带的年均热岛强度最高，为2.31℃，热带最低，为1.98℃。在佝偻型城市中，年均日间热岛强度最高的地区为极地带，最低为干旱带，分别为4.26℃与2.44℃。夜间热岛强度最低的为温暖带地区，为1.48℃，最高为极地带的2.42℃。而在膨胀型城市中，年均日间热岛强度最高的地区为热带地区，其强度达到了7.29℃，最低的地区为干旱区与内陆区，二者强度均为4.35℃。而夜间热岛强度最高的地区为极地带，为3.6℃，最低的是热带为2.85℃。在成熟型城市中，年均日间热岛强度最高的地区为热带，热岛强度达到了5.84℃，最低为温暖带，为4.15℃。夜间热岛强度最高的气候区为内陆带，最低为热带，热岛强度分别为2.72℃与1.65℃。稳定型城市日间热岛强度最高的气候区也为热带，其值为5.34℃，最低为3.76℃在内陆带与干旱带。夜间热岛强度最高的气候区为干旱带与内陆带，最低在热带，强度分别为2.42℃与1.89℃。收缩型城市中，年均日间热岛强度最高的气候区为极地带，为4.56℃，最低的为内陆带与干旱带，为2.58℃。夜间热岛强度最高的气候区也为极地带，热岛强度为2.62℃，最低为热带，为1.44℃。

7.3.3　热岛效应的时间动态

图7-12 显示了全球城市在2003～2021年的热岛强度变化，对比强度值发现，就全球整体而言，日间热岛强度是要高于夜间热岛强度的；对比趋势则可以看出不论是夜间热岛还是日间热岛，在总体上都表现出小幅增长的趋势。其中日

间热岛强度由 2003 年的 3. 85℃上升到了 2021 年的 4. 03℃，涨幅约为 4. 6%。夜间平均热岛强度由 2003 年的 2. 29℃ 增长到了 2021 年的 2. 35℃，涨幅约为 2. 6%，夜间热岛强度的增长幅度要略低于日间。

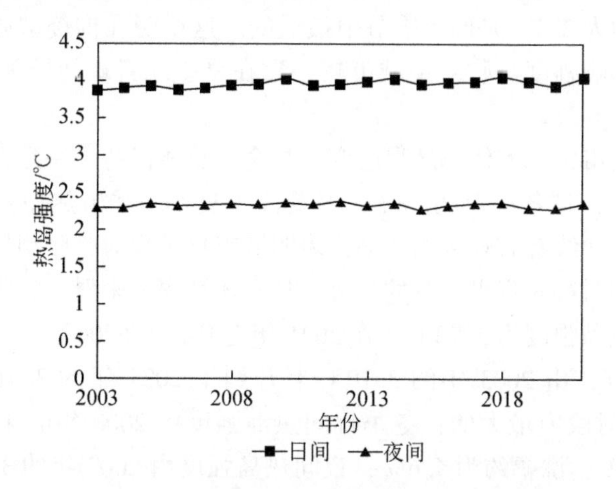

图 7-12　全球城市热岛效应年际变化趋势

具体到不同类型的城市，收缩型城市的季节性热岛强度年变化在强度值上与全球城市的总体特征一样，夏季日间热岛强度较高，夜间则较低，冬季日间热岛强度也要高于夜间，同时冬季夜间热岛强度高于夏季夜间。从年际尺度的变化上来看，收缩型城市冬季热岛强度的年际变化的曲线波动性相对较大，表明收缩性城市在这个季节受到城市化进程的影响相对来说差异较大。从整体涨幅上来看，收缩型城市在 2003 年夏季的日间热岛强度为 4. 50℃，在 2021 年上升到了 4. 68℃，涨幅约为 4. 2%，是四个时段内涨幅最大的；其次是冬季日间热岛强度，由 2003 年的 2. 49℃上升到了 2021 年的 2. 60℃，涨幅约为 4. 1%；夏季夜间热岛强度由 2003 年的 1. 85℃上升到了 2021 年的 1. 91℃，涨幅约为 3. 3%；冬季夜间热岛强度则由 2003 年的 2. 35℃上涨到了 2021 年的 2. 42℃，涨幅约为 2. 8% 是四个时段中最低的。这说明在收缩型城市中，城市化对日间热岛强度的影响可能在夏季最为显著，而在冬季则较低［图 7-13（a)］。

而在佝偻型城市中，从整体来看在研究的时段内，整体热岛强度与全球总体保持了一致性，均为日间热岛强度高于夜间，且冬季夜间热岛强度要高于夏季。从季节热岛强度的年变化曲线来看，夏季夜间的热岛强度变化较为稳定，其余都表现出了一定程度上的波动，显示出城市化进程对日间热岛强度变化的影响较大。从整体涨幅上来看，佝偻型城市在 2003 年冬季夜间的热岛强度为 1. 70℃，在 2021 年上升到了 1. 71℃，涨幅约为 6. 9%，是四个季节中涨幅最大的；其次是夏季的夜间热岛强度，由 2003 年的 1.50℃上升到了 2021 年的 1.59℃，涨幅约为 6.4%；夏季日间热岛强度由 2003 年的 3.17℃上升到了 2021 年的 3.37℃，涨幅约为 6.2%；而冬季日间热岛强度由 2003 年的 2.24℃上涨到了 2021 年的 2.29℃，涨幅约为 2.3%是四个季节中最低的。这说明在佝偻型城市中，城市化对热岛强度的影响程度与收缩型城市较一致在夏季或者夜间较为显著［图 7-13（b）］。

在膨胀型城市中，整体热岛强度变化与全球总体保持了一致性，均为日间热岛强度高于夜间，且冬季夜间热岛强度要高于夏季。季节热岛强度的年变化显示，在四个时段曲线都有轻微的波动，表明城市化进程对膨胀型城市的热岛强度变化的影响，同时都表现出上升的趋势。从整体涨幅上来看，膨胀型城市在 2003 年夏季的日间热岛强度为 5.73℃，在 2021 年上升到了 6.06℃，涨幅约为 5.7%，而夜间热岛强度，由 2003 年的 3.19℃上升到了 2021 年的 3.41℃，涨幅约为 6.6%，是四个时段内最大的；冬季日间热岛强度由 2003 年的 4.56℃上升到了 2021 年的 4.77℃，涨幅约为 4.6%；夜间热岛强度由 2003 年的 3.49℃上涨到了 2021 年的 3.60℃，涨幅约为 3.1%是四个时段中最低的。这说明在膨胀城市中，城市化对热岛强度在夏季最为显著，而在冬季则较低［图 7-13（c）］。

发育型城市的整体热岛强度变化也与全球总体保持了一致性，均为日间热岛强度高于夜间，且冬季夜间热岛强度要高于夏季。同时，从季节热岛强度的年变化曲线来看，冬季的曲线波动较大，显示出城市化进程对热岛强度变化的影响在冬季的变异性都较大，同时都表现出上升的趋势。从整体涨幅上来看，发育型城市在 2003 年夏季日间热岛强度为 3.64℃，在 2021 年上升到了 3.89℃，涨幅约为 6.8%；夜间的热岛强度，由 2003 年的 2.04℃上升到了 2021 年的 2.25℃，涨幅约为 10.2%，是四个时段中涨幅最大的；冬季日间热岛强度由 2003 年的 3.14℃上升到了 2021 年的 3.30℃，涨幅约为 4.8%是四个时段中最低的；夜间热岛强度由 2003 年的 2.14℃上涨到了 2021 年的 2.32℃，涨幅约为 8.5%。这说明在发育型市中，城市化对夜间热岛强度的夏季与冬季都相对较显著［图 7-13（d）］。

成熟型城市在 2003 年夏季日间的热岛强度为 4.99℃，在 2021 年上升到了 5.39℃，涨幅约为 8.0%，夜间热岛强度由 2003 年的 2.37℃上升到了 2021 年的 2.57℃，涨幅约为 8.5%，在四个时段中涨幅最大；冬季日间热岛强度由 2003 年的 3.13℃上涨到了 2021 年的 3.20℃，涨幅约为 2.2%；夜间热岛强度由 2003 年的 2.63℃下降到了 2021 年的 2.55℃，降幅约为 3.0%。这说明在成熟型城市中，城市化对热岛强度在夏季最为显著，而在冬季则较低，同时在冬季夜间可能有不一样的影响［图 7-13（e）］。

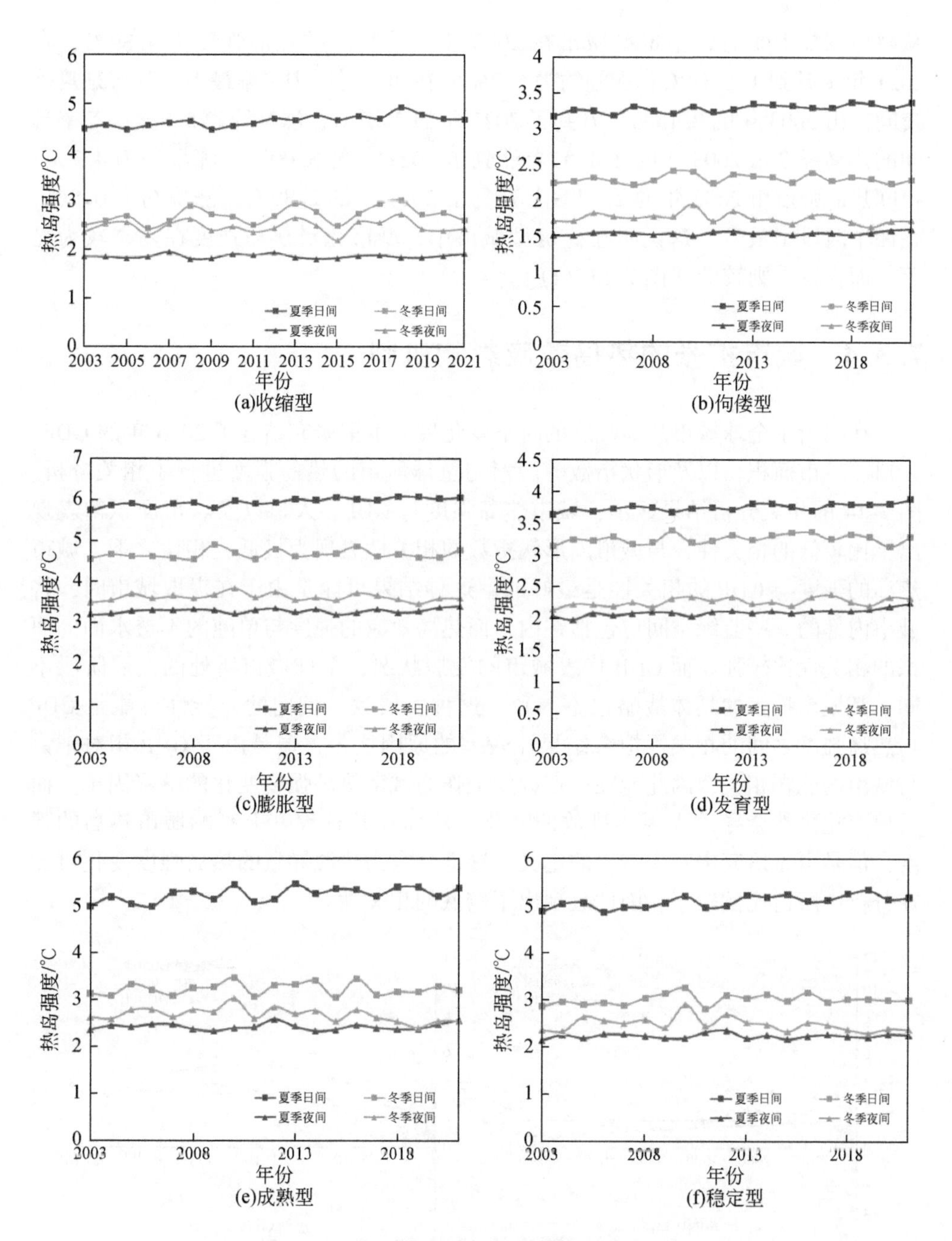

图 7-13　不同类型城市季节性热岛强度变化

稳定型城市四个时段的曲线都有不同程度的波动，但都表现出上升的趋势。

从整体涨幅上来看，稳定型城市在 2003 年夏季日间的热岛强度为 4.89℃，在 2021 年上升到了 5.19℃，涨幅约为 6.2%，在四个时段中涨幅最大；其次是夏季夜间，由 2003 年的 2.15℃上升到了 2021 年的 2.27℃，涨幅约为 5.8%；冬季日间的热岛强度由 2003 年的 2.86℃上涨到了 2021 年的 3.00℃，涨幅约为 4.7%；夜间热岛强度由 2003 年的 2.37℃上升到了 2021 年的 2.39℃，涨幅约为 0.8%，在四个时段中最低。这说明在稳定型城市中，城市化对热岛强度在夏季较为显著，而在冬季则较低［图 7-13（f)］。

7.3.4 城市扩张的热岛效应影响机制

在明晰了全球城市热岛强度的时空变化后，本书研究结合了 2015 年的 GDP、人口、城市面积，以及形状指数等因素与全球城市的热岛强度进行了相关分析。图 7-14 的相关分析结果显示，城市热岛强度与 GDP、人口以及城市面积都表现出了比较低的相关性，与城市的形状指数的相关性表现为极低，相比之下，城市热岛的强度与 GDP 的相关性是最好的。这种结果可能是由于在提取城市时，将城市内部的一些蓝绿空间也包括在内，而热岛效应的强度与单纯的不透水面的面积的相关性比较强。而 GDP 代表城市的发展状况，全球城市所处的发展阶段不同，其城市扩张的具体战略也不一致，这种发展政策偏向的差异性可能是 GDP 与热岛强度之间的相关性拟合结果比较差的原因之一，但是由于 GDP 相对来讲与城市的能耗相关，因此能在一定程度上作为城市热岛强度变化的解释因子。而人口变化虽然会导致人为热排放的变化，从而在某种程度上影响城市热岛的强度，但是由于研究中对于城市的定义，这部分人为热源导致的热岛强度变化可能在分析中所占比例较小，因此表现出了较低的相关性。

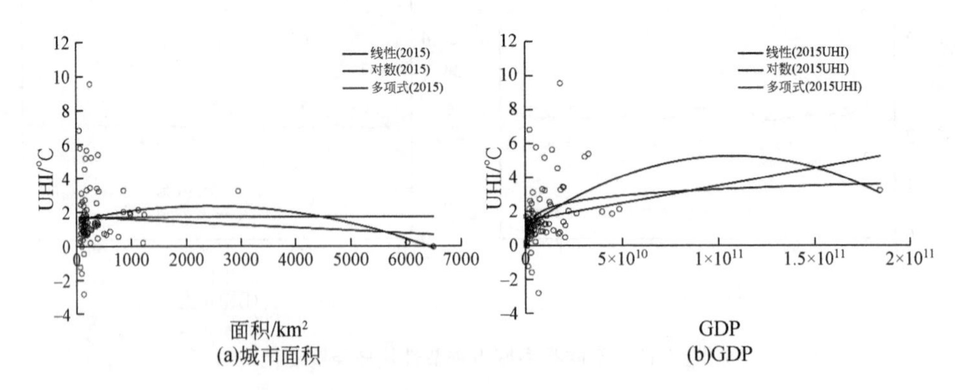

(a)城市面积　　(b)GDP

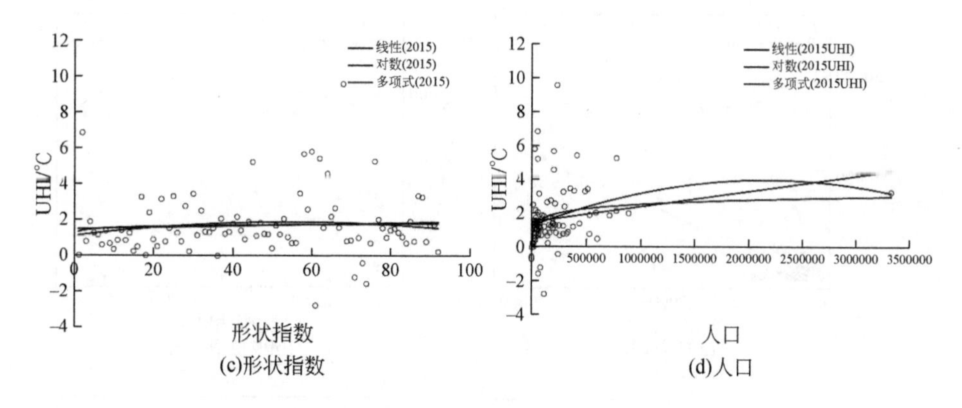

图 7-14　热岛强度与不同因子之间的相关分析

基于以上结果，研究进一步通过 GEE 平台，获取了 2003 ~ 2021 年的日间地表温度影像，并采用 m-k 检验，对这一长时间序列的全球城市地表温度进行了栅格尺度的显著性分析，并提取出了在研究时段内地表温度显著上升的城市像元。随后，先通过城市矢量再对每个城市内表现出显著增温的像元个数进行了统计，即地表温度显著上升的城区面积，并将其与城市面积进行了相关性分析；结果显示，地表温度显著上升的城区面积与城市面积的大小呈显著正相关关系（$p<0.05$，Pearson's $r=0.78$）。由此可以推断，城市面积的扩张相较于城市热岛效应强度的升高，其与城市内部增温区域的面积相关性更高［图 7-15（a）］。

基于这一推断，进一步将不同类型的城市分离开来，分别对城区面积与显著增温的城区面积进行了相关性回归，图 7-15（b）显示在成熟型城市中，城市面积与显著增温的斑块面积存在不显著的正相关关系（$p>0.05$，Pearson's $r=0.04$）；在稳定性城市中，甚至观察到城区面积与城市内显著增温的斑块面积呈不显著负相关（$p>0.05$，Pearson's $r=-0.18$）［图 7-15（c）］；佝偻型城市的回归结果显示，佝偻型城市的城区面积与城区内部表现出显著增温现象的斑块面积呈较弱的显著正相关关系（$p<0.05$，Pearson's $r=0.11$）［图 7-15（d）］；发育型城市的回归结果显示，发育型城市面积与内部显著增温像元的面积呈不显著的正相关关系（$p>0.05$，Pearson's $r=0.23$）［图 7-15（e）］；而在膨胀型城市中，城市面积与城市内部表现出显著增温现象的斑块面积呈显著的正相关关系（$p<0.05$，Pearson's $r=0.78$）［图 7-15（f）］。

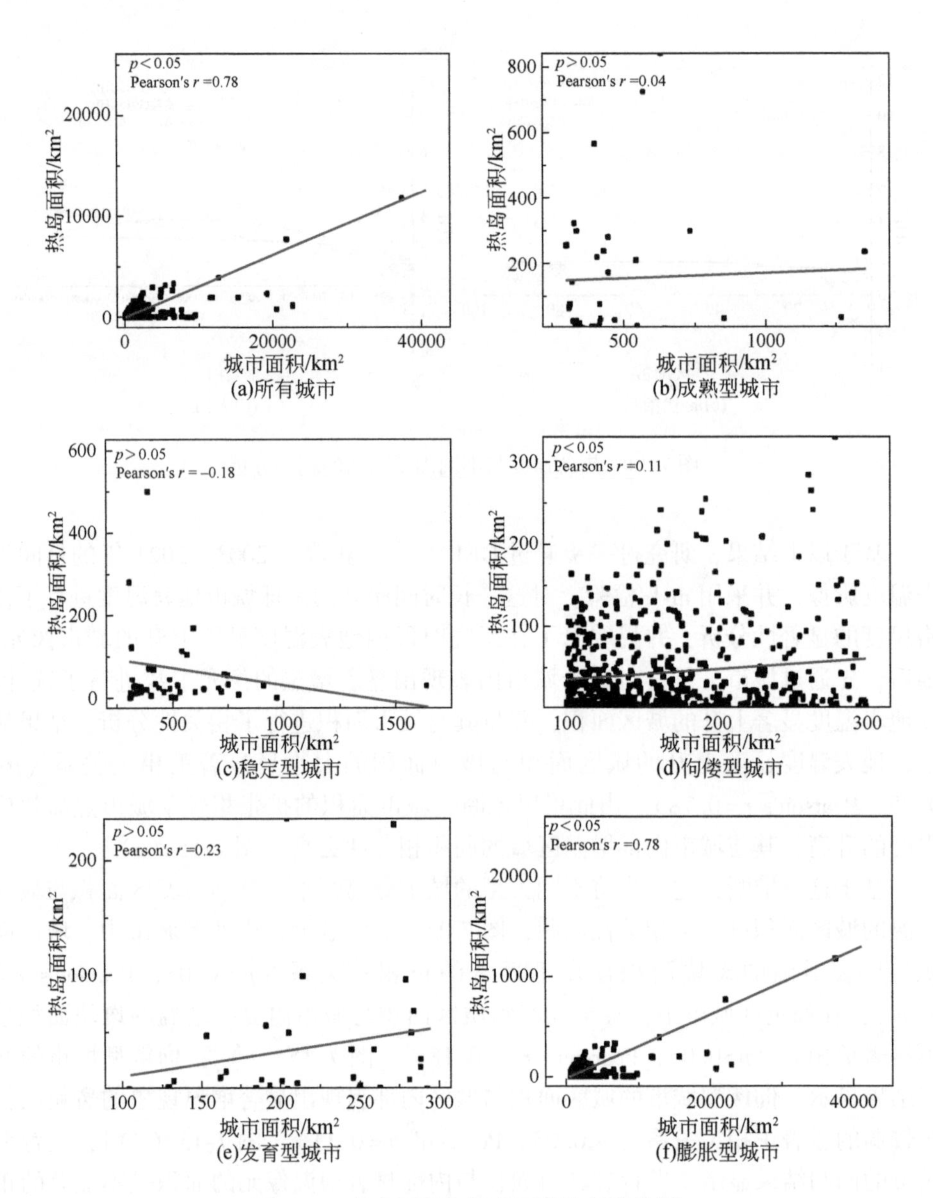

图 7-15　热岛面积与城市面积的相关分析

7.4　小　　结

1）近 30 年来，全球经历了快速的城市扩张。依据面积、扩张速率、形状指数等定量指标，将全球城市划分为佝偻型、膨胀型、发育型、稳定型、成熟型以及收缩型。佝偻型城市占所有城市总数的40.9%，膨胀型城市的分布与佝偻型城市相似，但数量少于佝偻型城市；稳定型、成熟型与收缩型城市主要分布在发达地区；发育型城市主要分布在发展中地区。

2）全球城市的日间热岛强度要高于夜间热岛强度，夏季日间热岛一般高于冬季，而冬季的夜间热岛要高于夏季。全球热岛效应与城市扩张形态的关系显示，昼夜热岛强度最高的城市类型为膨胀型，最低的为佝偻型；热岛强度的多年涨幅则表现为，膨胀型与发育型城市较高，佝偻型与稳定型城市较低。

3）城市内部升温面积与 GDP、城市面积表现出显著的正相关关系，且在膨胀型城市中尤为显著。相较于城市的整体扩张形式，城市所处的气候带会对城市热岛效应的变化产生很大的影响。城市内部升温面积不仅与城市面积的扩张有着较高的关联性，还与 GDP 等社会经济相关。

第8章　城市热岛效应的数值模拟与景观格局优化

绿地和建筑的空间配置对城市热岛效应的影响，受到学者和管理者的重视，提高城市景观配置合理性，缓解热岛效应是提高城市居民福祉的重要措施。当前研究多通过遥感反演和实地监测，对单一区域进行静态分析，缺少多格局的动态模拟，制约了深入研究城市景观格局对热环境的影响机理。因此，本章在前期城市景观和热环境研究基础上，选择基于计算机流体力学原理的 Phoenics 软件模拟局地小气候，通过实测数据进行参数率定；以北京市五环区域为研究对象，分析了绿地、建筑格局与城市小气候（风、热等指标）的关系；设计了不同绿地和建筑配置情景，利用模型模拟小气候差异，探讨了屋顶绿化缓解城市热岛的方法，评价了五环内近地表通风廊道构建的有效性。

8.1　区域热环境的数值模拟

8.1.1　模型构建与参数率定

(1) 模型介绍

城市热岛效应模拟和预测是本章的关键内容，数值模拟法（CFD）的主要优点是可以根据不同的情景进行比较分析，可以提供整个计算区域任何变量的信息，同时结合计算机强大的处理能力，可以直观输出所需要的信息。Phoenics 是世界上第一款计算传热学的商用软件，拥有强大的处理和计算能力，提供了欧拉算法及拉格朗日算法，除了拥有传统计算机传热学的处理功能外，还有着自己独特的 FLAIR 模块。FLAIR 模块功能强大，可以模拟并预测城市区域或其他封闭空间中的风热环境。在城市规划中，可为规划者提供可视化的风况以及热环境分布图，同时还能用来模拟空气污染物的扩散速度及分布情况。

在运行 Phoenics 软件之前，首先要建立研究区的三维模型；其次将建立好的研究区模型导入 Phoenics 软件中，合理划分网格、选择模型方程、输入相应的物性以及环境参数；最后进行模拟，处理结果可以以可视化的方式输出。Phoenics

在运行之前必须进行网格划分，对于流体力学软件而言，网格划分的质量不仅影响结果的精度，更决定计算的效率（图 8-1）。

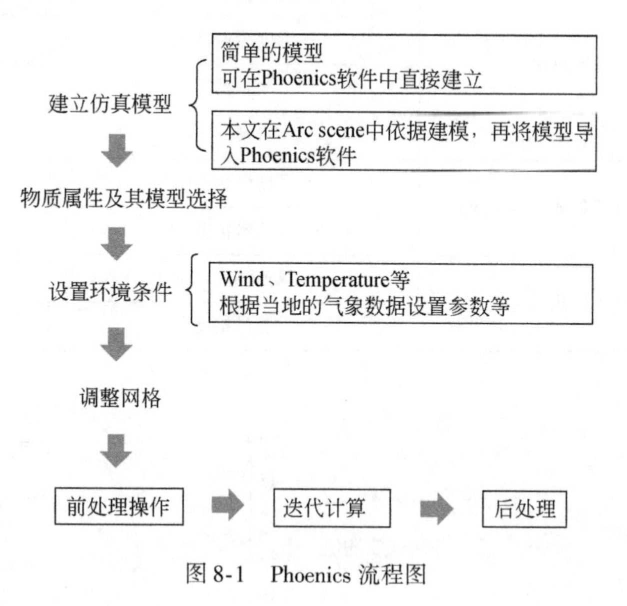

图 8-1　Phoenics 流程图

（2）三维模型

本章研究中，在 Arc scene 中建立与 Phoenics 对接的三维模型，具体流程分为四步：①将含有高度字段的 shapefile 文件导入 Arc scene 中；②在 Arc scene 中根据高度字段进行拉伸；③拉伸之后利用 3D Analyst 模块，将 3D 图层转为要素类图层；④将要素类图层利用转换工具中的“多面体转 Collada”进行转换，输出格式为 Collada 的 3D 格式的文件。Collada 类型的文件可以与 Phoenics 进行对接，在软件中形成研究区域的三维立体模型。

（3）参数率定

模型参数率定区域选择了北京市中关村中钢国际广场（116°18′23N，39°58′50E），模型的参数率定数据采用实地监测的方式获得。使用的 Testo-890 型红外热成像仪可以同时测量大量目标点的表面温度，从而获取路面及草地的表面温度。红外热成像仪安装在区域内最高点；采用 Watch Dog B 100 型纽扣式温度记录仪测定区域内地面 1. 5m 高度的温度数据；采用 Kestrel 3000 型手持式风速仪来测定研究区域风速数据，测量仪器参数如表 8-1 所示。Phoenics 模拟的草地与路面的表面温度值与实际观测值接近，均方根误差 RMSE = 1. 34℃，显示 Phoenics 模型精度较高，可以很好的模拟温度的空间分布（图 8-2）。

表 8-1　设备技术规格

设备	项目	规格
Testo-890 红外热像仪	像素	640×480
	温度测量范围	-30 ~ 100℃
	测量精度	±2℃
	帧频	33Hz *
Watch Dog B 100 纽扣式温度记录仪	温度测量范围	-40 ~ 85℃
	测量精度	±1℃
Kestrel 3000 手持式风速仪	风速测量范围	0.6 ~ 60m/s
	测量精度	±3%

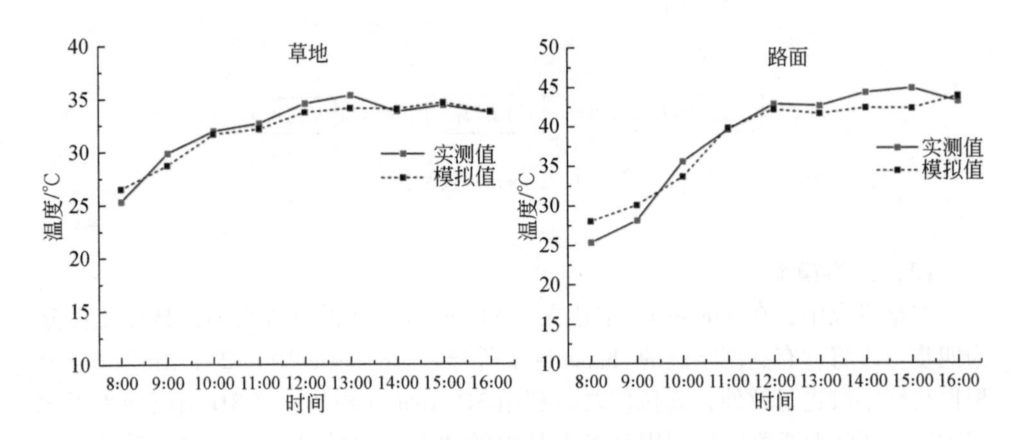

图 8-2　草地和路面实际值与模拟值

8.1.2　典型区域的热环境模拟

(1) 模拟区域

选择北京市五环区域为研究对象，分成多个 1km×1km 的小区域，统计每个小区域内的绿地面积、建筑数量、建筑高度、建筑占地面积等数据，取容积率为 1 的 17 个区域，容积率为 1.5 的 16 个区域，容积率为 2 的 8 个区域，共 41 个区域为模拟对象，分析了绿地、建筑格局与城市小气候（风、热等指标）的关系(图 8-3)。

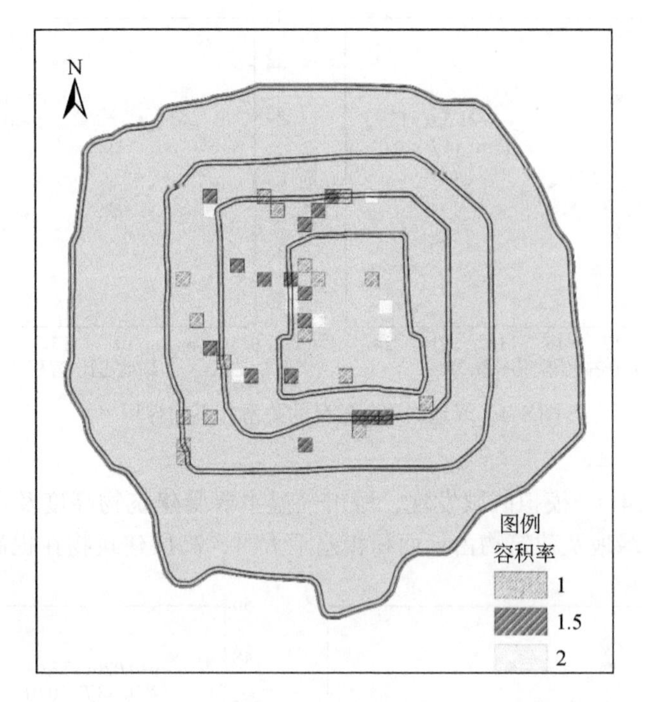

图 8-3　模拟区域

(2) 热环境模拟

绿地的降温强度随着绿地面积增大而增大，但其降温效率受区域容积率影响(图 8-4)。容积率为 1、1. 5、2 时，斜率分别为−28. 13、−21. 55、−18. 39，说明绿地的降温效率受周围环境的影响较大，在容积率为 1 的小区，绿地降温效率最好，容积率 2 时降温效率较差。

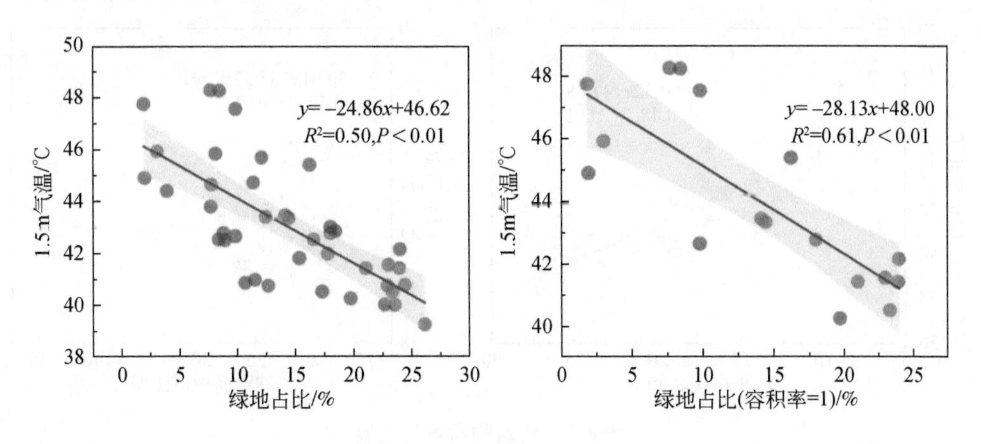

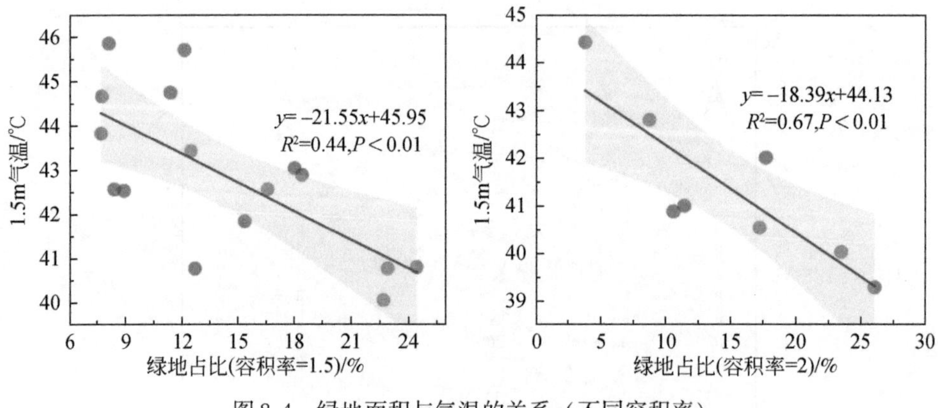

图 8-4 绿地面积与气温的关系（不同容积率）

通过模拟 41 个模拟区域发现，城市气温主要受建筑物高度及占地面积影响（图 8-5）。在绿地及建筑物占地面积相差不大时，高层建筑物在提高城市的土地

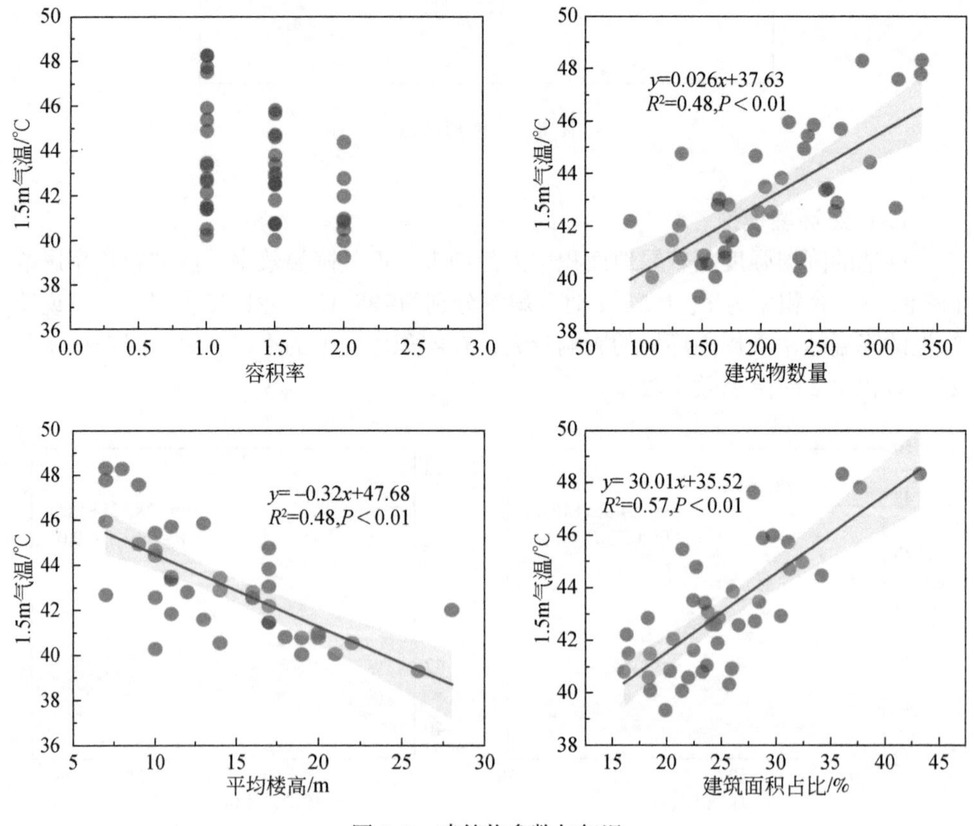

图 8-5 建筑物参数与气温

利用效率的同时，可在一定范围内改善区域热环境。这可能是由于高层建筑物有较大的遮阴面积，降低了到达地表的太阳辐射量。建筑物的数量及占地面积对小区域内的气温影响显著，建筑物密度大的城市区域，热量更容易聚集在建筑物周围，形成局部热点，不利于热量的扩散。

在绿地面积与建筑占地面积之比相同时，不同的格局气温值存在较大差异。图 8-6 中上部分红色区域气温值较高，认为绿地与建筑格局配置较差，相反蓝色区域格局配置较优。统计不同区域中楼高、容积率等参数（表 8-2，表 8-3）发现，绿地、建筑格局配置显著影响城市小区域的热环境状况。条带状且分布在区域边界，与建筑相隔较远的格局配置，降温效应最差。随着建筑物高度的增加，城市小区域内的气温会降低，建筑物密集的区域，易形成局部热点，不利于热量的扩散。最优的降温格局应当是绿地斑块平均分散在建筑物周围，建筑物较高，且占地面积较小。

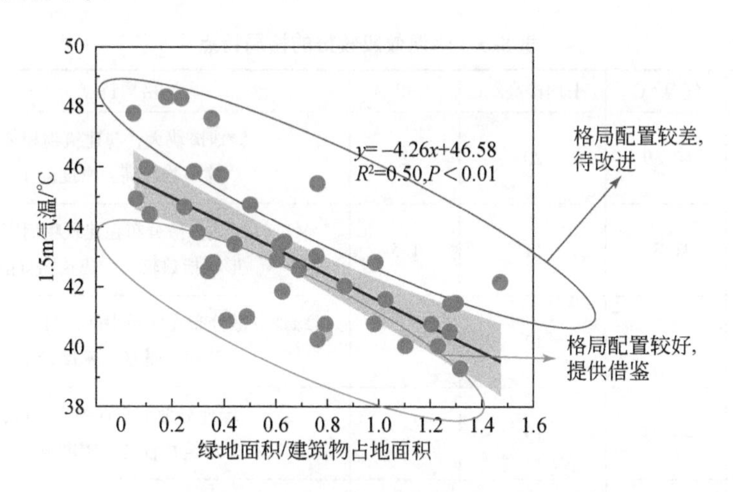

图 8-6　绿地和建筑面积对区域热环境的影响

表 8-2　降温效应较差的格局特点

区域	气温/℃	平均楼高/m	容积率	格局特点
7	47. 59	9	1	绿地呈条带状集中分布在一个区域，建筑物低矮，密度大
15	45. 86	13	1. 5	绿地呈条带，在边界分布，建筑物低矮，密度较大
21	42. 19	17	1	绿地聚集分布在边界，建筑物较高

续表

区域	气温/℃	平均楼高/m	容积率	格局特点
23	45.71	11	1.5	绿地大量呈条带贯穿区域，建筑物低矮，密度较大
24	48.29	8	1	绿地散落在边界，斑块较大，建筑物低矮，密度较大
25	48.31	7	1	绿地大量呈条带贯穿区域，建筑物低矮，密度较大
31	47.79	7	1	绿地量少，且在边界分布，建筑物低矮，密度较大
32	41.46	17	1	绿地斑块较大，分布在边界，建筑物较高，密度较小

表 8-3　降温效应较好的格局特点

区域	气温/℃	平均楼高/m	容积率	格局特点
8	40.89	20	2	绿地斑块大，与建筑物相邻，建筑物较高，密度较小
9	41.85	11	1.5	绿地分散分布在建筑物周围，形状指数较大，建筑物分散
10	42.81	12	2	绿地分散分布在区域中间，与建筑物相邻，建筑物低矮，密度较小
11	40.04	19	2	绿地分散分布在整个区域，建筑物较高，密度较小
13	40.55	22	2	绿地分散分布在整个区域，建筑物较高，密度较小
27	42.54	16	1.5	绿地分散分布在边界，建筑物较高，长宽比较大，占地面积小
30	41.01	20	2	绿地分散分布在中下边界，建筑物较高，密度较小
39	40.78	19	1.5	绿地分散分布在建筑物周围，建筑物较高，密度较大

8.2 景观格局优化的有效性模拟

8.2.1 绿地格局的热环境效应

城市绿地具有显著的降温能力，降温强度随着绿地面积的增加而增大，占比10% ~50% 的绿地，降温强度为 1.4 ~2.2℃，占比 10% 的绿地降温效率最高，绿地的降温效应随着形状指数（绿地周长/绿地面积）的增大而更加显著。绿地与建筑格局配置与区域热环境密切相关，分散分布于城市建筑物周围的绿地降温效应最大，而集中分布在边界的绿地降温效应最差。在容积率在 1 ~2 时，绿地的降温效应受建筑物影响较大，并随着容积率的增大而减小（图 8-7）。

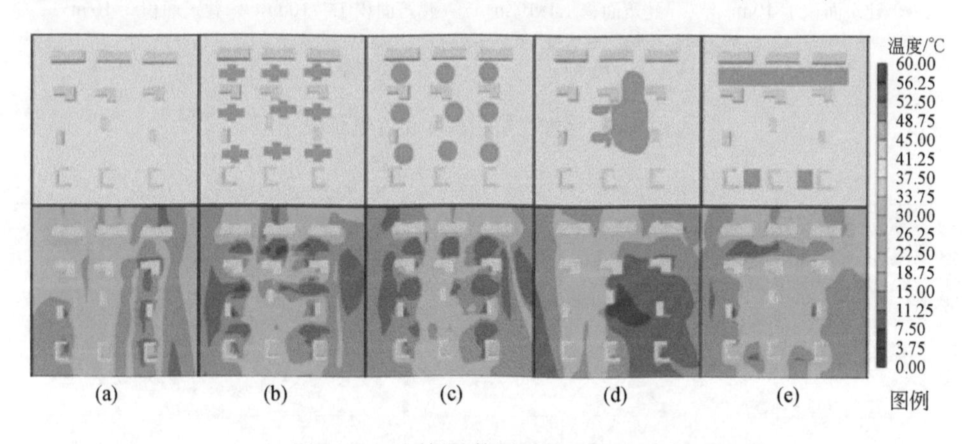

图 8-7 不同绿地格局对热环境的影响

8.2.2 建筑格局优化的热环境效应

容积率是指区域地上总建筑面积与净用地面积的比率，又称建筑面积毛密度。设置 4 种不同的容积率大小：1、1.4、1.7 和 2，增加容积率的方式分为两种：①增加建筑物高度；②增大建筑物占地面积（图 8-8）。

对两种不同方式进行模拟发现，区域 1.5m 高处气温都随着容积率的增大而增大。建筑容积率和建筑形态共同影响近地表气温，通过增加建筑面积提高10% 的容积率，气温升高 0.68℃，而通过建筑物高度增加 10% 的容积率，气温升高 0.12℃，适当提高建筑物高度有利于降低热岛强度，这主要是由于建筑遮阴的作用（图 8-9）。

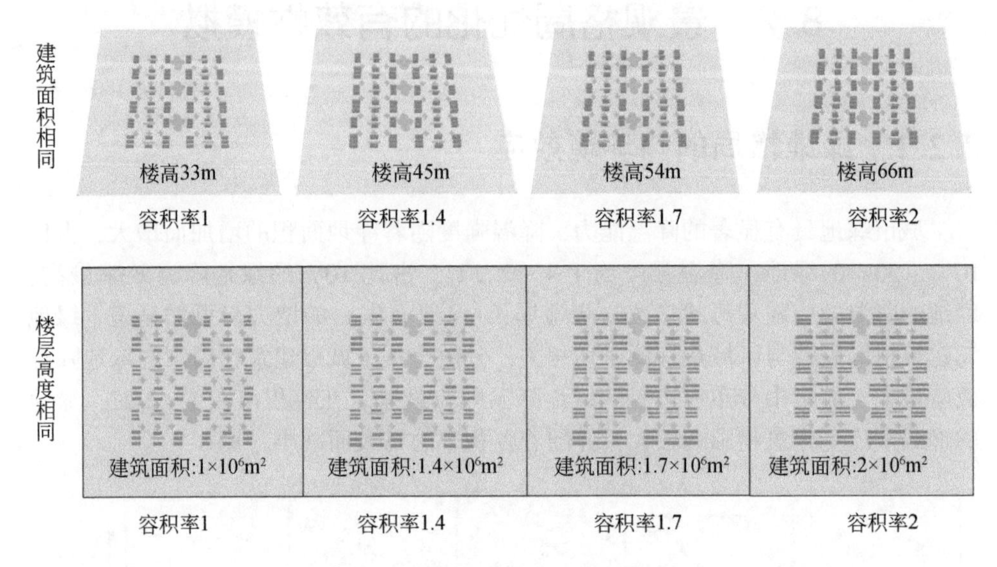

图 8-8　增加建筑物高度和占地面积

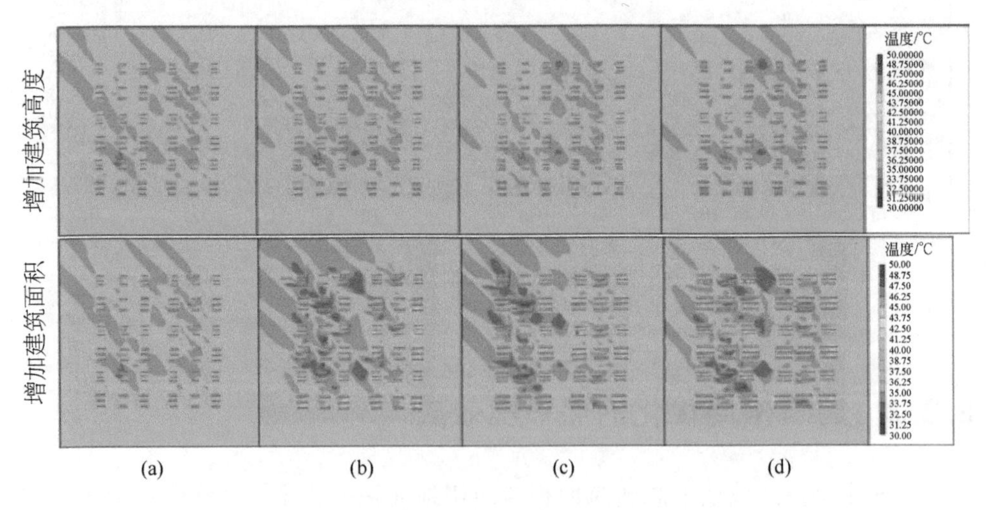

图 8-9　增加建筑高度和建筑面积的热环境模拟

8.2.3　屋顶绿化的热环境效应

屋顶绿化能够使城市在有限的建筑空间内，获得最大的生态效益。结合实地监测参数，在率定区域内环形建筑楼顶设计屋顶绿化区域，模拟绿化后的热环境状况。屋顶绿化方式能够减缓热岛效应，位于区域边缘且迎风面绿化方式的降温效应略微强于位于区域中间的绿化方式。当小区容积率为 2 时，4% 的屋顶绿化面积能够降低区域平均气温 0.7℃，占比 10% 的路面绿化方式降温强度为 1.1℃（图 8-10）。

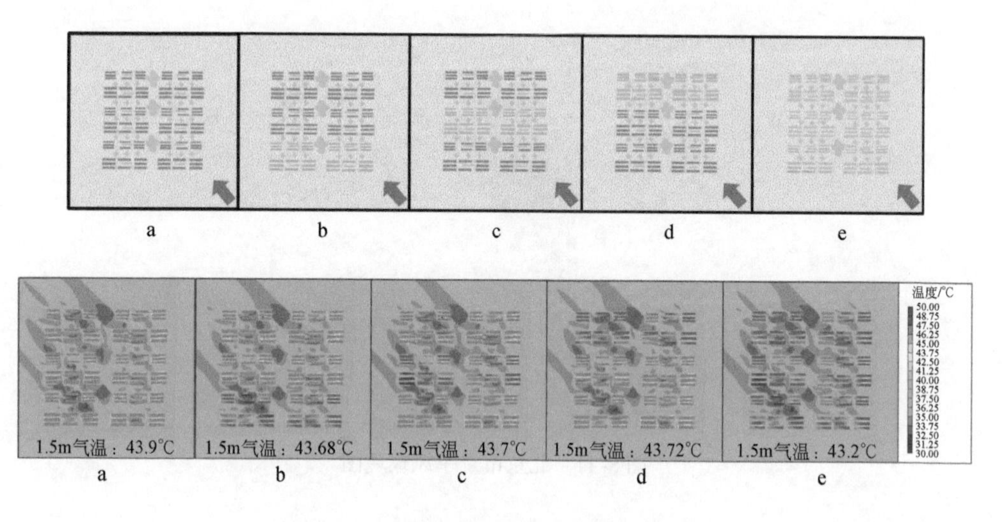

图 8-10　不同屋顶绿化方式的热环境效应

8.3　城市通风廊道潜力分析

8.3.1　通风廊道构建原则

现阶段对城市通风廊道的研究主要使用两种方法：①基于 ArcGIS 空间分析技术识别通风廊道。根据最短费用距离，来模拟最优路径，表征气流的顺畅程度；②基于数值模拟法，通过 CFD 模拟建筑群的风环境。该方法的原理是将研究空间分割成微小的有限元单元。遵循基本流体动力学和热力学，通过迭代计算，可以对城市风环境进行细节模拟，具有工作量小、结果直观等优点。利用北京市气象站近 10 年的逐日气象资料绘制北京市夏季 6～8 月的风向玫瑰图（图 8-11）。从图中可以看出，北京市夏季盛行风向以南北为主，结合北京市建筑呈现坐北朝南的实际情况，构建通风廊道应该以南北主导风向为基础。

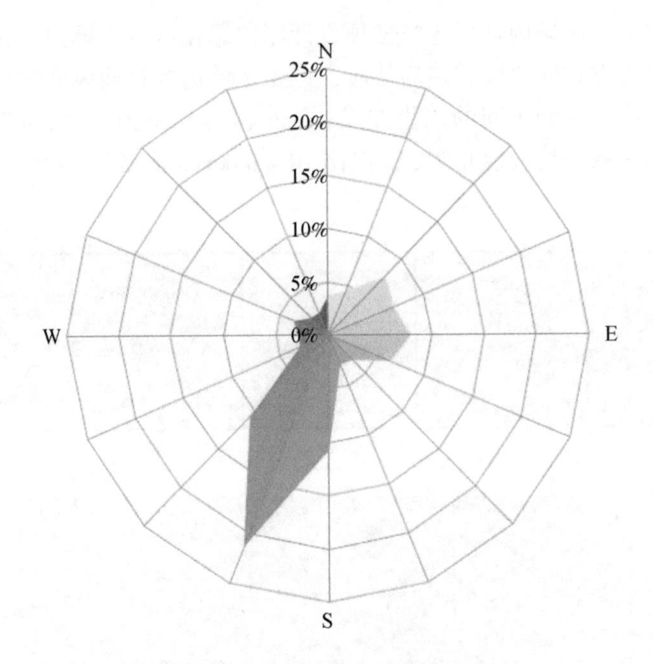

图 8-11　北京市夏季风玫瑰图

根据模拟研究，发现城市尺度风速与容积率、建筑面积呈显著负相关关系，与天空开阔度呈显著正相关关系（图 8-12）。因此，基于以上认识，我们开展潜在通风廊道的初步设计。

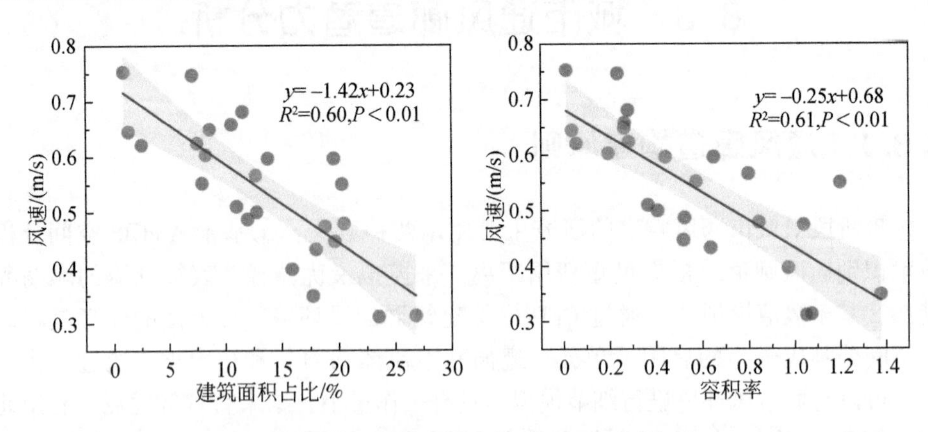

图 8-12　通风廊道效果的驱动因素分析

8.3.2 通风廊道阻力分析

（1）风场模拟

将含有建筑高度属性的数据导入 ArcGIS 中，利用距离分析模块计算。原理是将风视为有方向的水流，会选择最小阻力的路线通过。首先，对风的路径进行相关权重赋值，依据是区域单元的建筑阻力系数值；其次，设置风的流动方向，根据北京市夏季的主导风向由南到北；最后，根据结果模拟出研究区通风情况。在评估区域通风情况时，主要考虑城市下垫面粗糙度的对其的影响，粗糙度越小通风能力就越强，反之则越弱。在实际研究中，通常将建筑阻力系数 δ 设为城市地表粗糙度。

（2）建筑阻力系数的计算

利用 ArcGIS 分区统计工具，将建筑物高度属性数据赋值在 100m×100m 的栅格内，计算建筑阻力系数。同时将建筑阻力系数赋以不同权重（图 8-13）。

$$\delta = \frac{\mathrm{HB} \times \mathrm{SA}}{A}$$

式中，δ 为建筑阻力系数；HB 为建筑高度；SA 为建筑地面面积；A 为统计单元面积，此处以 100m 栅格统计建筑阻力系数，$A = 10000\mathrm{m}^2$。

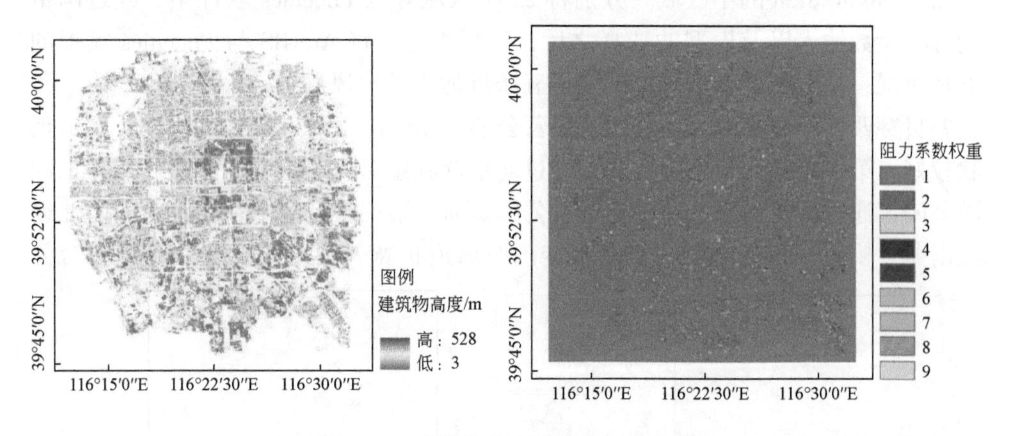

图 8-13 建筑物高度和阻力系数权重

（3）最小费用路径模拟

根据北京夏季主导风向，设置模拟风向路径由南到北，在南、北边界等间距设置 100 个起点、终点。在 ArcGIS 软件的距离分析模块，计算风由南向北的最短费用距离。根据最短费用距离，模拟出风流动的最优路径，表征气流的通畅程度（图 8-14）。

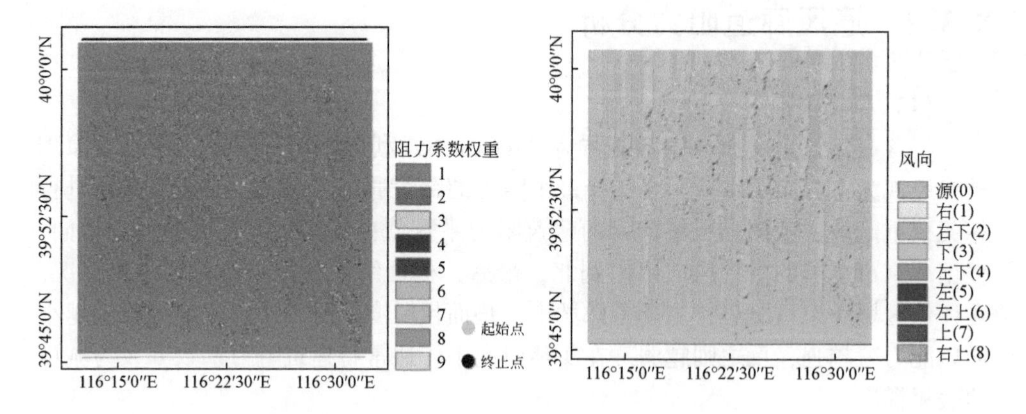

图 8-14　基于阻力系数的风向模拟路径（南—北）

8.3.3　通风廊道可行性

由于选择的研究区域较大，计算机处理能力有限，所以在模拟时将研究区分为 25 个 8km×8km 的小区域。分别将 25 个区域导入 Phoenics 软件中，经过网格划分、参数输入以及模型的选择之后，运行程序。将 ArcGIS 与 Phoenics 模拟的五环风况，结合夏季盛行风，确定了五条近地表的通风廊道（图 8-15）。第一条主要贯穿西四环主干道，向北通过船营公园，途经昆玉河连接到昆明湖，廊道现状较好。第二条沿海子公园往北，经过北京营城建都滨水绿道、沿西北贯穿玉渊潭公园，通过廊道与水系、绿地以及公园贯通。第三条沿南中轴路，由南向北途经南苑、桃苑、和义公园，经至永定门时风道扩宽，同时贯穿陶然亭、天台公

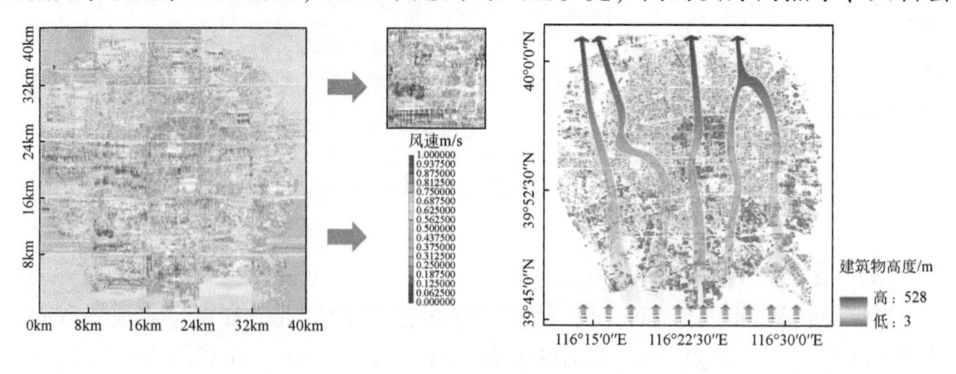

图 8-15　基于模型模拟的北京五环内通风廊道示意图

园，之后沿北海公园连接奥林匹克公园，是五环内通风状况最好的一条人行廊道。第四条沿东二环护城河往北，途经日坛公园、望湖公园，之后偏东与第五条廊道汇合。第五条由海棠公园，沿东四环干道，途经朝阳公园，之后偏西北与第四条廊道汇合，共同贯穿北京朝来森林公园，具有相当大的通风潜力。

8.4 小 结

1）城市绿地具有显著的降温能力，随其面积增大而降温强度增大。形状指数较大的绿地格局，降温效应更好。绿地与建筑格局配置综合影响区域热环境，分散分布于城市建筑物周围的绿地降温效应最大，集中分布在边界的绿地降温效应最差。

2）建筑容积率和建筑形态共同影响空气温度。通过增加建筑面积提高 10% 的容积率，气温升高 0.68℃；而通过建筑物高度增加 10% 的容积率，气温升高 0.12℃。在一定范围内，高层建筑物有利于改善区域热环境。

3）在城市尺度上，风速与容积率、建筑面积呈显著负相关关系，与天空开阔度呈显著正相关关系。识别了北京市五条近地表通风廊道，发现沿中轴线的一条风廊通风状况最好；东四环至北京朝来森林公园，通风潜力最大。建议城市景观规划时，应注重通风廊道的保护，包括严格控制建筑物的高度，同时应适当的打通阻碍较大的点，提高风道的贯通性、缓解城市热岛效应。

参 考 文 献

鲍文杰.2010. 上海城市热岛的时空特征及其演化规律研究. 上海：复旦大学.

蔡智，韩贵锋.2018. 山地城市空间形态的地表热环境效应——基于 LCZ 的视角. 山地学报，36（4）：617-627.

蔡智，唐燕，刘畅，等.2021. 三维城市空间形态演进及其地表热岛效应的规划应对——以北京市为例. 国际城市规划，36（5）：61-68.

陈爱莲，孙然好，陈利顶.2012a. 传统景观格局指数在城市热岛效应评价中的适用性. 应用生态学报，23（8）：2077-2086.

陈爱莲，孙然好，陈利顶.2012b. 基于景观格局的城市热岛研究进展. 生态学报，32（14）：4553-4565.

陈爱莲.2014. 景观格局对城市地表热岛效应的影响研究——以北京市为例. 北京：中国科学院研究生院.

陈兵，陈良富，董理，等.2016. 人为热释放：全球分布的估算及其气候效应的探索. 大气科学，40（2）：289-295.

陈兵，石广玉，戴铁，等.2011. 中国区域人为热释放的气候强迫. 气候与环境研究，16（6）：717-722.

陈利顶，刘洋，吕一河，等.2008. 景观生态学中的格局分析：现状、困境与未来. 生态学报，（11）：5521-5531.

陈利顶，傅伯杰，赵文武.2006. "源""汇"景观理论及其生态学意义，生态学报，26（5）：1444-1449.

陈利顶，傅伯杰，徐建英，等.2003. 基于"源-汇"生态过程的景观格局识别方法：景观空间负荷对比指数. 生态学报，23（11）：2406-2413.

陈曦，王咏薇，2011. 2001 年至 2009 年中国分省人为热通量的计算和分析. 北京：中国气象学会年会.

丁海勇，史恒畅，罗海滨.2017. 城市热岛研究综述. 城市地理，（16）：82-83.

冯悦怡，胡潭高，张力小.2014. 城市公园景观空间结构对其热环境效应的影响. 生态学报，34（12）：3179-3187.

傅伯杰，张立伟.2014. 土地利用变化与生态系统服务：概念、方法与进展. 地理科学进展，33（4）：441-446.

傅伯杰，陈利顶，马克明，等.2011. 景观生态学原理及应用（第二版）. 北京：科学出版社.

郭勇，龙步菊，刘伟东，等.2006. 北京城市热岛效应的流动观测和初步研究. 气象科技，34

（6）：656-641.

郝明 . 2021. 不同城市规模及背景气候下的全球城市热岛效应研究 . 上海：华东师范大学 .

黄初冬，陈前虎，彭卫兵，等 . 2011. 杭州市“热岛效应”与城市功能布局的关联分析 . 规划师，27（5）：46-49.

蒋金亮，徐建刚，吴文佳，等 . 2014. 中国人–地碳源汇系统空间格局演变及其特征分析 . 自然资源学报，29（5）：757-768.

蒋维楣，陈燕 . 2007. 人为热对城市边界层结构影响研究 . 大气科学，（1）：37-47.

焦利民，张欣 . 2015. 基于圈层建设用地密度分析的中国主要城市扩张的时空特征 . 长江流域资源与环境，24（10）：1721-1728.

李磊，胡非，姜金华，等 . 2005. 北京地区地面风场的数值模拟研究 . 科学技术与工程，（10）：640-643.

连欣欣，刘兴诏，李倩，等 . 2021. 城市“蓝绿空间”的降温效应研究进展 . 南方林业科学，49（2）：68-72.

刘施含，曹银贵，贾颜卉，等 . 2019. 城市热岛效应研究进展 . 安徽农学通报，25（23）：5-17.

刘伟东，杨萍，尤焕苓，等 . 2013. 北京地区热岛效应及日较差特征 . 气候与环境研究，18（2）：171-177.

刘艳红，郭晋平，魏清顺 . 2012. 基于 CFD 的城市绿地空间格局热环境效应分析 . 生态学报，32（6）：1951-1959.

刘焱序，彭建，王仰麟 . 2017. 城市热岛效应与景观格局的关联：从城市规模、景观组分到空间构型 . 生态学报，37（23）：7769-7780.

罗小波，刘明皓 . 2011. HJ-1B 卫星遥感数据在重庆市城市热环境监测的应用分析 . 中国科学：信息科学，41（S1）：108-116.

牟凤云，张增祥 . 2009. 城市空间形态定量化研究进展 . 水土保持研究，16（5）：273-277.

寿亦萱，张大林 . 2012. 城市热岛效应的研究进展与展望 . 气象学报，70（3）：338-353.

舒松，余柏蒗，吴健平，等 . 2011. 基于夜间灯光数据的城市建成区提取方法评价与应用 . 遥感技术与应用，26（2）：169-176.

宋晓程，刘京，叶祖达，等 . 2011. 城市水体对局地热湿气候影响的 CFD 初步模拟研究 . 建筑科学，27（8）：90-94.

孙立双，韩耀辉，谢志伟，等 . 2020. 采用夜光遥感数据提取城市建成区的邻域极值法 . 武汉大学学报（信息科学版），45（10）：1619-1625.

孙然好，陈利顶，王伟，等 . 2012. 基于“源”“汇”景观格局指数的海河流域非点源污染评价 . 环境科学，33（2）：1784-1788.

孙然好，孙龙，苏旭坤，等 . 2021. 景观格局与生态过程的耦合研究：传承与创新 . 生态学报，41（1）：415-421.

孙然好，王业宁，陈婷婷 . 2017. 人为热排放对城市热环境影响的研究展望 . 生态学报，37（12）：3991-3997.

田琴，李小马 . 2022. 城市绿地景观格局对热环境的影响研究进展 . 乡村科技，13（2）：

113-115.
佟华，刘辉志，桑建国，等 . 2004. 城市人为热对北京热环境的影响 . 气候与环境研究，9（3）：409-421.
王业宁，陈婷婷，孙然好 . 2016a. 北京主城区人为热排放的时空特征研究 . 中国环境科学，36（7）：2178-2185.
王业宁，孙然好，陈利顶 . 2016b. 人为热计算方法的研究综述 . 应用生态学报，27（6）：2024-2030.
王业宁，孙然好，陈利顶 . 2017. 北京市区车辆热排放及其对小气候的影响 . 生态学报，37（3）：953-959.
王志铭，王雪梅 . 2011. 广州人为热初步估算及敏感性分析 . 气象科学，31（4）：422-430.
王梓茜，程宸，杨袁慧，等 . 2018. 基于多元数据分析的城市通风廊道规划策略研究——以北京副中心为例 . 城市发展研究，25（1）：87-96.
邬建国 . 2007. 景观生态学——格局、过程、尺度与等级（第二版）. 北京：高等教育出版社 .
肖荣波，欧阳志云，张兆明，等 . 2005. 城市热岛效应监测方法研究进展 . 气象，31（11）：3-6.
徐双，李飞雪，张卢奔，等 . 2015. 长沙市热力景观空间格局演变分析 . 生态学报，35（11）：3743-3754.
许凯，余添添，孙姣姣，等 . 2017. 顾及尺度效应的多源遥感数据“源”“汇”景观的大气霾效应 . 环境科学，38（12）：4905-4912.
杨恒亮，李婧，陈浩 . 2016. 城市热岛效应监测方法研究现状与发展趋势 . 绿色建筑，（6）：38-40.
杨守业，印萍 . 2018. 自然环境变化与人类活动影响下的中小河流沉积物源汇过程 . 海洋地质与第四纪地质，38（1）：1-10.
杨洋，黄庆旭，章立玲 . 2015. 基于 DMSP/OLS 夜间灯光数据的土地城镇化水平时空测度研究——以环渤海地区为例 . 经济地理，35（2）：141-148，168.
杨玉华，徐祥德，翁永辉 . 2003. 北京城市边界层热岛的日变化周期模拟 . 应用气象学报，14（1）：61-68.
叶有华，彭少麟，周凯，等 . 2008. 功能区对热岛发生频率及其强度的影响 . 生态环境，17（5）：1868-1874.
苑睿洋，黄凤荣，唐硕 . 2019. 城市热岛效应研究综述 . 国土与自然资源研究，（1）：11-12.
臧建彬，钱一宁，金甜甜 . 2013. 基于居民用电总量的上海居住建筑夏季空调能耗分析 . 空调暖通技术，4：9-15.
曾辉，陈利顶，丁圣彦 . 2017. 景观生态学 . 北京：高等教育出版社 .
占俊杰，丹利 . 2014. 广州地区人为热释放的日变化和年际变化估算 . 气候与环境研究，19（6）：726-734.
张科平 . 1998. 改善上海城市热岛效应的对策研究 . 上海铁道大学学报，（8）：53-57.
张小玲，王迎春 . 2002. 北京夏季用电量与气象条件的关系及预报 . 气象，28（2）：17-21.
郑伟，曾志远 . 2004. 遥感图像大气校正方法综述 . 遥感信息，（4）：66-70.

周红妹，丁金才，徐一鸣，等．2002．城市热岛效应与绿地分布的关系监测和评估．上海农业学报，18（2）：83-88.

朱婷媛．2015．基于 Landsat 遥感影像的杭州城市人为热定量估算研究．杭州：浙江大学．

Aboelata A，Sodoudi S. 2020. Evaluating urban vegetation scenarios to mitigate urban heat island and reduce buildings' Energy in dense built-up areas in Cairo. *Building and Environment*，(172)：106697.

Akbari H，Pomerantz M，Taha H. 2001. Cool surfaces and shade trees to reduce energy use and improve air quality in urban areas. *Solar Energy*，70（3）：295-310.

Allegrini J，Carmeliet J. 2017. Coupled CFD and building energy simulations for studying the impacts of building height topology and buoyancy on local urban microclimates. *Urban Climate*，21：278-305.

Alobaydi D，Bakarman M A，Obeidat B. 2016. The Impact of Urban Form Configuration on the Urban Heat Island：The Case Study of Baghdad，Iraq. *Procedia Engineering*，145：820-827.

Andreou E. 2014. The effect of urban layout，street geometry and orientation on shading conditions in urban canyons in the Mediterranean. *Renewable Energy*，63：587-596.

Angel S，Parent J，Civco D L，et al. 2010. The persistent decline in urban densities：Global and historical evidence of sprawl. Cambridge：Lincoln Institute of Land Policy .

Arghavani S，Malakooti H，Bidokhti A. 2020. Numerical assessment of the urban green space scenarios on urban heat island and thermal comfort level in Tehran Metropolis. *Journal of Cleaner Production*，261 ：121183.

Arnfield A J. 2003. Two decades of urban climate research：a review of turbulence，exchanges of energy and water，and the urban heat island. *International Journal of Climatology*，23（1）：1-26.

Assimakopoulos M N，Mihalakakou G，Flocas H A. 2007. Simulating the thermal behaviour of a building during summer period in the urban environment. *Renewable Energy*，32（11）：1805-1816.

Balany F，Ng A W M，Muttil N，et al. 2020. Green Infrastructure as an Urban Heat Island Mitigation Strategy-A Review. *Water*，12（12）：3577.

Battista G，Pastore E M. 2017. Using cool pavements to mitigate urban temperatures in a case study of Rome（Italy）. Riga：International Scientific Conference-Environmental and Climate Technologies.

Berdahl P，Bretz S E. 1997. Preliminary survey of the solar reflectance of cool roofing materials. *Energy and Buildings*，25（2）：149-158.

Berndtsson J C. 2010. Green roof performance towards management of runoff water quantity and quality：A review. *Ecological Engineering*，36（4）：351-360.

BP. 2014. Energy outlook 2035. London：BP.

Carter T，FowlerL. 2008. Establishing green roof infrastructure through environmental policy instruments. *Environmental Management*，42（1）：151-164.

Chapma S，Watson J E M，Salazar A，et al. 2017. The impact of urbanization and climate change on urban temperatures：a systematic review. *Landscape Ecology*，32（10）：1921-1935.

Chen A L, Yao L, Sun R H, et al. 2014. How many metrics are required to identify the effects of the landscape pattern on land surface temperature? *Ecological Indicators*, 45: 424-433.

Chen A, Sun R, Chen L. 2013. Effects of urban green pattern on urban surface thermal environment. *Acta Ecologica Sinica*, 33 (8): 2372-2380.

Chen B, Shi G Y, Wang B, et al. 2012. Estimation of the anthropogenic heat release distribution in China from 1992 to 2009. *Acta Meteorologica Sinica*, 26 (4): 507-515.

Chen L, Sun R, Lu Y. 2019. A conceptual model for a process-oriented landscape pattern analysis. *Science China Earth Sciences*, 62 (12): 2050-2057.

Chokhachian A, Lau K K L, Perini K, et al. 2018. Sensing transient outdoor comfort: A georeferenced method to monitor and map microclimate. *Journal of Building Engineering*, 20: 94-104.

Chokhachian A, Perini K, Giulini S, et al. 2020. Urban performance and density: Generative study on interdependencies of urban form and environmental measures. *Sustainable Cities and Society*, 53: 101952.

Clinton N, Gong P. 2013. MODIS detected surface urban heat islands and sinks: Global locations and controls. *Remote Sensing of Environment*, 134: 294-304.

Coma J, Perez G, De Gracia A, et al. 2017. Vertical greenery systems for energy savings in buildings: A comparative study between green walls and green facades. *Building and Environment*, 111: 228-237.

Connors J P, Galletti C S, Chow W T L. 2013. Landscape configuration and urban heat island effects: assessing the relationship between landscape characteristics and land surface temperature in Phoenix, Arizona. *Landscape Ecology*, 28 (2): 271-283.

Crutzen P J. 2004. New Directions: The growing urban heat and pollution "island" effect- impact on chemistry and climate. *Atmospheric Environment*, 38 (21): 3539-3540.

Cui Y Y, De Foy B. 2012. Seasonal Variations of the Urban Heat Island at the Surface and the Near-Surface and Reductions due to Urban Vegetation in Mexico City. *Journal of Applied Meteorology & Climatology*, 51 (5): 855-868.

Dhakal S, Hanaki K. 2002. Improvement of urban thermal environment by managing heat discharge sources and surface modification in Tokyo. *Energy and Buildings*, 34 (1): 13-23.

Dole R, Hoerling M, Perlwitz J, et al. 2011. Was there a basis for anticipating the 2010 Russian heat wave? *Geophysical Research Letters*, 38 (6): 13804093.

Erickson A J, Weiss P T, Gulliver J S. 2013. OptimizingStormwater Treatment Practices: A Handbook of Assessment and Maintenance. Heidelberg: Springer.

Fabiani C, Pisello A L, Bou- Zeid E, et al. 2019. Adaptive measures for mitigating urban heat islands: The potential of thermochromic materials to control roofing energy balance. *Applied Energy*, 247: 155-170.

Fan H L, Sailor D J. 2005. Modeling the impacts of anthropogenic heating on the urban climate of Philadelphia: a comparison of implementations in two PBL schemes. *Atmospheric Environment*, 39

(1): 73-84.
Ferreira M J, Oliveira A P D, Soares J. 2011. Anthropogenic heat in the city of São Paulo, Brazil. *Theoretical and Applied Climatology*, 104 (1): 43-56.
Flanner M G. 2009. Integrating anthropogenic heat flux with global climate models. *Geophysical Research Letters*, 36 (2): 270-274.
Gachkar D, Taghvaei S H, Norouzian- Maleki S. 2021. Outdoor thermal comfort enhancement using various vegetation species and materials (case study: Delgosha Garden, Iran) . *Sustainable Cities and Society*, 75: 103309.
Gago E J. Roldan J, Pacheco- Torres R, et al. 2013. The city and urban heat islands: A review of strategies to mitigate adverse effects. *Renewable & Sustainable Energy Reviews*, 25: 749-758.
Gallo K P, McNab A L, Karl T R, et al. 1993a. The use of NOAA AVHRR data for assessment of the urban heat island effect. *Journal of Applied Meteorology*, 32 (5): 899-908.
Gallo K P, McNab A L, Karl T R, et al. 1993b. The use of a vegetation index for assessment of the urban heat- island effect. *International Journal of Remote Sensing*, 14 (11): 2223-2230.
Grimmond C S B. 1992. The suburban energy balance: methodological considerations and results for a mid- latitude west coast city under winter and spring conditions. *International Journal of Climatology*, 12: 481-497.
Gunawardena K R, Wells M J, Kershaw T. 2017. Utilising green and bluespace to mitigate urban heat island intensity. *Science of The Total Environment*, 584: 1040-1055.
Hamilton I G, Davies M, Steadman P, et al. 2009. The significance of the anthropogenic heat emissions of London's buildings a comparison against captured shortwave solar radiation. *Building and Environment*, 44 (4): 807-817.
He B J, Ding L, Prasad D. 2020. Wind-sensitive urban planning and design: Precinct ventilation performance and its potential for local warming mitigation in an open midrise gridiron precinct. *Journal of Building Engineering*, 29: 101145.
Heiple S, Sailor D J. 2008. Using building energy simulation and geospatial modeling techniques to determine high resolution building sector energy consumption profiles. *Energy and Buildings*, 40 (8): 1426-1436.
Hoffmann P, Schlünzen K H. 2013. Weather Pattern Classification to Represent the Urban Heat Island in Present and Future Climate. *Journal of Applied Meteorology & Climatology*, 52 (12): 2699-2714.
Hosseini S H, Ghobadi P, Ahmadi T, et al. 2017. Numerical investigation of roof heating impacts on thermal comfort and air quality in urban canyons. *Applied Thermal Engineering*, 123: 310-326.
Hsieh C M, Huang HC. 2016. Mitigating urban heat islands: A method to identify potential wind corridor for cooling and ventilation. *Computers Environment and Urban Systems*, 57: 130-143.
Hsieh C M, Aramaki T, Hanaki K. 2011. Managing heat rejected from air conditioning systems to save energy and improve the microclimates of residential buildings. *Computers Environment and Urban Systems*, 35 (5): 358-367.

Ichinose T, Shimodozono K, Hanaki K. 1999. Impact of anthropogenic heat on urban climate in Tokyo. *Atmospheric Environment*, 33 (24-25): 3897-3909.

Inanici M N, Demirbilek F N. 2000. Thermal performance optimization of building aspect ratio and south window size in five cities having different climatic characteristics of Turkey. *Building and Environment*, 35 (1): 41-52.

Jauregui E. 1991. Influence of a large urban park on temperature and convective precipitation in a tropical city. *Energy and Buildings*, 15 (3-4): 457-463.

Javanroodi K, Mandavinejad M, Nik V M. 2018. Impacts of urban morphology on reducing cooling load and increasing ventilation potential in hot-arid climate. *Applied Energy*, 231: 714-746.

Jiang B. 2013. Head/tail Breaks: A New Classification Scheme for Data with a Heavy-tailed Distribution. *Professional Geographer*, 65 (3): 482-494.

Jiang B, Liu X. 2012. Scaling of geographic space from the perspective of city and field blocks and using volunteered geographic information. *International Journal of Geographical Information Science*, 26 (2): 215-229.

Jiang B, Yin J, Liu Q. 2015. Zipf's law for all the natural cities around the world. *International Journal of Geographical Information Science*, 29 (3): 498-522.

Jiang W M, Chen Y. 2007. The impact of anthropogenic heat on urban boundary layer structure. *Chinese Journal of Atmospheric Sciences*, 31 (1): 37-47.

Jimenez M S. 2018. Green walls: a sustainable approach to climate change, a case study of London. *Architectural Science Review*, 61 (1-2): 48-57.

Jiménez-Muñoz J C, Sobrino J A. 2003. A generalized single-channel method for retrieving land surface temperature from remote sensing data. *Journal of Geophysical Research: Atmospheres*, 18 (22): 1-9.

Jin M X, Sun R H, Yang X J, et al. 2022. Remote sensing-based morphological analysis of core city growth across the globe. *Cities*, 131: 103982.

Johnson D P, Stanforth A, Lulla V, et al. 2012. Developing an applied extreme heat vulnerability index utilizing socioeconomic and environmental data. *Applied Geography*, 35 (1-2): 23-31.

Karimi A, Mohammad P, Garcia-Martinez A, et al. 2022. New developments and future challenges in reducing and controlling heat island effect in urban areas. *Environment*, Development and Sustainability, 7: s10668022025300.

Karlessi T, Santamouris M, Apostolakis K, et al. 2009. Development and testing of thermochromic coatings for buildings and urban structures. *Solar Energy*, 83 (4): 538-551.

Kato S, Yamaguchi Y. 2007. Estimation of storage heat flux in an urban area using ASTER data. *Remote Sensing of Environment*, 110 (1): 1-17.

Kawashima S, Ishida T, Minomura M, et al. 2000. Relations between surface temperature and air temperature on a local scale during winter nights. *Collected Papers of Agricultural Meteorology*, 41 (9): 1570-1579.

Kleerekoper L, Van Esch M, Salcedo T B. 2012. How to make a city climate-proof, addressing the urban heat island effect. *Resources Conservation and Recycling*, 64: 30-38.

Klysik K. 1996. Spatial and seasonal distribution of anthropogenic heat emission in Lodz, Poland. *Atmospheric Environment*, 30 (20): 3397-3404.

Kolokotsa D, Maravelaki- Kalaitzaki P, Papantoniou S, et al. 2012. Development and analysis of mineral based coatings for buildings and urban structures. *Solar Energy*, 86 (5): 1648-1659.

Kondo H, Kikegawa Y. 2003. Temperature variation in the urban canopy with anthropogenic energy use. *Pure and Applied Geophysics*, 16 (1-2): 317-324.

Kravcik M, Kohutiar J, Bujnak P. 2011. The New Water Paradigm- A Water for the Recovery of the Climate Bioclimate: Source and Limit of Social Development. Ardabili: Mohaghegh Ardabili Unversity.

Lettenmaier D, Mishra V, Ganguly A, et al. 2014. Observed Climate Extremes in Global Urban Areas. Munich: EGU General Assembly Conference.

Li D, Bou- Zeid E, Oppenheimer M. 2014. The effectiveness of cool and green roofs as urban heat island mitigation strategies. *Environment Research Letter*, 9 (5): 2-17.

Li D, Liao W L, Rigden A J, et al. 2019. Urban heat island: Aerodynamics or imperviousness? *Science Advances*, 5 (4): 4299.

Li J X, Song C H, Cao L, et al. 2011. Impacts of landscape structure on surface urban heat islands: A case study of Shanghai, China. *Remote Sensing of Environment*, 115 (12): 3249-3263.

Li X M, Zhou W Q, Ouyang Z Y. 2013. Relationship between land surface temperature and spatial pattern of greenspace: What are the effects of spatial resolution? *Landscape and Urban Planning*, 114: 1-8.

Litardo J, Palme M, Borbor- Cordova M, et al. 2020. Urban Heat Island intensity and buildings' energy needs in Duran, Ecuador: Simulation studies and proposal of mitigation strategies. *Sustainable Cities and Society*, 62: 102387.

Liu H, He C Y, James L, et al. 2005. Beijing Vehicle Activity Study. La Habra: International Sustainable Systems Research Center.

Liu B, Xie Z H, Qin P H, et al. 2021. Increases in Anthropogenic Heat Release from Energy Consumption Lead to More Frequent Extreme Heat Events in Urban Cities. *Advances in Atmospheric Sciences*, 38 (3): 430-445.

Lotfi Y A, Refaat M, El Attar M, et al. 2020. Vertical gardens as a restorative tool in urban spaces of New Cairo. *Ain Shams Engineering Journal*, 11 (3): 839-848.

Lynn B H, Carlson T N, Rosenzweig C, et al. 2009. A Modification to the NOAH LSM to Simulate Heat Mitigation Strategies in the New York City Metropolitan Area. *Journal of Applied Meteorology and Climatology*, 48 (2): 199-216.

Mackey C W, Lee X, Smith R B. 2012. Remotely sensing the cooling effects of city scale efforts to reduce urban heat island. *Building and Environment*, 49: 348-358.

McCarthy M P, Best M J, Betts R A. 2010. Climate change in cities due to global warming and urban effects. *Geophysical Research Letters*, 37 (9): 1-5.

McGarigal K, Cushman S A, Ene E. 2012. FRAGSTATS v4: spatial pattern analysis program for categorical and continuous maps. 2012. Computer Software Program Produced by the Authors at the University of Massachusetts, Amherst. Available online: http://www.umass.edu/landeco/research/fragstats/fragstats.html (accessed on 2 November 2016).

McGarigal K, Tagil S, Cushman S A. 2009. Surface metrics: an alternative to patch metrics for the quantification of landscape structure. *Landscape Ecology*, 24 (3): 433-450.

Memon R A, Leung D Y C. 2011. On the heating environment in street canyon. *Environmental Fluid Mechanics*, 11 (5): 465-480.

Merbitz H, ButtstSdt M, Michael S, et al. 2012. GIS- based identification of spatial variables enhancing heat and poor air quality in urban areas. *Applied Geography*, 33: 94-106.

Middel A, Chhetri N, Quay R. 2015. Urban forestry and cool roofs: Assessment of heat mitigation strategies in Phoenix residential neighborhoods. *Urban Forestry & Urban Greening*, 14 (1): 178-186.

Miller R W, Hauer R, Werner L. 2015. Urban Forestry Planning and Managing Urban Greenspaces. Long Grove: Waveland Press.

Narumi D, Kondo A, Shimoda Y. 1975. The effect of the increase in urban temperature on the concentration of photochemical oxidants. *Pacific Journal of Mathematics*, 59 (2): 611-621.

Nazarian N, Fan J P, Sin T, et al. 2017. Predicting outdoor thermal comfort in urban environments: A 3D numerical model for standard effective temperature. *Urban Climate*, 20: 251-262.

Nega W, Balew A. 2022. The relationship between land use land cover and land surface temperature using remote sensing: systematic reviews of studies globally over the past 5 years. *Environmental Science and Pollution Research*, 29 (28): 42493-42508.

Ng E, Chen L, Wang Y N, et al. 2012. A study on the cooling effects of greening in a high-density city: An experience from Hong Kong. *Building and Environment*, 47: 256-271.

Nie W S, Sun T, Ni G H. 2014. Spatiotemporal characteristics of anthropogenic heat in an urban environment: A case study of Tsinghua Campus. *Building and Environment*, 82: 675-686.

Niu Q, Nie C Q, Lin F, et al. 2012. Model study of relationship between local temperature and artificial heat release. *Science China*, 55 (3): 821-830.

Oke T R. 1973. City size and the urban heat island. *Atmospheric Environment*, 7 (8): 769-779.

Oke T R. 1982. The energetic basis of the urban heat island. *Quarterly Journal of the Royal Meteorological Society*, 108 (455): 1-24.

Oke T R, Stewart I D. 2012. Local Climate Zones for Urban Temperature Studies. *Bulletin of the American Meteorological Society*, 93 (12): 1879-1900.

Oke T R, Johnson G T, Steyn D G, et al. 1991. Simulation of surface urban heat islands under 'ideal' conditions at night part 2: Diagnosis of causation. *Boundary-Layer Meteorology*, 56 (4): 339-358.

Oleson K. 2012. Contrasts between Urban and Rural Climate in CCSM4 CMIP5 Climate Change Scenarios. *Journal of Climate*, 25: 1390-1412.

Oleson K W, Bonan G B, Feddema J. 2010. Effects of white roofs on urban temperature in a global climate model. *Geophysical Research Letters*, 37: L03701.

Opdam P, Luque S, Jones K B. 2009. Changing landscapes to accommodate for climate change impacts: a call for landscape ecology. *Landscape Ecology*, 24 (6): 715-721.

Ottelé M, Perini K, Haas E M. 2011. Life cycle assessment (LCA) of green faades and living wall systems. *Eco Efficient Construction & Building Materials*, 14: 457-483.

Palermo S A, Turco M. 2020. Green Wall systems: where do we stand? *IOP Conference Series Earth and Environmental Science*, 410 (1): 012013.

Pandey A K, Pandey M, Tripathi B D. 2015. Air Pollution Tolerance Index of climber plant species to develop Vertical Greenery Systems in a polluted tropical city. *Landscape and Urban Planning*, 144: 119-127.

Park J, Kim J H, Lee D K, et al. 2017. The influence of small green space type and structure at the street level on urban heat island mitigation. *Uruban Forestry & Urban Greening*, 21: 203-212.

Parker D C, Manson S M, Janssen M A, et al. 2003. Multi-agent systems for the simulation of land-use and land-cover change: A review [Review] . *Annals of the Association of American Geographers*, 93 (2): 314-337.

Parker D E. 2010. Urban heat island effects on estimates of observed climate change. *Wiley Interdisciplinary Reviews Climate Change*, 1 (1): 123-133.

Peiro M N, Sanchez C S G, Gonzalez F J N. 2019. Source area definition for local climate zones studies. A systematic review. *Building and Environment*, 148: 258-285.

Peng J, Hu Y X, Dong J Q, et al. 2020. Quantifying spatial morphology and connectivity of urban heat islands in a megacity: A radius approach. *Science of The Total Environment*, 714: 136792.

Peng J, Xie P, Liu Y X, Ma J. 2016. Urban thermal environment dynamics and associated landscape pattern factors: A case study in the Beijing metropolitan region. *Remote Sensing of Environment*, 173: 145-155.

Perini K, Ottelé M, Haas E M, et al. 2011. Greening the building envelope, facade greening and living wall systems. *Open Journal of Ecology*, 1 (1): 1-8.

Perini K, Ottele M, Haas E M, et al. 2013. Vertical greening systems, a process tree for green facades and living walls. Urban Ecosystems, 16 (2): 265-277.

Pigeon G, Legain D, Durand P, et al. 2007. Anthropogenic heat release in an old European agglomeration (Toulouse, France) . *International Journal of Climatology*, 27 (14): 1969-1981.

Population A. 2014. World Urbanization Prospects: The Revision, Highlights (ST/ESA/SER. A/352) . Genève: United Nations Department of Economic and Social Affairs.

Priyadarsini R, Hien W N, David C K W. 2008. Microclimatic modeling of the urban thermal environment of Singapore to mitigate urban heat island. *Solar Energy*, 82 (8): 727-745.

Quah A K L, Roth M. 2012. Diurnal and weekly variation of anthropogenic heat emissions in a tropical city, Singapore. *Atmospheric Environment*, 46 (1): 92-103.

Rao P K. 1972. Remote sensing of urban heat islands from an environmental satellite. *Bulletin of the*

American Meteorological Society, 53 (7): 647-648.

Ren C, Yang R Z, Cheng C, et al. 2018. Creating breathing cities by adopting urban ventilation assessment and wind corridor plan-The implementation in Chinese cities. *Journal of Wind Engineering and Industrial Aerodynamics*, 182: 170-188.

Rizwan A M, Dennis L Y C, Liu C. 2008. A review on the generation, determination and mitigation of urban heat island. *Journal of Environmental Sciences*, 20 (1): 120-128.

Rosenzweig C, Solecki W D, Parshall L, et al. 2009. Mitigating New York city′s heat island integrating stakeholder perspectives and scientific evaluation. *Bulletin of the American Meteorological Society*, 90 (9): 1297-1312.

Rotem-Mindali O, Michael Y, Helman D, et al. 2015. The role of local land-use on the urban heat island effect of Tel Aviv as assessed from satellite remote sensing. *Applied Geography*, 56: 145-153.

Ryu Y H, Baik J J, Lee S H. 2013. Effects of anthropogenic heat on ozone air quality in a megacity. *Atmospheric Environment*, 80 (12): 20-30.

Sachsen T, Ketzler G, Knrchen A, et al. 2013. Past and future evolution of nighttime urban cooling by suburban cold air drainage in Aachen. *Die Erde-Journal of the Geographical Society of Berlin*, 144 (3): 274-289.

Sailor D J, Lu L. 2004. A top-down methodology for developing diurnal and seasonal anthropogenic heating profiles for urban areas. *Atmospheric Environment*, 38 (17): 2737-2748.

Sailor D J, Vasireddy C. 2006. Correcting aggregate energy consumption data to account for variability in local weather. *Environmental Modelling & Software*, 1 (5): 733-738.

Salata F, Golasi I, Vollaro A D, Vollaro R D. 2015. How high albedo and traditional buildings′ materials and vegetation affect the quality of urban microclimate-A case study. *Energy and Buildings*, 99: 32-49.

Santamouris M, Ban-Weiss G, Osmond P, et al. 2018. Progress in Urban Greenery Mitigation Science-Assessment Methodologies Advanced Technologies and Impact on Cities. *Journal of Civil Engineering and Management*, 24 (8): 638-671.

Schneider A, Woodcock C E. 2008. Compact, dispersed, fragmented, extensive? A comparison of urban growth in twenty-five global cities using remotely sensed data, pattern metrics and census information. *Urban Studies*, 45 (3): 659-692.

Sen S, Roesler J. 2020. Wind direction and cool surface strategies on microscale urban heat island. *Urban Climate*, 31: 100548.

Shareef S, Abu-Hijleh B. 2020. The effect of building height diversity on outdoor microclimate conditions in hot climate. A case study of Dubai-UAE. *Urban Climate*, 32: 100611.

Shashua-Bar L, Hoffman M E. 2000. Vegetation as a climatic component in the design of an urban street-An empirical model for predicting the cooling effect of urban green areas with trees. *Energy and Buildings*, 31 (3): 221-235.

Spentzou E, Cook M J, Emmitt S. 2019. Modelling natural ventilation for summer thermal comfort in Mediterranean dwellings. *International Journal of Ventilation*, 18 (1): 28-45.

Steeneveld G J, Koopmans S, Heusinkveld B G, et al. 2011. Quantifying urban heat island effects and human comfort for cities of variable size and urban morphology in the Netherlands. *Journal of Geophysical Research*, 116 (D20, 27): 1-14.

Sun R H, Chen L D. 2017. Effects of green space dynamics on urban heat islands: Mitigation and diversification. *Ecosystem Services*, 23: 38-46.

Sun R H, Cheng X, Chen L D. 2018b. A precipitation-weighted landscape structure model to predict potential pollution contributions at watershed scales. *Landscape Ecology*, 33: 1603-1616.

Sun R H, Lü Y H, Chen L D, et al. 2013. Assessing the stability of annual temperatures for different urban functional zones. *Building and Environment*, 65: 90-98.

Sun R H, Lü Y H, Yang X J, et al. 2019. Understanding the variability of urban heat islands from local background climate and urbanization. *Journal of Cleaner Production*, 208: 743-752.

Sun R H, Wang Y N, Chen L D. 2018c. A distributed model for quantifying anthropogenic heat intensity based on energy consumption. *Journal of Cleaner Production*, 170: 601-609.

Sun R H, Xie W, Chen L D. 2018a. A landscape connectivity model to quantify contributions of heat sources and sinks in urban regions. *Landscape and Urban Planning*, 178: 43-50.

Sun Q Q, Wu Z F, Tan J J. 2012. The relationship between land surface temperature and land use/land cover in Guangzhou, China. *Environmental Earth Sciences*, 65 (6): 1687-1694.

Sun Y M, Augenbroe G. 2014. Urban heat island effect on energy application studies of office buildings. *Energy and Buildings*, 77: 171-179.

Taha H. 1997. Urban climates and heat islands: Albedo, evapotranspiration, and anthropogenic heat. *Energy and Buildings*, 25 (2): 99-103.

Taleghani M, Berardi U. 2018. The effect of pavement characteristics on pedestrians′ thermal comfort in Toronto. *Urban Climate*, 24: 449-459.

Testa J, Krarti M. 2017. A review of benefits and limitations of static and switchable cool roof systems. *Renewable & Sustainable Energy Reviews*, 77: 451-460.

United Nation. 2018. World Urbanization Prospects: The 2018 Revision. New York: Population Division, UN DESA.

Wang J, Huang B, Fu D, et al. 2016. Response of urban heat island to future urban expansion over the Beijing-Tianjin-Hebei metropolitan area. *Applied Geography*, 70: 26-36.

Wang Y J, Wang A Q, Zhai J Q, et al. 2019. Tens of thousands additional deaths annually in cities of China between 1.5 degrees C and 2.0 degrees C warming. *Nature Communications*, 10: 33761-33768.

Wong M S, Nichol J E, To P H, Wang J Z. 2010. A simple method for designation of urban ventilation corridors and its application to urban heat island analysis. *Building and Environment*, 45 (8): 1880-1889.

Wong M S, Yang J X, Nichol J, et al. 2015. Modeling of Anthropogenic Heat Flux Using HJ-1B Chinese Small Satellite Image: A Study of Heterogeneous Urbanized Areas in Hong Kong. *IEEE Geoscience and Remote Sensing Letters*, 12 (7): 1466-1470.

Wong N H, Jusuf S K, La Win A A, et al. 2007. Environmental study of the impact of greenery in an institutional campus in the tropics. *Building and Environment*, 42 (8): 2949-2970.

Wu H, Ye L P, Shi W Z, et al. 2014. Assessing the effects of land use spatial structure on urban heat islands using HJ-1B remote sensing imagery in Wuhan, China. *International Journal of Applied Earth Observation and Geoinformation*, 32: 67-78.

Yan M, Chen L D, Leng S, et al. 2023. Effects of local background climate on urban vegetation cooling and humidification: Variations and thresholds. *Urban Forestry & Urban Greening*, 80: 127840.

Yang J C, Wang Z H, Kaloush K E. 2015. Environmental impacts of reflective materials: Is high albedo a 'silver bullet' for mitigating urban heat island? *Renewable & Sustainable Energy Reviews*, 47: 830-843.

Yang L, Yan H, Lam J C. 2014. Thermal comfort and building energy consumption implications-A review. *Applied Energy*, 115 (4): 164-173.

Yang Y K, Kang I S, Chung M H, et al. 2017. Effect of PCM cool roof system on the reduction in urban heat island phenomenon. *Building and Environment*, 122: 411-421.

Yu Z W, Jing Y C, Yang G Y, et al. 2021. A New Urban Functional Zone-Based Climate Zoning System for Urban Temperature Study. *Remote Sensing*, 13 (251): 1-17.

Yuan J, Farnham C, Emura K. 2015. Development of a retro-reflective material as building coating and evaluation on albedo of urban canyons and building heat loads. *Energy and Buildings*, 103: 107-117.

Zhang W, Huang B. 2014. Land Use Optimization for a Rapidly Urbanizing City with Regard to Local Climate Change: Shenzhen as a Case Study. *Journal of Urban Planning & Development*, 141 (1): 05014007.

Zhao L, Lee X, Smith R B, et al. 2014. Strong contributions of local background climate to urban heat islands. *Nature*, 511 (7508): 216-219.

Zhong S Y, Ge Q S, Zheng J Y, et al. 2012. Changes of main phenophases of natural calendar and phenological seasons in Beijing for the last 30 years. *Chinese Journal of Plant Ecology*, 36 (12): 1217-1225.

Zhou B, Rybski D, Kropp J P. 2017. The role of city size and urban form in the surface urban heat island. *Scientific Reports*, 7: 4791.

Zhou D, Xiao J, Bonafoni S, et al. 2018. Satellite Remote Sensing of Surface Urban Heat Islands: Progress, Challenges, and Perspectives. *Remote Sensing*, 11 (1): rs11010048 .

Zhou W Q, Wang J, Cadenasso M L. 2017. Effects of the spatial configuration of trees on urban heat mitigation: A comparative study. *Remote Sensing of Environment*, 195: 1-12.

Ziaul S, Pal S. 2020. Modeling the effects of green alternative on heat island mitigation of a meso level town, West Bengal, India. *Advances in Space Research*, 65 (7): 1789-1802.